高等院校程序设计**新形态精品**系列

Python Programming Language

Python 程序设计基础及实践

|慕课版|

郭炜 ◉ 编著

人民邮电出版社
北京

图书在版编目（CIP）数据

Python程序设计基础及实践 ： 慕课版 / 郭炜编著
. -- 北京 ： 人民邮电出版社, 2021.9（2024.6重印）
（高等院校程序设计新形态精品系列）
ISBN 978-7-115-56752-9

Ⅰ. ①P… Ⅱ. ①郭… Ⅲ. ①软件工具－程序设计
Ⅳ. ①TP311.561

中国版本图书馆CIP数据核字(2021)第126168号

内 容 提 要

本书是一部零基础、高标准、大广度、重实践的 Python 编程教材。本书覆盖面非常广，包括计算机基础常识、Python 语言的基本要素和语法、Python 生态、正则表达式、数据分析和可视化、网络爬虫、面向对象程序设计入门、tkinter 图形界面程序设计等内容。其中，正则表达式、网络爬虫、图形界面等是大多数 Python 基础教材不涉及的内容。本书对 Python 第三方库的使用，讲述尤其全面，涵盖数据分析库 NumPy 和 pandas、爬虫库 pyppeteer、数据库编程库 SQLite3、图像处理库 Pillow、Excel 文档处理库 OpenPyXL、统计绘图库 Matplotlib、分词库 jieba 等。本书还专门用一章的篇幅讲述计算思维，让读者了解计算的本质、时间复杂度、数据结构等概念。

本书可作为高等院校各专业学生学习 Python 的教学用书。文、理、艺术等各类专业的零基础学生可以学习并掌握本书 80%的内容；对编程有较高需求的理科生，可以进一步再多学 15%的内容；余下 5%的内容则面向计算机专业学生。但即便是计算机专业的学生，也非常适合使用本书来快速掌握 Python 语法及各种库的使用。

本书配套电子资料十分齐全，包括程序源代码、重点难点讲解视频、课程讲义、习题答案等。此外，作者在中国大学慕课开设的“实用 Python 程序设计”课程，提供了覆盖全书 90%内容的视频讲解。

◆ 编　　著　郭　炜
　责任编辑　刘　博
　责任印制　王　郁　马振武
◆ 人民邮电出版社出版发行　　北京市丰台区成寿寺路 11 号
　邮编　100164　　电子邮件　315@ptpress.com.cn
　网址　https://www.ptpress.com.cn
　三河市中晟雅豪印务有限公司印刷
◆ 开本：787×1092　1/16
　印张：18　　2021 年 9 月第 1 版
　字数：435 千字　　2024 年 6 月河北第 9 次印刷

定价：59.80 元

读者服务热线：(010)81055256　印装质量热线：(010)81055316
反盗版热线：(010)81055315
广告经营许可证：京东市监广登字 20170147 号

前言

Preface

党的二十大报告中提到："教育、科技、人才是全面建设社会主义现代化国家的基础性、战略性支撑。"在教育改革、科技变革等背景下，程序设计领域的教学发生着翻天覆地的变化。

信息时代，每个人都应该学习编程。相信过不了几年，人人学编程，就和人人学数学一样自然。

毋庸置疑，Python 是目前最适合编程入门的程序设计语言，也是最适合非计算机专业人士使用的计算机语言。即便对于专业程序员，Python 也是强有力的开发工具，是日常编写一些小工具的首选语言。

自 2019 年起，北京大学在所有文科院系学生必修的"文科计算机基础"课程（2020 年更名为"计算概论 C"）中将 Python 列为主要教学内容，占据 80%以上的学时和 90%以上的作业、考试内容。

作者自 2017 年起为北京大学文科院系学生讲授 Python 程序设计。作者教授的学生，绝大多数不仅从未接触过编程，而且相对理工科学生，数理基础偏薄弱，逻辑思维训练稍显不足。但作者并不想因此降低课程的难度，让学生肤浅地"水过"这门课，而是希望学生能够实实在在地掌握编程技能，培养出计算思维，并且积极主动地用编程来解决今后学习和工作中的问题。为此，作者采取了在许多大学计算机专业也只有编程竞赛培训中才会施行的严格训练方式——使用在线程序评测平台布置作业和进行考试，一道题哪怕只多输出一个空格，也是一分不得。这样做的效果是显著的。经过一个学期 40 个课时的学习，蒙古语专业的同学开发了蒙古语不稳定 H 复习游戏；俄语专业的同学为俄语老师制作了满足其让学生轮换座位等特殊要求的可视化座位分配系统；中文系的同学编写了爬取精美壁纸和优美诗词，并将黄历和诗词打印在壁纸上的电子明信片生成系统……绘制分形图案、自动分析处理 Excel 文档、自动识别和翻转上下颠倒的照片并在其上添加拍摄时间等文字、编写带自动登录功能的爬虫程序等，完成这些每周的常规作业就更不在话下。

完全可以说，一年级上学期的文科专业学生，经过学习作者讲授的《计算概论 C》课程，其编程解决实际问题的能力超过北京大学计算机专业一年级同期按部就班学习 C 语言和基础算法的同学——当然，这主要是 Python 简单易学、功能强大的功劳，并非教、学水平的差别导致。

在教学过程中，虽然考查了十数本国内外 Python 教材，然而这些教材都远不能满足作者**零基础、高标准、大广度、重实践**的要求。于是，作者耗时一年多，精心编写了本书，本书 90%的内容来自“计算概论 C”课程的教学实践，不但汇集了作者多年 Python 教学的经验，还体现了作者从事程序设计和算法教学二十四年，同时从事商业软件开发二十五年，担任北京大学程序设计竞赛队教练十年的心得体会。本书是一本从零到多方面掌握 Python 的教材，其与作者讲授的“计算概论 C”课程特点一致，概括如下。

一、零基础

本书对零基础学习者非常友好。除了内容从零开始，本书还特意指出了教学中收集的零基础学习者常犯的各种真实错误。这些错误有的看上去非常幼稚，比如没理解程序是顺序执行，标点符号输入成中文全角等，但初学者真的会掉进这样的“坑”里两三个小时不能自拔。**有了本书中随处可见的“常见错误”提示，初学者会少踩许多坑。**

二、高标准

本书的大部分例题和习题，来自北京大学在线程序评测平台 OpenJudge，该平台包含两万多道编程题，程序提交后会自动评判对错。平台广泛用于北京大学计算概论、程序设计实习、数据结构与算法等编程类课程的教学。在这个平台上做题，必须极其严谨，应对众多不同测试数据，程序输出结果必须一个字符都不能错，否则就不能通过。

以本书作为教材的教师，还可以在 OpenJudge 上申请建立自己的教学组，自行利用平台上的题目或自己上传的题目，在平台上布置作业和考试。

三、大广度

本书覆盖面非常广。除了基本的 Python 语法，还包括正则表达式、网络爬虫、图形界面等许多 Python 教材不涉及的内容。对 Python 第三方库的使用，更是比大多数教材介绍得多，涵盖数据分析库 NumPy 和 pandas、爬虫库 pyppeteer、数据库编程库 SQLite3、图像处理库 Pillow、Excel 文档处理库 OpenPyXL、统计绘图库 Matplotlib、分词库 jieba 等。并且本书专门用一章的篇幅讲述计算思维，让读者了解计算的本质、时间复杂度、数据结构等概念。本书这些内容都不是蜻蜓点水，而是深入浅出。

四、重实践

本书非常适合非计算机专业人士使用。非计算机专业人士在工作中要用编程解决的问题，不外乎获取数据、分析数据、处理数据，并将数据分析和处理的结果展示出来。本书内容一半讲基础，另一半**围绕数据的获取、分析、处理和展示这四点展开，具有极强的实用性**。数学、中文、外语、经管、艺术等各专业人士，都能在书中找到贴合本专业的程序案例。本书也非常适合计算机专业人士用来快速掌握 Python 语法及各种库的使用。

本书内容和习题按难度做了明确分级。没有“★”标记的是基本内容，适用于所有初级学习者。想进一步提高可以学习有“★”标记的章节。理工科学生如果想要在工作中充分发挥 Python 的作用，可以学习带“★★”标记的部分。标记为“★★★”的内容则适合计算机专业学生。

除内容的以上四大特点以外，本书还配套十分齐全的电子资料，包括课程讲义以及 170

多个精心编写、风格简洁优美的程序源码，习题答案，还有重点难点的讲解视频，扫书中二维码即可观看。本教材配套慕课，是中国大学慕课平台上作者讲授的的北京大学《实用Python 程序设计》课程，覆盖全书 90%的内容。本教材大部分例题习题，可以在“北京大学OpenJudge 开放在线程序评测平台”的“程序设计实习 MOOC”小组中的“Python 程序设计基础及实践（慕课版）教材题集”比赛中找到。例题习题后面的编号，如“（P041）”就是题目在比赛中的编号。

本书成书过程中，得到了北京大学信息科学技术学院刘志敏老师的大力支持和鼓励，在与唐大仕、邓习峰等课程组教师的交流讨论中也颇受启发，在此表示感谢。

作者水平有限，书中不足和疏漏之处，恳请读者批评指正。读者可以通过guo_wei@pku.edu.cn 与我沟通、交流。教师如果采用本书作为教材，可以和我联系，咨询如何在 OpenJudge 上申请一个自己的小组，小组建好后可以在 OpenJudge 上将本书习题或其他已有或自建的题目布置为学生作业，在提高学生水平的同时也省去了教师批改作业的工作量。

郭炜

于北京大学信息科学技术学院

2022 年 12 月

目录
Contents

第1章 计算机基础常识

第2章 Python语言的基本要素

第6章

递归

第7章

复杂数据类型

第 8 章 计算思维

第 9 章 文件读写

★第 10 章 正则表达式

第 11 章 玩转 Python 生态

★★第14章

面向对象程序设计入门

★第15章

tkinter 图形界面程序设计

第1章 计算机基础常识

开始学习编程之前，必须了解一些计算机的基础常识，否则很可能既不知其然，更不知其所以然。

1.1 信息在计算机中的表示和存储

1.1.1 用0和1表示信息

在计算机内部，所有的信息都是用0和1表示的。计算机的电路可以看作由一个个开关组成，开关只有开和关两种状态，正好对应于0和1，因此，在计算机里，用0，1表示和存储各种信息最为方便。

比特（bit）是计算机用来存储信息的最小单位。一个比特可以由计算机电路里的一个开关来表示或存储，它只有两种取值：0或1。一个比特，也就是二进制数的1位。8个比特组成一个字节（Byte）。1024（2^{10}）个字节称作1KB，1024KB称作1MB（1兆），1024MB称作1GB，1024GB称作1TB。

实际上，如果不嫌麻烦，人们可以只用1和0表示和传播各种信息。假设大家事先约定好，用8个连续的0或1（即1个字节）来表示一个字母、数字或标点符号，比如用“00100000”表示空格，用“01100001”表示字母“a”，用“01100010”表示字母“b”，用“01100011”表示字母“c”……8个0或者1组成的串，一共有2^8即256种不同的组合，这就足以表示10个阿拉伯数字以及英语中用到的所有字母和标点符号。因此，在遵循相同的约定的情况下，一个人可以只用0，1来写文章，他的读者把每8个0，1翻译成一个字母、数字或标点符号，最终就能将这篇文章翻译成英文。

当然，在0，1写的文章和普通文章之间来回转换是非常麻烦的。幸好计算机不怕麻烦，所以，在计算机中，文章就是按上述的类似规则，用0，1来表示并存储的。用0，1串表示英文字母、汉字等字符可以有不同的规则或方案，这些规则或方案都叫作“编码”。常见的编码有ASCII编码、Unicode编码等。ASCII编码就是上面提到的用1个字节来表示数字、英文字母、标点符号的一种方案。

即便是一幅图，也可以只用0和1来表示。很多个不同颜色的点集合在一起，就能形成一幅图画。只要这些点挨得非常密，人眼就不会感觉出图画是由一个个点组成的。我们常说一台数码相机是1000万像素的，指的就是它拍出的照片是由大约1000万个不同颜色的点（像素）组成的，这些点可以组成比如3900行2600列的一个点阵。那么如何只用0和1来表示一幅这样的图呢？假定只有256种颜色可以用来画图（当然实际上可以多得多），那么图上的每一个像素就只能是这256种颜色中的一种。我们可以用1个字节给这256种颜色编号，比如用“00000000”表示第一种颜色，用“00000001”表示第二种颜色……图片上每一行有2600个点，每个点的颜色用一个字节表示，那么一行所有的点就可以用2600个字节表示，从左数第一点对应第一个字节，第二点对应第二个字节……这样整个图片就可以用0，1串表示出来。在计算机以及数码相机中，图像就是按上述的类似规则用0，1来表示并存储的。只要不嫌麻烦，人们也可以根据上述办法，用0，1写出一幅图来，比如一张别人看不懂的秘密地图，收到这个0，1图的人根据事先约定好的对应规则，可以用颜料在画布上把所有点描绘出来，最终得到一幅普通的地图。

计算机执行的程序，即机器指令的集合，也是由0，1构成的。

总而言之，计算机中的信息都是用0，1表示和存储的，内存、硬盘、光盘、U盘上存放的各种可执行程序、文档、照片、视频、音乐，本质上都是一样的，都是0，1串，都是由一个个的比特组成的。不过，它们有不同的格式，格式就是前面说的大家约定的某种信息对应到0，1的规则。根据不同的格式，计算机就能将图片、声音、视频等用0，1串来进行存储，以及从0，1串还原出原来的东西展现给人看。

1.1.2 二进制和十六进制

二进制和十六进制

我们日常使用的是十进制数。准确地说，“十进制数”是“数的十进制表示形式”的简称。数就是数，只有大小之分，没有进制之分。只有数的表示形式，才有进制之分。正如相对论就是相对论，没有中文相对论和英文相对论之分，只有相对论著作，即相对论的表达形式，才有中文版和英文版之分。

十进制数有10个数字，0～9。之所以会使用十进制数，就是因为人有10根手指头。如果人类共有12根手指头，那么现在大家使用的就会是十二进制，而不是十进制。计算机使用二进制数，因为它只有2根指头——其电路开关只有开和关两种状态。

原始人数数，十个指头数不过来了，就在别处记下“我已经用十个指头数过一遍”这件事（比如让第二个人伸出1根手指头），然后第二遍又从1开始数——这就是十进制数的逢十进一。

K进制数（准确说就是数的K进制表示形式），就是逢K进一。假设有一个n+1位的K进制数，它的形式如下：

$$A_nA_{n-1}A_{n-2}\cdots\cdots A_2A_1A_0$$

那么这个数到底有多大呢？答案就是：

$$A_0\times K^0+A_1\times K^1+\cdots\cdots+A_{n-1}\times K^{n-1}+A_n\times K^n$$

比如5位十进制数19085，实际上就等于$5\times10^0+8\times10^1+0\times10^2+9\times10^3+1\times10^4$。

二进制数逢二进一，只能包含0和1两个数字。因此，一个比特正好对应于二进制数的1位。如何将一个二进制数转换成我们熟悉的十进制数呢？还是用上面提到的原理。表1.1.1列举了一些二进制数到十进制数转换的例子。

表1.1.1 一些二进制数到十进制数的转换

二进制数	转换计算过程	对应的十进制数
0	0×2^0	0
1	1×2^0	1
101	$1\times2^0+0\times2^1+1\times2^2$	5
10110	$0\times2^0+1\times2^1+1\times2^2+0\times2^3+1\times2^4$	22

十六进制数应该包含16个数字，可是阿拉伯数字只有10个，于是引入“A”“B”“C”“D”“E”“F”6个字母（小写亦可），作为十六进制的数字来使用。“A”代表十进制的10，“B”代表十进制的11……“F”代表十进制的15。因此，十六进制数就是由阿拉伯数字加5个字母组成的。表1.1.2列举了一些十六进制数到十进制数转换的例子。

表1.1.2　一些十六进制数到十进制数的转换

十六进制数	转换计算过程	对应的十进制数
0	0×16^0	0
1	1×16^0	1
A	10×16^0	10
10	$0\times16^0+1\times16^1$	16
100	$0\times16^0+0\times16^1+1\times16^2$	256
AFD2	$2\times16^0+13\times16^1+15\times16^2+10\times16^3$	45010

由于信息在计算机内都是以二进制数的形式表示的，所以在计算机学科的学习和实践中我们经常要用到二进制数，这样才能直观地看出某项数据的各个比特都是什么。但是，二进制数位数太多，写起来和看起来搞不好要患密集恐惧症——解决这个问题的办法就是用十六进制数。4位二进制数的取值范围是从0000到1111，即十进制的0到15，正好对应十六进制的数字0到F。因此，十六进制数的1位，就正好对应二进制数的4位。十六进制数和二进制数的相互转换非常直观、容易，不需要做算术，十六进制数写起来又短，所以十六进制数用起来比二进制数更为方便。二进制数转换成十六进制数的方法，就是从右边开始，依次将每4位转换成1个十六进制位。十六进制数转换成二进制数，方法也是从右边开始，每1位转换成4个二进制位，转换结果不足4位的，要在左边补0凑齐4位（最左边一位转换时不用补0）。表1.1.3列举了一些十六制数和二进制数对照的例子（为了看着方便，二进制数每4位之间用空格隔开）。

表1.1.3　一些二进制数及其对应的十六进制数

二进制数	十六进制数
0	0
1	1
101	5
1010	A
1111	F
100 1101	4D
111 1100 0101 1111	7C5F

如何将一个十进制数转换成二进制数或十六进制数呢？有通用的办法，叫作“短除法”。给定一个整数N和进制K，那么N一定可以表示成以下形式：

$$N=A_0\times K^0+A_1\times K^1+A_2\times K^2+\ldots\ldots+A_{n-1}\times K^{n-1}+A_n\times K^n$$
$$=A_0+K\times(A_1+A_2\times K^1+\ldots\ldots+A_{n-1}\times K^{n-2}+A_n\times K^{n-1})$$

上面式子中，$A_i<K\ (i=0\ldots n)$，且A_n不为0。

那么，N的K进制形式就是$A_nA_{n-1}\ldots\ldots A_2A_1A_0$，关键是如何求$A_0\ldots\ldots A_n$。

N除以K所得到的余数是A_0，商是$A_1+A_2\times K^1+\ldots\ldots+A_{n-1}\times K^{n-2}+A_n\times K^{n-1}$。将这个商再除以$K$，就得到余数$A_1$，新的商是$A_2+A_3\times K^1+\ldots\ldots+A_{n-1}\times K^{n-3}+A_n\times K^{n-2}$。如此不停地将新得到

的商除以 K，直到商变成 0，就能依次求得 A_0，A_1，A_2，……，A_{n-1}，A_n。显然，$A_i < K$（i=0，…，n），那么，A_i 就可以用一个 K 进制的数字表示出来（例如，若 K=16，A_0=15，那么 A_0 即用十六进制的数字 F 表示）。

关于二进制小数的说明，请扫码看视频。

K 进制小数

1.2 计算机程序设计语言

1.2.1 机器语言

计算机能够执行的指令叫作机器指令，机器指令完全是由 0,1 构成的。一台计算机有哪些机器指令，每条机器指令是什么格式，完成什么功能，是由 CPU 的设计者事先定好的，这就叫指令系统。由机器指令组成的程序，叫作可执行程序。打个比方，完成一次加法的几条机器指令可能会像下面的样子：

```
1000 0001 0000011000000000
1000 0010 1000000000000000
1100 0001 0010
1001 0001 0000110000000000
```

上面的每条指令，所有的数都是二进制数。高四位（左边为高，右边为低）代表指令所要进行的操作，比如加法、乘法、将数据从内存复制到寄存器或将数据从寄存器复制到内存等。其余的部分表示要进行操作的对象。CPU 进行各种运算，都需要先将数据从内存复制到 CPU 中的寄存器，然后通过寄存器进行运算。

上面第一条指令，高四位为“1000”，表示要进行将数据从内存复制到寄存器的操作。那么紧接着的“0001”就表示要将数据复制到 1 号寄存器（寄存器有多个），最右边的“0000011000000000”表示数据的来源位于内存地址 0000011000000000 处。不妨假定寄存器的宽度是 16 位，那么就有 16 位的数据被复制。

同理，第二条指令表示要把内存地址 1000000000000000 处的数据复制到 0010 号（二进制）即 2 号寄存器。

第三条指令，高四位的“1100”表示要进行加法操作，要相加的两个数分别位于 1 号寄存器和 2 号寄存器，加出来的结果要放到 1 号寄存器里。

第四条指令，高四位的“1001”表示要进行将寄存器的内容复制到内存的操作。后面的部分则说明要将 1 号寄存器的内容复制到内存地址 0000110000000000 处。

上面四条指令就完成了将内存地址 0000011000000000 和 1000000000000000 处的两个 16 位二进制数相加，并且将结果放到内存地址 0000110000000000 处。

用上面的办法编写程序，写的是计算机能够理解的 0，1 串，即机器指令，因此这也被称作用机器语言编程。

在只有机器语言的时代，程序员不得不记住每一条指令的格式。写一段两个数相加的程序，就要像上面那样编写，自己还得安排要加的两个数应该放在内存的哪个位置，加出来的结果又要放到哪里，实在是非常麻烦。而且，早期的计算机连键盘都没有，所谓编写程序，就是在纸质卡片上打孔，打孔的地方就是 0，没打孔的地方就是 1，一排孔就是一条指令，然后用专门的读卡器将卡片上的程序读入到计算机的内存再运行。相信那时的程序员，回家做针线活也是一把好手。

1.2.2 汇编语言

机器语言用起来非常麻烦，因为要记住每种操作所对应的编码是件很困难的事。于是出现了汇编语言。汇编语言和机器语言的主要区别，就是将机器指令中难记的操作代码用直观的英文“助记符”来代替，比如用“ADD”代替表示加法的“1100”，用“MOV”代替表示复制数据的 “1000”和“1001”，甚至用“AX”代替 1 号寄存器，用“BX”代替 2 号寄存器。此外还有加标点符号、用十六进制数替代二进制数等变化。上一节的那段机器语言程序，可以用汇编语言编写如下：

```
MOV  AX,0600
MOV  BX,8000
ADD  AX,BX
MOV  0C00,AX
```

显然这比机器语言程序好写、易懂多了。

在汇编语言时代，程序员已经可以通过键盘输入程序，再由专门的“汇编器”软件将汇编程序翻译成由机器指令组成的可执行程序。一般来说，一条汇编指令就对应一条机器指令。

1.2.3 高级语言

汇编语言虽然比机器语言方便得多，但用起来依然麻烦，程序员必须对计算机的指令系统乃至硬件很了解，比如要知道有几个寄存器，还要记住每条汇编指令的格式。而且，用汇编语言编写的程序，是和具体的计算机系统紧密相关的，很难在不同种类的计算机系统上运行。比如，用汇编语言编写的运行在 Intel 80X86 CPU 上的程序，就几乎不可能在苹果公司的 iPhone 上运行。

人们既希望能用比较接近自然语言的办法来编写程序，又不想考虑把数据放到哪个内存地址、什么时候要把数据复制到寄存器里这些和硬件相关的细节，甚至根本不想知道计算机到底有几个寄存器。而且，人们还希望编写出来的程序能在不同的计算机系统上运行。于是，高级语言应运而生。高级语言有点接近自然语言，用高级语言编写前面提到的加法，只需类似下面的这条语句：

```
c = a + b
```

如果想从键盘输入 a、b 的值，相加后输出结果，那么用类似以下的几条语句就可以完成：

```
input a
input b
c = a + b
print c
```

input 表示输入一个数据，print 表示输出数据。输入数据和在屏幕上输出结果是个很复杂的过程，如果用汇编语言写的话可能需要几十甚至上百条语句，但是用高级语言来完成，一条语句就能做到，而且很直观易懂、易记。有了高级语言，写程序终于和写作文有点像了。

上面写的小段高级语言程序只是打个比方，不同的高级语言有不同的语法，并不是每种高级语言输入、输出以及做加法的语句都像上面的短程序那样。

高级语言用起来如此方便，是因为有编译器或解释器的支持。编译器和解释器都是将高级语言程序翻译成机器语言程序的软件，但是工作方式有所不同。需要编译器支持的高级语言，称为编译型语言；需要解释器支持的高级语言，称为解释型语言。

编译器可以将高级语言程序转换成由机器指令组成的计算机可执行文件。这样的转换只需要做一次。可执行文件可以被分发到不同计算机上，不需要编译器就能独立运行。编译的过程可以类比为笔译，翻译结果可以脱离翻译员被使用。常见的编译型语言有 C 语言、C++语言。

解释器会将高级语言程序装入内存，在内存里逐条将高级语言语句翻译成机器指令，然后执行。解释器对高级语言程序的处理，是边翻译边执行，可以类比为同声传译。因此，解释型语言编写的程序不可独立运行，运行时必须有解释器的支持。由于程序是边解释边执行的，所以一般来说，解释型语言编写的程序明显比编译型语言编写的程序运行得慢。而且，要分发解释型语言编写的程序，需要将解释器和程序一起打包后分发，或者要求分发到的计算机上必须安装有解释器。解释型语言种类繁多，比如 Java、Python、PHP、JavaScript 等。

用高级语言编写的程序，和硬件以及操作系统的关系不是非常密切，因此在一个系统上编写的高级语言程序，经过一定的改动，并且经过针对其他系统的编译器编译后，是可以在其他系统上运行的，这个过程叫作程序的“移植”。我们经常看到同一个软件有针对不同系统的版本，比如“植物大战僵尸”游戏，不但有 Windows 版，还有 iPad 版、Android 手机版，这就是程序经过移植的结果。移植的工作量也是很大的，但总比针对每个系统都从头重写省事得多。

用 Python 编写的程序，在 Windows、macOS 和 Linux 上互相移植，几乎不用做什么修改，只要有针对不同系统的 Python 解释器支持即可。

1.2.4 Python 简史

Python 语言的发明人是生于 1956 年的荷兰程序员吉多·范·罗苏姆（Guido van Rossum）。1982 年，吉多在荷兰阿姆斯特丹大学获得数学和计算机科学硕士学位，后来在荷兰和美国的一些研究机构工作过，也曾加入 Google 公司和 Dropbox 公司，退休后 2020 年又加入微软。2006 年他被 ACM 协会认定为著名工程师。

吉多于 1989 年底开始创造 Python。那时他正好在读一本 Monty Python 戏剧团的剧本，觉得“Python”这个名字又酷又好记，语言因此得名。第一个公开发行的 Python 版本是在 1994 年发布的，2000 年 Python 2.0 发布，2008 年 Python 3.0 发布。Python 3.X 的语法和 2.X 及以前版本都不太兼容，即 Python 2 的程序在 Python 3 环境中无法运行。目前 Python 已经发展到 3.9 版本。

Python 在早期发展得并不顺利，主要原因就是：慢。Python 是解释型语言，用它编写的程序运行比较慢，在计算机性能不够高的时代，这是个严重问题。随着计算机硬件速度越来越快，Python 的短板变得越来越无关紧要，终于从 2014 年开始迎来了井喷式发展。在 2020 年底，Python 语言市场份额达到 12.21%，仅次于占有率 16.48%的 C 语言和占有率 12.53%的 Java。然而，Python 程序员的工资往往比 C 程序员和 Java 程序员高不少。

Python 流行的第一个原因是好学易上手。Python 语法简单、简洁且自然，不容易理解的概念和细节相对较少，非常适合非计算机专业人士学习。用 Python 写的程序，明显比用 C++、Java 等语言写的程序更短。

Python 流行的第二个原因，是 Python 有数量远超其他语言的、功能五花八门的第三方库。这些库大多可以免费使用。如果把写程序比作造汽车，用 C++、Java 等语言写程序，相当于要从头造轮子、发动机、变速箱等部件；而用 Python 写程序，由于可用的库很多，相当于各种零部件都是现成的，只要把它们拼装起来就能造出一辆车。用 Python 进行软件开发，工作效率往往是用其他语言的数倍甚至数十倍。因此，Python 界有句名言："人生苦短，我用 Python。"对于非计算机专业人士来说，编程用 Python，绝对是不二之选。

1.3 习题

1. 请写出十进制数 3732 的二进制和十六进制表示形式。
2. 请写出十六进制数 6dA8 的十进制表示形式。
3. 八进制数是什么样的？请写出十进制数 3732 的八进制表示形式。
4. 如何求一个十进制小数的 *K* 进制表示形式？

★★5. 要用多少个字节才能表示汉字呢？请设计一种编码方案，使得这种编码方案能表示几千个常用汉字以及英文字母、阿拉伯数字和标点符号。并且，要求只用一个字节表示数字、英文字母和标点符号，这样比较节省存储空间。

6. 如何用一系列的比特来表示和存储视频和声音呢？

第2章 Python 语言的基本要素

2.1 Python 开发环境的搭建

可以到 Python 的官网下载 Python 的安装包。针对 macOS 系统和 Windows 系统有不同的版本。一般来说，适用于 Windows 系统的是 64 位的版本。安装包的名字类似：

Python 开发环境的搭建

macOS X 64-bit/32-bit installer

Windows x86-64 executable installer

访问国外的网站一般都很慢，只打开网页可能就要几分钟，要耐心等待。

并非下载好安装包后就可以使用 Python，必须运行安装包进行安装。安装时开始界面如图 2.1.1 所示，当然版本号会有所不同。

请注意要选中下方的两个选项，尤其是“Add Python 3.X to PATH”那个选项。否则在后面要安装的开发环境 PyCharm 中可能找不到 Python。

Python 官网下载的 Python 3.X 只是 Python 的解释器，虽然有了它就可以进行 Python 程序的编写和运行，但是不够方便。建议读者使用 PyCharm 这个 Python 的集成开发环境来编写程序。

到 PyCharm 官网可以下载 PyCharm。请注意，要下载带“Community”标识的版本，因为它是免费的。“Professional”的版本则是收费的。

安装好 PyCharm 后运行之，PyCharm 界面如图 2.1.2 所示。

图 2.1.1　Python 安装开始界面

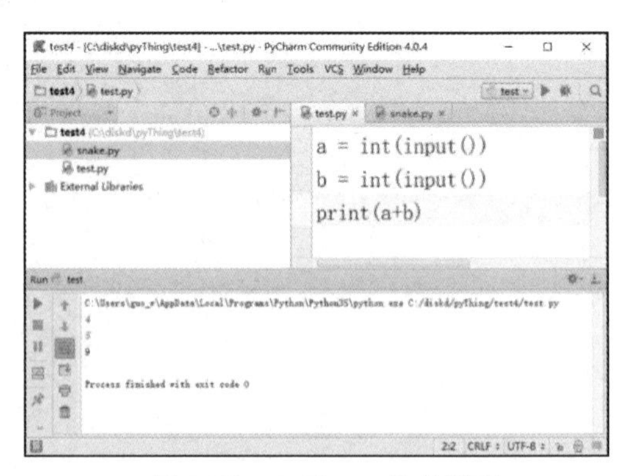

图 2.1.2　PyCharm 运行界面

用 PyCharm 编写并运行 Python 程序步骤如下。

（1）单击 File 菜单→New Project 菜单，新建一个工程（macOS 系统上，PyCharm 的菜单在屏幕最上方）。指定一个方便的文件夹，如 C:\mypython 之类来存放程序。

（2）单击 File 菜单→New 菜单→选择 Python File→输入任意文件名。这样程序文件会被以.py 作为扩展名保存。请注意，程序文件必须以扩展名.py 保存，否则无法运行。

（3）编写程序。写好后单击 Run 菜单运行程序。如果同时打开多个.py 程序，则鼠标右键单击上方的某个.py 文件名，在弹出的菜单上单击“Run xxxx”选项就可以运行程序 xxxx。最后运行过的程序名会显示在窗口右上角，再次运行它，只需要单击其右边的绿色三角图标即可。

（4）程序的输出结果显示在图 2.1.2 下方的白窗口。如果程序运行时需要输入，则也在该白窗口进行。

还有一种运行 Python 程序的方式，叫作“命令行方式运行”。在 Windows 系统上，按“窗口+R”键，会弹出如图 2.1.3 所示的程序运行框。

输入“cmd”，按 Enter 键，就会进入如图 2.1.4 所示的命令行窗口。

图 2.1.3　程序运行框

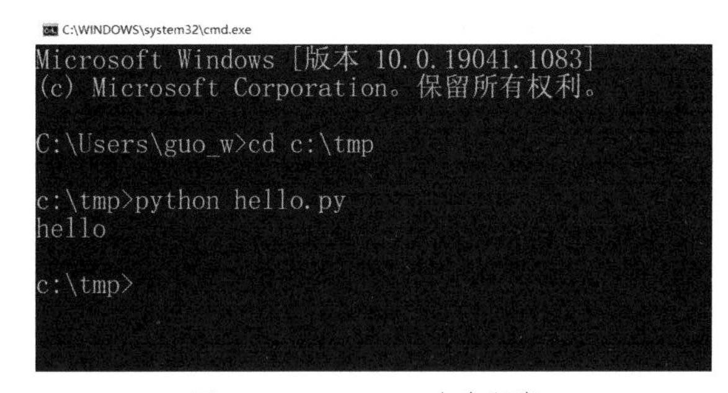

图 2.1.4　Windows 命令行窗口

在该窗口输入 cd 命令切换到存储.py 文件的文件夹，比如 hello.py 存放在 C 盘 tmp 文件夹下，就输入“cd c:\tmp”然后按 Enter 键，然后再输入 python hello.py，按 Enter 键，就可以运行程序 hello.py 了。如果不成功，就按前面的要求重新安装 Python。

更详细的安装和运行教程请扫二维码查看。

2.2 Python 的语句

下面是一个非常简单的 Python 程序：

```
print("hello,world")
```

print，顾名思义，就是打印。只不过不会打在打印机上，而是打在屏幕上。运行它，会在屏幕上产生下面的输出：

```
hello,world
```

下面程序的意思是，分两行输入两个数，输出它们的和：

```
a = int(input())
b = int(input())
print(a+b)
```

input，顾名思义，就是输入。int 的含义后面再说。这个程序运行后，输入一个数按

Enter 键，再输入一个数按 Enter 键，程序就会打出两个数的和。

Python 程序每一行可以称为一条语句。

Python 程序是用英文字母、数字、标点符号和空格写成的。应该在英文而非中文输入状态下输入程序，确保输入的字符都是英文半角的字符。如果输入各种中文全角的标点符号或空格（中文的标点符号和空格看起来比英文的更宽），那么 Python 的开发环境往往就会在下面用触目惊心的红色波浪线提示语句非法。

☹常见错误：将 Python 程序中的标点符号打成全角的中文字符，如将 '、(、)、"、: 打成‘’、“”、(、)、：，或将空格打成全角的空格，都是不允许的。

笔者亲耳听编程等级考试组织者说过，总有一些学生，学了两三年的编程去参加考试，然而到考试结束都无法写出类似于输出“hello,world”这样的程序，原因就是对考试时使用的计算机的环境不熟悉，犯了上面这个错误。

除非满足必须缩进的特定条件，Python 程序每一行都要靠左顶格书写，前面不能加空格。比如下面的程序：

```
a = int(input())
  b = int(input())
print(a+b)
```

第二行行首加了空格，是不允许的。有的开发环境就会在本行开头处加红色下画线，提示错误。

在一行的中间加些空格，往往没有关系。比如“b=a”和“b =   a”是一样的，“print(a+b)”和“print(a+   b)”也一样。

如果一条 Python 语句太长看着不方便，则可以分若干行写，但并不是随便在什么地方断行都可以。如果要随意断行，那么就要在断行处写“\”(在有些地方断行可以不写“\”)。一条语句分多行的情况下，除第一行外，其他行随便怎么缩进都行。例如：

```
c = 1 +  2 \
    + 3
print("hello",
  c)
print("hello \
world")
```

输出：

```
hello 6
hello world
```

一条语句分多行这件事情很不重要，搞不清规则也没关系，用的时候再试不迟。

☹常见错误：Python 程序中的括号一定是成对出现的，如果在行末出现红色下画线提示有错误，通常就是因为括号没有配对（左括号和右括号数目不等）。

2.3 注释

软件一般都是由多个程序员合作开发的，因此一个程序员常常需要阅读别人编写的代码。想读懂别人编写的代码并非易事，常常会读着读着就恨不得干脆自己重写一遍。即便是自己写的程序，过了一两个月再看，很可能也会想不起来某段代码在做什么，为什么要那样写，甚至会破口大骂是哪个笨蛋写出这样的东西。因此，在程序中需要书写一些提示，或者解释性的文字，用以说明某段代码的作用。很多公司还会要求程序员在程序里面写上自己名字，以免出了 bug 找不到责任人。这部分说明性的、用于帮助别人或自己理解程序的文字，不是程序的一部分，不会被执行，就称为注释。几乎所有的程序设计语言都支持注释。在实际的软件开发工作中，写程序不写注释，就是不讲“码德”。

有的时候，对于某段代码，想将其删掉或者修改，但又拿不准这么做是否正确，也可以将删改前的代码变成注释保留在程序中，以后要恢复就容易了。

Python 中的注释以“#”开头，从“#”开始到行末都是注释。例如：

```
#下面输入两个数，输出其和
a = int(input())              #输入 a
b = int(input())              #输入 b
print(a+b)                    #输出 a+b 的值
```

注释不是程序的一部分，因此用什么文字写都行。

一般来说，注释多点没坏处，应该积极编写注释。但是，为作用一目了然的代码编写注释，那是把自己或合作者当傻瓜。比如上面程序中的注释，都是画蛇添足，只是为了举例说明单行注释的用法才这么写。

有时候想把连续多行都变成注释，在每行开头加“#”显然比较麻烦。在 Python 开发环境里，选中这些行，然后将 Ctrl 键和“/”键一起按下，就可以自动在每行前面都添加“#”，将这些行都变成注释。再按“Ctrl+/”组合键，又可以将其恢复成正常代码。

有许多教材和网络资料，称 Python 有一种多行注释，是用一对三个引号括起来的，这是不正确的说法，7.2 节会细说。

2.4 常量

各种程序设计语言中都有“常量”的概念，表示固定不变的数据。Python 中的常量有整数（如 123）、小数（如 34.12）、字符串（如"hello"）、True（表示真）、False（表示假）、None（表示啥也不是）等。下面程序打印出一些常量：

```
1.  print(123)          #>>123
2.  print(34.54)        #>>34.54
3.  print("hello")      #>>hello
4.  print(0b1101)       #>>13          0b 表示二进制整数
5.  print(0xa8)         #>>168         0x 表示十六进制整数
6.  print(None)         #>>None
7.  print(True)         #>>True
```

第 4 行：二进制整数常量以 0b 开头。比如 0b10 就是 2。

第 5 行：十六进制整数常量以 0x 开头。比如 0xf 就是 15。

在本书中，为讲解方便，大部分程序都会像上面的程序一样，每行前面都会加行号。须知真正可以运行的程序是不允许带行号的，也不能没理由就在行首加空格。

在本书中，大量使用注释对程序进行讲解。这些注释的目的是帮助初学者掌握 Python

语言。对程序员来说，本书程序中绝大部分注释都没有必要，是不该写的。

在本书中，注释中的“#>>”表示后面就是本行输出的结果。“>>”不是输出结果的一部分。“>>”也不是写注释必需的。

2.5 变量

各种程序设计语言中都有“变量”的概念。变量是用来存储数据的，它有名字，其值可变。例如：

```
1.  a = 12
2.  b = a          #让b的值变得和a一样
3.  print(a+b)     #>>24
4.  a = "hello"
5.  print(a)       #>>hello
```

第1行：a就是个变量，它的值被设置成12。

第2行：b也是个变量，它的值被设置成和a的值一样。

第3行：输出a+b的值，所以输出24。

第4行：将a的值改成字符串"hello"。

第5行：输出变量a的值，于是输出hello。

Python中变量的名字，由英文大小写字母、数字和下画线构成，中间不能有空格。不能以数字开头，长度不限。以下是一些合法的变量名：

```
name  _doorNum  x1  y  z  a2  A  number_of_students  MYTYPE
```

变量名最好能够体现变量的含义（虽然语法上无此要求），这样做便于理解程序。必要时应该使用多个单词作为变量名，以便一眼看出变量的作用。多单词的变量名，最好第一个单词小写，后面每个单词首字母大写，例如：

```
dateOfBirth    numOfDogs    bookPrice
```

上面这些变量名，含义自明。如果偷一时之懒，变量名都是a,b,c,x,y,z之类，过不了多少时间，自己都会忘记那些变量是干什么用的，而且还会让自己在团队中名声扫地。

Python中变量名的大小写是有区别的，即a和A、name和Name是不同的变量。

Python预留了一些有特殊用途的名字，称为保留字。保留字不可用作变量的名字。部分保留字如下：

```
and as assert break class continue def del elif else except exec for finally from
global if import in is lambda not or pass print raise return try while with yield
```

如果用保留字作为变量名，Python会报错。

2.6 赋值语句

赋值语句格式如下：

```
变量 = 表达式
```

其作用是对变量进行“赋值”，即将变量的值变得和“表达式”的值一样。变量、数、字符串等，以及它们通过各种运算符号组合在一起，都可以称为“表达式”。“表达式”在 Python 中是一个很宽泛的概念，没有必要严格描述其定义。

赋值语句中的“=”称为赋值号，不要将其理解为数学上的等号。赋值号左边必须是变量。**对一个变量的首次赋值，称为对这个变量的“定义”。**

```
#prg0010.py
1.  a = "he"             #定义变量 a，其值为字符串"he"
2.  print(a)             #>>he
3.  b = 3+2              #b 的值赋为 5
4.  a = b                #将 a 的值变得和 b 一样
5.  print(b)             #>>5
6.  print(a)             #>>5
7.  b = b + a            #将 b 的值改为原来 b 的值加 a 的值
8.  print(b)             #>>10
9.  a,b = "he",12        #a 的值变为字符串"he"，b 的值变为 12
10. print(a,b)           #>>he 12
11. a,b = b,a            #交换 a,b 的值
12. print(a,b)           #>>12 he
13. c,a,b = a,b,a
14. print(a,b,c)         #>>he 12 12
15. a = b = c = 10       #a,b,c 的值都变成 10
16. print(a,b,c)         #>>10 10 10
```

第 7 行：b=b+a 不是数学上的等式，它的意思是将 b 的值改为其原来的值加上 a 的值。因此 b 的值变成 5+5 即 10。

第 11 行：将 a 和 b 的值分别变为原来 b 的值和 a 的值，即交换 a，b 的值。如果同一个变量同时出现在赋值号的左右两边，那么出现在右边时取其原来的值，即执行赋值语句前的值。同理，第 13 行就是分别用 a 原来的值、b 原来的值、a 原来的值对 c，a，b 进行赋值。

上面程序的输出结果是：

```
he
5
5
10
he 12
12 he
he 12 12
10 10 10
```

本书用斜体字表示程序输出的结果。

⚠ **注意：Python 程序是顺序执行的，即从上到下依次执行。**别的语言的程序也是这样的。下面的程序是不对的：

```
a = b + 3
b = 5
print(a)
```

写出上面程序的人，心路历程如下：我一开始就讲得很清楚了，a 等于 b 加 3 啊。后面我又告诉你 b 等于 5，那么谁都应该知道这时的 a 自然应该是 8 嘛。可惜 Python 解释器并不智能，看不懂他那高级的倒叙写作手法。程序是顺序执行的，首先要执行 a=b+3，此时就需要用到 b 的值。然而 b 此时没有值（即没定义），所以程序在这一行就会导致运行错误。

程序顺序执行，对老师来说这好像是天经地义的，甚至用不着说。但如果不解释的话，总有个别学生不明白这句话的真实含义。

2.7 Python 数据类型

Python 语言中的数据，有不同的类型。例如，有整数类型的数据如 123、100，字符串类型的数据如"hello"、"123"。每种数据类型有特定的名字，比如整数这种类型，名字就是 int。表 2.7.1 列出了 Python 中的各种数据类型的名字、含义以及数据示例。

表 2.7.1　Python 中的数据类型

名称	含义	数据示例
bool	布尔（真假）	True　False
int	整数	0　2345　6899899
float	小数	3.2　1.5E6
complex	复数	1+2j
str	字符串	"hello"　'1233'　'a'
list	列表	[1,2, 'ok',4.3]
tuple	元组	(1,2, 'ok',4.3)
dict	字典	{"tom":20,"jack":30}
set	集合	{"tom",18,71,1200}

1.5E6 也可以写成 1.5e6，表示 1.5×10^6。

bool 类型的数据，只有两个取值，True 和 False（注意首字母都是大写），表示真和假。

其余数据类型后文会有详解。

2.8 字符串简介

2.8.1　字符串的基本概念

Python 中的字符串，代表一串文字，可以而且必须用单引号、双引号或三单引号、三双引号括起来。例如：'abc'、"123 你好"、'''67,3'''、"""this is ok""" 等。字符串中可以出现中文。程序示例：

```
#prg0020.py
x = "Hello,world!"      #x 的值是个字符串，其中的文字是 Hello,world!
print(x)                #>>Hello,world!
x = "I said:'hello'"
print(x)                #>>I said:'hello'
print('我说:"hello"')   #>>我说:"hello"
print('''I said:'he said "hello"'.''') #>>I said:'he said "hello"'.
print("""I said:'he said "hello"'.""") #>>I said:'he said "hello"'.
```

使用单引号、双引号或三单引号，基本无区别。如果字符串中本身包含单引号，那么用双引号括起来较好，否则字符串中的单引号还要用后文提到的“转义字符”来表示，不太方便。同理，如果字符串中本身包含双引号，那么用单引号括起来比较好。

""和'' 也是字符串，里面一个字符也没有，称为“空串”。

☹ **常见错误：误以为字符串里面可以包含变量。**需要强调的是，用各种引号括起来的，就是字符串，引号括起来的部分，就是一个个字符（文字），字符串里面不会包含变量。这个误解看似匪夷所思，实际上并不稀有。例如下面程序：

```
s = 1.75
print("I am s m tall")        #>>I am s m tall
```

第2行字符串中的“s”就代表英文字母“s”，不代表上一行的变量s，因此第2行输出的结果就是“I am s m tall”，s不会被替换成1.75。同理：

```
print("4+5")
```

输出结果是4+5，而不是9。

想要输出一串文字就要通过字符串。print(hello,world)这样的语句不会输出“hello,world”，因为语句中的hello,world没有用引号括起来，不能代表一串文字，而是代表两个变量hello和world。

2.8.2 字符串的下标

有n个字符的字符串，其中的每个字符，从左到右依次编号为0,1,2,...,n−1。从右到左依次编号为−1,−2,...,−n。编号也称为“下标”。通过在中括号中填入下标的方式，就能查看字符串中指定位置的字符：

```
a = "ABCD"
print (a[0])            #>>A
print ("ABCD"[2])       #>>C
print (a[-1])           #>>D
i = 3
print (a[i])            #>>D   变量也可以作为下标
```

值为整数的表达式，都可以作为下标使用。

Python中，单个字符，就是长度为1的字符串。上面程序中的a[0],a[−1]都是长度为1的字符串。

字符串中的字符是不能修改的。例如：

```
a = "ABCD"
a[1] = "K"
```

上面第二条语句试图修改a中下标为1的字符，这是不可行的，会引发运行时错误。

2.8.3 连接字符串

用“+”可以将若干个字符串连接起来得到新的字符串。若a和b都是字符串，则a+b也是一个字符串，内容是a的内容后面再拼接上b的内容：

```
a = "ABC"
b = "123"
a = a + b
print(a)        #>>ABC123
a = a + a[1]    #a[1]是单个字符，也是长度为1的字符串
print(a)        #>>ABC123B
a += b          #a += b等价于a = a + b
print(a)        #>>ABC123B123
```

2.8.4 用“in”“not in”判断子串

一个字符串中连续的一部分，称为该字符串的子串。一个字符串的子串，也包括它自身。经常需要判断一个字符串是否是另一个字符串的子串。若 a 是 b 的子串，则 a in b 的值就是 True，否则就是 False。若 a 不是 b 的子串，则 a not in b 的值就是 True，否则就是 False：

```
a = "Hello"
b = "Python"
print("el" in a)        #>>True
print("th" not in b)    #>>False
print("lot" in a)       #>>False
```

2.8.5 字符串和数值的转换

字符串和数值，可以互相转换。具体做法如下：

int(x)　　把字符串 x 转换成一个整数

float(x)　　把字符串 x 转换成一个小数

str(x)　　把数值 x 转换成一个字符串

eval(x)　　把字符串 x 看作一个 Python 表达式，求其值

字符串和数值的转换

“把 x 转换成……”是一种约定俗成的说法，从字面上看是 x 变了，其实上述转换操作不会改变 x，而会生成一个新的值。所以如果较真的话，精确的说法是“从 x 转换出一个……”。在这个问题上，本书还是遵循惯例不较真吧。请看程序示例：

```
#prg0030.py
1.  a = 15
2.  b = "12"
3.  c = a + b                  #错误的语句,字符串和整数无法相加
4.  print(a + int(b))          #>>27  b没有变成整数, int(b)的值是整数12
5.  print(str(a) + b)          #>>1512  str(a)的值是字符串 '15'
6.  c = 1 + float("3.5")       #float("3.5")的值是小数3.5
7.  print(c)                   #>>4.5
8.  print(3+eval("4.5"))       #>>7.5
9.  print(eval("3+2"))         #>>5
10. print(eval("3+a"))         #>>18
```

eval(x)的值，是将字符串 x 的内容看作 Python 表达式后，求这个表达式的值得到的结果。例如，第 8 行的 eval("4.5")，将字符串"4.5"中的文字 4.5 看作一个 Python 表达式，那么其值就是小数 4.5。同理，第 9 行，将 3+2 看作 Python 表达式，其值就是 5。第 10 行，eval("3+a")的值就是表达式 3+a 的值。由于此时 a 的值为 15，因此 3+a 的值是 18。

需要注意的是，int(x)要求字符串 x 必须是整数的形式（只包含数字），float(x)要求字符串 x 必须是整数或者小数的形式，否则转换不合法，会导致程序运行出错。

☹ 常见错误：初学者程序出现运行时错误（**Runtime Error**），经常是由于做了不合法的转换。如 x 为"a12"或"12.34"时做 int(x)，或 x 为"abc"时做 float(x)。将字符串与数值相加也会导致运行时错误。

另外，int(x)也能用于从小数 x 转换出整数，转换的规则是去尾取整，即一律舍弃小数点后面的部分。例如，int(4.9)的值是 4。round(x)则求得和小数 x 最接近的那个整数，例如

round(4.9)的值是 5。round 不是四舍五入，因为四舍五入是不公平的，长此以往将导致偏大的累积误差。round 的策略是五有时舍，有时入。比如 round(4.5)和 round(3.5)的值都是 4。

2.9 输入和输出

2.9.1 输出语句 print

Python 用 print 语句进行输出。print 语句格式如下：

```
print(e1,e2,e3......)
```

准确地说，print 是个"函数"，括号内的是函数的参数。参数 e1,e2,e3......都是表达式，可以有任意多项。上面的语句会依次输出每项的值，各项之间用空格分隔，然后换行。换行的意思是，下次再执行 print，就会输出新的一行。例如：

```
print("hello")
print("world")
```

上面程序的输出结果是：

```
hello
world
```

如果不希望 print 换行，则可以用 end 参数指定输出的结束符。例如：

```
print(x,y,z,..., end="")
```

上面程序会连续输出多项，**各项之间以空格分隔**，输出以后不换行。end=""表示结束符是空串。不指定 end 就默认 end 的值是换行字符，因此会导致换行。

```
print(1,2,3,end="")
print("ok")
print("hello",end="!?")
```

上面程序的输出结果是：

```
1 2 3ok
hello!?
```

请注意，输出完"1 2 3"后没有换行，下次再执行 print("ok")就在同一行紧接着输出。

print 输出多项的时候，可以用 sep 参数指定分隔符：

```
print(3,4,5,sep=",")
print(3,4,5,sep="")    #分隔符是空串就等于没有分隔符
print(3,4,5,sep="..")
```

输出：

```
3,4,5
345
3..4..5
```

2.9.2 输入语句 input

Python 中输入语句格式如下：

```
x = input(y)
```

x 是变量，名字随意。y 是字符串，或任何值为字符串的表达式。y 也可以不写。

此语句输出 y，并等待输入。输入并**按 Enter 键后**（注意一定要按 Enter 键），input(y) 的值就是输入的文字，并且该值被赋给 x。y 可以是提示信息。如果不写 y，就不会输出任何信息，直接等待输入。例如：

```
s = input("请输入你的名字：")
print(s + ",你好！")
```

程序运行时显示：

```
请输入你的名字：
```

然后等待你输入。输入“Tom Lee”后**按 Enter 键**，程序输出：

```
Tom Lee,你好!
```

运行起来效果如下：

```
请输入你的名字：Tom Lee↙
Tom Lee,你好!
```

本书用斜体字表示输出部分，黑体字表示键盘输入部分，↙表示按 Enter 键。

⚠ **注意：**执行 x=input()后，**x 的值一定是一个字符串**，哪怕你输入的是一个整数。

在 PyCharm 中运行需要输入的程序，则在 PyCharm 下方的窗口进行输入，输出结果也会出现在下方，如图 2.9.1 所示。

图 2.9.1 中的 PyCharm 程序运行时，分两行输入 4 和 5，输出 9。

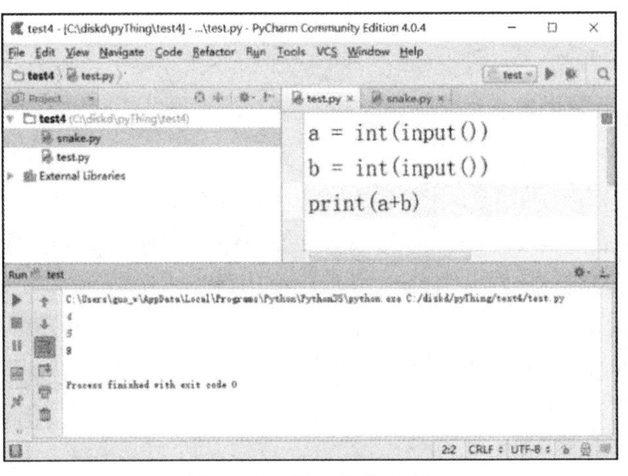

图 2.9.1　输入输出示例

⚠ **注意：使用一次 input()会输入一行的内容。**如果是在一行里输入数据，比如一行里面有多个整数用空格隔开，那么也只能用一次 input()。如何用一次 input 就得到多个整数，后文会交代。**如果输入数据有 *n* 行，就必须要用 *n* 次 input()。**

2.9.3 输出格式控制

```
s = 1.75
print("I am s m tall")          #>>I am s m tall
```

我们已经知道，上面的程序并不会输出“I am 1.75 m tall”。然而，将变量 s 的值嵌入到输出结果里面，又是本能的需求。解决办法之一，就是使用“格式控制符”。

有一些以“%”开头的字符组合，用在字符串中，可以指明此处需要用某个常量或变量的值替代，这样的字符组合称为“格式控制符”。常见的格式控制符如下：

%s　　表示此处要用一个字符串替代

%d　　表示此处要用一个整数的十进制形式替代

%x　　表示此处要用一个整数的十六进制形式替代

%f　　表示此处要用一个小数替代

%.nf　　表示此处要用一个小数替代，保留小数点后面 n 位，四舍六入，五则可能入也可能舍(注意，有“.”)

⚠ 注意：格式控制符只能出现在字符串中。

下面是程序示例：

```
#prg0040.py
1.  age = 18
2.  s = "I am %d years old." % age
3.  print(s)                          #>>I am 18 years old.
4.  h = 1.746
5.  print("My name is %s,I am %.2fm tall." % ("tom",h))
6.  #>>My name is tom,I am 1.75m tall.
7.  print("%d%s" % (18,"hello"))    #>>18hello
8.  print("%.2f,%.2f%%,%x" % (5.225, 5.325, 255))    #>>5.22,5.33%,ff
```

第 2 行："%d"表示此处应该用一个十进制整数替代。包含格式控制符号的字符串，后面跟一个"%"，后面再跟着用来替代格式控制符号的表达式，就会形成一个替换后的字符串。本行赋值号右边就形成了一个将"%d"替换成 age 的值 18 以后的字符串，即"I am 18 years old."。要得到同样的字符串，也可以写为：

```
s = "I am " + str(age) + " years old."
```

第 5 行：如果字符串中包含多个格式控制符，则需将用以替换的多个表达式，用括号括起来，并用逗号隔开。本行中，"tom"用以替换 "%s"，h 的值用以替换 "%.2f"。"%.2f"指明此处小数只保留小数点后面 2 位，所以替换的结果就是 1.75。"%f"则一般默认保留小数点后面 6 位。

第 8 行：要表示 "%" 字符本身，就要连写两遍。%x 表示其对应的整数 255 应该呈现十六进制形式，即 ff。

格式控制符应该与其对应的替换表达式类型匹配。比如下面这个表达式是非法的：

```
"Please give me %d dollars" % "123"
```

因为"%d"要求替换项必须是个值为整数的表达式，而"123"是个字符串，所以非法。

2.10 列表简介

列表初步

2.10.1 列表的基本概念

列表是任意多个元素的有序集合，元素的类型可以不同，形式如下：

```
[元素 0,元素 1,元素 2......]
```

例如：[1,2,3],[1, 'jack',4,21]都是列表。[]也是列表，是一张没有元素的空列表。

列表的元素，在内存中是连续存放的。列表有序，体现在每个列表元素都有一个编号，即下标。下标从 0 开始。通过将下标填入[]中的形式，可以访问列表的特定元素。即如果 a 是列表，x 是下标，则 a[x]表示 a 中下标为 x 的元素。例如：

```
empty = []                        #empty 是空表
list1 = ['Xiaomi', 'Runoob', 1997, 2000]
list2 = [1, 2, 3, 4, 5, 6, 7]
print(list1[0])                   #>>Xiaomi
list1[2] = 'ok'                   #更改了列表中下标为 2 的元素，即 1997
print(list1)                      #>>['Xiaomi', 'Runoob', 'ok', 2000]
```

列表下标的使用规则和字符串一样，一个有 n 个元素的列表，元素的下标从左到右依次为 $0,1,2,...,n-1$，从右到左依次为 $-1,-2,...,-n$。n 个元素的列表，下标合法的范围就是 0 到 $n-1$，以及 -1 到 $-n$。任何值为整数的表达式，都可以作为下标使用。但是，如果下标超过合法下标的范围（称为“下标越界”），就会引发程序运行时错误。

☹ 常见错误：列表、字符串或元组的下标越界，是引发程序运行时错误的最常见原因之一。

和字符串类似，也可以用 a in b 和 a not in b 判断元素 a 是否在列表 b 中。例如：

```
lst = [1,2,3,"4",5]
print(4 in lst)                   #>>False
print("4" in lst)                 #>>True
print(3 not in lst)               #>>False
```

第 2 行结果为 False，是因为整数 4 并不在列表 lst 里面，lst 里面有的是字符串 "4"。

字符串分割成列表

2.10.2 字符串分割成列表

若 x 是字符串，则 x.split() 的值是一个列表，包含字符串 x 经空格、制表符（对应键盘上的 Tab 键）或换行符分割得到的所有子串。x.split() 不会改变 x。例如：

```
#prg0050.py
1.  print("ab cd hello ".split())      #>>['ab', 'cd', 'hello']
2.  s = "12 34"
3.  print(s.split())                   #>>['12', '34']
4.  print("34\t45\n7".split())         #>>['34', '45', '7']
5.  print("abcd".split())              #>>['abcd']
```

第 1 行：字符串 "ab cd hello " 用空格分割后的结果是一个列表，里面包含分割后得到的子串，即列表['ab', 'cd', 'hello']。

第 4 行："\t"表示制表符，"\n"表示换行符。print("34\t\t45\n7")的结果如下：

```
34              45
7
```

第 5 行："abcd"中没有空白字符，所以分割后的结果就是一个只有一个字符串的列表。

本书后续例题和习题中，几乎每个程序都会用字符串的 split 功能来处理输入。

例题 2.10.2.1：A+B 问题（P001）

在一行输入两个整数，请输出它们的和。

解题程序：

```
s = input()
numbers = s.split()
print(int(numbers[0]) + int(numbers[1]))
```

如果输入 "3 4" 再按 Enter 键，则 input()的值是字符串"3 4"，赋值给 s。经过第 2 行的 split()以后，numbers 是个列表，其值是['3', '4']。不能直接将 numbers 的两个元素相加，那样加出来就是字符串 '34' 了。因此要在第 3 行将两个元素分别转换为整数后再相加。

前两行也可以合并成更为简洁的一行，如下所示：

```
numbers = input().split()
```

2.11 常见语法错误排查

程序有语法错误时，PyCharm 会在代码底下划红色波浪线标识出来。将鼠标移到红线上，PyCharm 会弹出错误提示信息。就算查英文词典也要搞清楚错误信息说的是什么。常见的出错信息有：

`Unresolved reference 'x'`	x 没定义
`Unexpected indent`	不该有的缩进
`Colon expected`	少了冒号

再次强调，不要把标点符号输入成全角汉字的，这种情况下错误提示信息看上去不知道在说什么。

有时几行代码明明看着缩进是一致的，却会提示缩进相关错误。这可能是因为有的行缩进用的是 Tab 键，有的行用的却是和 Tab 等宽的 4 个空格字符。这种情况下，可以选中要缩进的若干行，按几次 Shift+Tab 组合键把它们都顶到最左边，然后再按 Tab 键让它们一起缩进。

⚠ **注意：有时红线划在某一行，实际上错误却是在上一行的末尾**，尤其是上一行末尾少写了一个")"，造成括号不配对的时候。如果多写了一个")"，提示信息却往往会是“End of statement expected”。

2.12 OpenJudge 做题指南及例题讲解

本书的大部分例题和练习题，可以在“北京大学 OpenJudge 开放在线程序评测平台”的“程序设计实习 MOOC”小组中的“Python 程序设计基础及实践（慕课版）教材题集”比赛中找到。例题习题后面的编号，如“（P002）”就是题目在比赛中的编号。

OpenJudge 上每个题目都会提到“时间限制”和“内存限制”。对后者我们不必关心。前者的意思是提交的程序必须在一定时限内可以运行结束，否则就会被判定为超时错误。如果不是对算法要求高的专业题目，一般来说也不必关心。OpenJudge 上的题目的基本形式如下。

OpenJudge 使用指南

例题 2.12.1：字符三角形（P002）

给定一个字符，用它构造一个底边长 5 个字符，高 3 个字符的等腰字符三角形。

输入：输入只有一行，包含一个字符。

输出：该字符构成的等腰三角形，底边长 5 个字符，高 3 个字符。

例题：字符三角形

样例输入

```
*
```

样例输出

```
  *
 ***
*****
```

所谓的“样例输入”和“样例输出”只是一个例子，用来解释前面对程序输入输出的要求。如果程序运行时输入“样例输入”中的内容，则输出就应该和“样例输出”一样。但是能做到这一点并不意味着你的程序已经正确，这只是第一步，离最终成功可能还有很远距离。题目不是只有固定的一种输入，对不同的输入数据，程序都应该按照要求产生输出才行。就本题来说，如果输入一个字符“A”然后按 Enter 键，程序就应该输出一个由"A"构成的字符三角形；如果输入字符“X”按 Enter 键，程序就应该输出一个由字符“X”构成的三角形……程序提交到 OpenJudge 以后，服务器会用多种输入数据对程序进行测试，必须对所有输入数据都能按题目要求产生输出，程序才算正确，才能得到一个“Accepted”的结果。在其他在线程序评测平台（Online Judge Platform，简称 OJ）做题，也是这样。

解题程序：

```
#prg0060.py
1.  a = input()
2.  print("  " + a)   #"  "是两个空格
3.  print(" " + a + a + a)
4.  print(a*5)
```

第 1 行：获取输入的字符，赋值给 a。

第 2 行：输出两个空格紧接一个字符 a。注意不能写成 print(" ",a)，那样的话，就会在两个空格和字符 a 之间再加一个空格，就不对了。

第 3 行：输出一个空格，再连着三个字符 a。同理，不能写成 print(" ",a,a,a)。

第 4 行：用字符串乘法会比写 print(a+a+a+a+a)简单。如果要写 5 个空格，也可以写成" "* 5。

写完程序，一定要先在本机测试，确保输入“样例输入”中的数据，程序的输出和“样例输出”一模一样，否则提交无意义。不能比样例多输出任何字符（包括空格），也不能少输出任何字符。输入“样例输入”的方法，是复制题目中的全部样例输入数据，粘贴，然后一定要按 Enter 键（以后“按 Enter 键”这件事就不再提了）。程序的输出和样例输入可能会混在一起，不必关心它们混在一起是什么样子，只要单独看程序输出部分，和“样例输出”一致即可。

样例数据通过以后，还应该自己构造一些输入数据，看看输出结果是否符合题目要求。

比如本题，应该输入“*”“A”“X”等多个字符试试。即便对你自己构造的各种输入数据，程序都能按题目要求进行输出，你的程序也未必正确。因为构造的数据很可能没有覆盖所有可能的情况。出题人设计的输入数据往往比较全面，会覆盖各种情况。有一些特别难考虑到的情况，可称之为“坑”。如果你的程序考虑不周，碰到“坑”就会掉进去，即因输出结果不对而被判定为错误，得到一个“Wrong Answer”的下场。

在 OpenJudge 上做题，程序提交以后，可能得到以下几种结果。

（1）Accepted（简称 AC）

恭喜！你的程序正确！只有得到这个结果才算任务完成。

（2）Wrong Answer（简称 WA）

程序不正确，输出了错误的数据。应该多编造一些输入数据进行测试，或仔细想想程序里面有没有逻辑错误。

（3）Time Limit Exceeded（简称 TLE）

超时，不通过。一般每道题目都有时间限制，比如时限 1000 毫秒，就意味着你的程序必须在 1000 毫秒内运行结束。如果你的程序跑得太慢，运行时间超过时限，就会导致这种结果。程序有死循环永远不会结束，或者算法不好，都会导致超时。

（4）Runtime Error（简称 RE）

程序产生运行时错误，简称 RE。这种错误如果在本机发生，现象就是程序突然中止，并输出一些关于出错原因的信息。程序提交以后得到这个结果是很常见的。RE 常由以下原因导致，如果碰到 RE，可以对着以下几条来查错：

① 不合法的转换，如 int("abc")、int("12.45")。

② 字符串和数值相加，如：

```
a = input()
b = a + 5  #字符串 a 和整数 5 相加导致 Runtime Error
```

再次强调，执行 input() 读入的一定是字符串，哪怕你输入的是一个整数。不要忘了该做的转换。

③ 输入数据已经结束，还执行 input()。比如题目中给出的输入数据只有 2 行，程序却执行了 3 次 input()，那么第 3 次执行 input()，无法获取输入数据，就会产生 RE。

再次强调，执行一次 input()只会读入一行，有几行输入就要用几次 input()。

在本机测试程序的时候，如果是在 PyCharm 或 IDLE 中运行程序，则按 Ctrl+D 组合键表示输入结束。例如下面程序：

```
a = input()
b = input()
```

程序运行后，随便输入什么，按 Enter 键，输入的文字就会被赋值给 a。然后按 Ctrl+D 组合键，此时程序就会出现 RE。因为第 2 行的 input()试图获取输入，然而 Ctrl+D 却宣告输入结束了。于是 input()不会等待你继续输入数据，而是直接导致 RE。

④ 使用了不合法的下标，如：

```
a = [1,2,3]
b = a[3]    #Runtime Error! a 的合法下标有 0,1,2, 3 不是合法下标
```

⑤ 不能比较大小的两个数据比大小，比如字符串和整数比大小。

⑥ 除法或求余数运算的除数是 0。

在本机运行程序，如果出现 RE，会有出错信息告知哪行程序出错，为何出错；提交到 OJ 后，若产生 RE，OJ 不会提供任何可用于找 bug 的有用信息。所以一定要先在本机运行程序无误后再提交。

（5）Presentation Error（简称 PE）

输出格式错误。也可以恭喜一下，你的程序离正确只有一步之遥，只是输出的时候多了或少了空格，该换行没换行，或不该换行却换行。仔细检查输出的格式，就可以排除这个错误。

例如，print(a,b)会导致 a,b 两项之间有空格输出，这个空格很可能是多余的，不符合题目要求。多出来的空格可能导致此错误，也可能导致 Wrong Answer。

不过，在 OpenJudge 上，如果仅在行的末尾多输出空格，是没有关系的，不会导致这个错误，也不会 WA。

（6）Output Limit Exceeded（简称 OLE）

程序有死循环导致没完没了地输出，就会引发这个错误。

（7）Memory Limit Exceeded（简称 MLE）

程序使用的内存超出了限制。本书的例题和习题一般不会碰到这个问题。

例题 2.12.2：计算(a+b)*c 的值（P003）

给定 3 个整数 a，b，c，计算表达式(a+b)*c 的值。

输入：输入仅一行，包括 3 个整数 a，b，c，数与数之间以一个空格分开（−10,000<a,b,c< 10,000）

输出：输出一行，即表达式(a+b)*c 的值。

样例输入

```
2 3 5
```

样例输出

```
25
```

“*”在许多程序设计语言中都表示乘法，在 Python 中也是如此，所以 OpenJudge 上许多题目中就用“*”表示乘法。此题就是要算(a+b)×c 的值。

题目中提到的“（−10,000<a,b,c<10,000）”，描述的是出题者提供的输入数据在什么范围之内。用其他语言解题，数据范围往往是必须要知道的，用 Python 则不一定需要这个信息。但是，如果出题者本意要考查程序的执行效率，那么数据的范围就很重要。数据范围大的题目，如果不采用高效的算法，很可能就会因为程序运行太慢导致 TLE（超时）不能通过；数据范围小的，则随便写个程序，只要正确性有保证就行，不必讲究效率。

我们要相信出题者是言而有信的，因此编程时用不着去判断输入数据是否在题目声明的范围之内。虽然偶然也会发生数据超出题目描述范围的事，那也是出题者的不小心导致的题目 bug，不是他们故意要骗人。

解题程序：

```
s = input().split()
a,b,c = int(s[0]),int(s[1]),int(s[2])
print((a+b)*c)
```

输入数据只有一行，因此只用一次 input()。执行 input()读进来的是一个字符串，比如"2 3 5"，要将其中的整数分离出来，就需要执行一下 split()，这样得到的 s 就是一个字符串列表['2', '3', '5']。将列表中的每个元素都转换成整数，即得到 a,b,c 的值。

☹ **常见错误：**做本题时，见到一行里有多项输入数据，就用多个 input()去读取，导致 Runtime Error. **不要多行输入只用一次 input()，也不要一行输入用多次 input()。**

例题 2.12.3：反向输出一个三位数（P004）

将一个三位数反向输出。

输入：一个三位数 n。

输出：反向输出 n。

样例输入

```
100
```

样例输出

```
001
```

解题程序：

```
n = input()
print(n[2] + n[1] + n[0])
```

虽然输入数据从形式上看是个整数，但是执行 input()读到的还是字符串。因此 n 是个字符串。把 n 中的三个字符倒着拼起来得到的新字符串输出即可。

☹ **常见错误：使用 print 时用“,”会导致输出空格，这可能引发问题。**比如，OpenJudge 或其他 OJ 上面有题目，要求输出两项 x,y 的值，且这两项之间不能有空格，那么用 print(x,y)的办法输出 x 和 y，就会产生中间多余的空格，导致错误。一种解决办法是：

```
print(x,end="")
print(y)
```

☹ **常见错误：在 OpenJudge 或其他 OJ 上做题时，input()括号里面写了提示信息，导致提交的结果是“Wrong Answer”**。OJ 的题目对输出有严格要求，没有要求输出的东西，就不该输出，否则就会导致 WA。如果输入的时候写 input(x)，x 就会成为输出的一部分，从而导致输出多余，不符合要求。所以在 OJ 上做题时，写 input()就好，绝对不要加任何提示信息。

需要强调的是，本书例题、习题几乎都是 OJ 上的题目，因此不需要输出提示信息。如果是编写给自己或者别人使用的实用程序，要求输入之前，还是应该有提示，否则用户搞不清要输入啥。而且运行的结果也应该用清晰明确的文字反馈给用户，比如输出“您需要支付的金额是 100 元”，而不仅仅是让人莫名其妙的“100”。

2.13 习题

1. 字符菱形（P005）：输入一个字符，输出由该字符构成的字符菱形。
2. 输出第二个整数（P006）：输入三个整数，输出第二个整数。
3. 求三个数的和（P007）：输入三个整数或小数，输出它们的和。
4. 字符串交换（P008）：输入两个长度为 4 的字符串，交换这两个字符串的前两个字符后输出。
5. 字符串中的整数求和（P009）：输入两个长度为 3 的字符串，每个字符串前两个字符是数字，后一个字符是字母。求这两个字符串中的整数的和。

第3章 基本运算和条件分支语句

3.1 算术运算

算术运算

Python 支持的算术运算见表 3.1.1。

表 3.1.1　Python 支持的算术运算

运算符	功能
+	加法
−	减法（双操作数），取相反数（单操作数）
*	乘法
/	除法。结果一定是小数，就算能整除结果也是小数
//	除法。结果如果不是整数，就往小里取整。计算结果有可能是整数，也有可能是 2.0、3.0 这样小数部分为 0 的小数。如果参与运算的两个操作数都是整数，那么结果就是整数。如果有一个操作数是小数，结果就是小数
%	取模（求余数）。a % b 称为"a 模 b"，即求 a 除以 b 的余数。操作数可以是小数
**	求幂

算术运算符示例如下：

```
#prg0070.py
1.  a = (3+2)*(6-3)/2
2.  print(a)          #>>7.5
3.  print(10/8)       #>>1.25
4.  print(10%8)       #>>2     10 模 8，即求 10 除以 8 的余数
5.  print(15/4)       #>>3.75
6.  print(3.4/2.2)    #>>1.5454545454545452
7.  print(2**3)       #>>8     求 2 的 3 次方
8.  print(15//4)      #>>3
9.  print(3.4//2.2)   #>>1.0
10. print(-9//4)      #>>-3         往小里取整
11. print(4.5 % 2.1)  #>> 0.2999999999999998
```

第 1 行：在 Python 的运算表达式中，括号"()"起到的作用和在普通数学算式中一样，括号里的式子要先算。

第 6 行：输出一个小数的时候，如果没有指定保留小数点后面几位，那么到底会输出几位，没有明确的说法。如果对输出格式有要求，就应该用格式控制符".nf"指明保留小数点后面几位。

第 8 行：15 除以 4 是 3.75。由于参与运算的都是整数，所以结果就是整数 3。

第 9 行：3.4 除以 2.2 得 1.5454......，往小里取整，就是 1。Python 规定，有小数参与运算的算术表达式，计算结果一定是小数，因此，结果就是 1.0。

第 10 行：这里的“–”是取相反数的意思。–9 除以 4，结果往小的方向取整，就是–3。

第 11 行：结果不是 0.3 是因为小数计算总会有误差。

需要强调一点，除法“/”的结果一定是小数，哪怕能整除。而且 Python 中只要算术运算表达式中出现了小数，那么整个表达式的计算结果就一定是小数。例如：

```
#prg0080.py
1.  print(10//2)          #>>5
2.  z = 10/2
3.  print(z)              #>>5.0
4.  z = 10.0 - 10
5.  print(z)              #>>0.0
6.  print(2+0*4.5)        #>>2.0
7.  print(10/5)           #>>2.0
8.  print(2+10/5)         #>>4.0
```

第 2 行：虽然 10/2 能整除，但是“/”的结果一定是小数，所以 z 就是小数 5.0。

第 4 行：包含小数的算术表达式，结果一定是小数，所以 z 就是小数 0.0。下面第 6,7,8 行都在表明这个规定。

☹ **常见错误：题目要求输出结果是整数，却输出了 XXXX.0 形式的小数。**比如应该输出 10，却输出了 10.0。**忘记除法"/"的结果一定是小数，以及含小数的算式结果一定是小数**，就可能导致这个问题。根据实际情况，可以考虑用 int(x)或 round(x)将小数 x 转换成整数，就能解决这个问题。在后文“条件分支语句”一节的“温度转换”例题和“简单计算器”例题中会讲述这个问题。

☹ **常见错误：误把除法运算符“/”当分数线，导致计算顺序方面的错误。**“/”是“÷”，不是分子分母之间的水平分数线。因此 a/b*c 是 a÷b×c，不是 a/(b*c)。

☹ **常见错误：想象力过于丰富。**有些初学者会按自己想象或发明出来的语法写程序，比如写 20%表示百分之二十，写|x|去求 x 的绝对值，或者写 2(x+3)(4+x)、f(x)=2*x+1 这样的代数式，这些式子在 Python 中都是非法的。也许法律系的学生容易犯这种错误，因为他们觉得法不禁止即可为。然而 Python 并不智能，它的逻辑是规定可以才可为。它能执行的语句必须是严格按照 Python 的语法规则编写的，它不能处理看上去很简单的自然语言或代数式。Python 不能理解 2(x+3)(4+x)，它只能理解 2*(x+3)*(4+x)——乘法就一定要用“*”。写下一条语句之前，一定要确认，在 Python 教材或课程或网络资料中见过这种写法。

Python 中的算术运算符是有优先级的。从高到低依次是：

第一级：　**

第二级：　–（求相反数）

第三级：　*　/　//　%

第四级：　+ –（减法）

记不清优先级就勤用“()”来写清楚计算顺序，如 (a/b)**c，这样既保险，也易懂。就算你记得清优先级，读你程序的人未必记得，说不定他记错了，就会理解错你的程序。因此不妨自己麻烦点，多用括号，与人方便。

算术运算符后面还可加上赋值号“=”形成“算术赋值运算符”，在计算的同时进行赋值。例如，a+=b 等价于 a=a+b，a-=b 等价于 a=a-b。同理还有 *=、/=、%=、**=。算术赋值运算符中的算术运算符和“=”之间不能有空格，而且和赋值运算符一样，其左边必须是个变量。例如：

```
a = 6
a/=3
print(a)      #>>2.0
a**=3
print(a)      #>>8.0
```

例题 3.1.1：求(x+y)*x 的值（P010）

在一行输入两个小数或整数 x、y，请输出(x+y)*x 的值，保留小数点后面 5 位。

输入样例

```
1 2.3
```

输出样例

```
3.30000
```

解题程序：

```
s = input().split()
x,y = float(s[0]),float(s[1])  #整数形式的字符串转成 float 也不会有问题
print("%.5f" % ((x+y)*x))
```

⚠ **注意：**最后一行不能写"%.5f" % (x+y)*x，这样写的话，就会先求 "%.5f" % (x+y) 的值，得到一个字符串，然后将该字符串和 x 做乘法，这会导致 RE。

☹ **常见错误：在小数运算过程中就试图只保留小数点后面若干位。**上面的题目，只要求输出结果保留小数点后面 5 位，那么，保留小数点后面 5 位这个操作，只应该发生在输出的那一刻，而不能在计算过程中对各个操作数去保留小数点后面 5 位——这么做会导致误差太大。在作者的教学生涯中，每个学期都会有学生对上面的题目写出下面如脱口秀一般欢乐的程序，请读者自行分析为何这个程序是错的：

```
s = input().split()
x,y = float(s[0]),float(s[1])
m = '%.5f' % (x+y)
z = float(m) * x
print("%.5f" % z)
```

3.2 关系运算和 bool 类型

Python 中的数（整数、小数）和字符串都可以比较大小。列表、元组在特定情况下也可以比较大小。有 6 种关系运算符用于比较大小：

```
==  是否相等
!=  是否不等
>   是否大于
<   是否小于
>=  是否大于等于
<=  是否小于等于
```

比较的结果是 bool 类型，成立则为 True，反之则为 False。bool 类型数据只有两种值，True 或 False。示例如下：

```
#prg0090.py
1.  print(3 < 5)                #>>True
2.  print(4 != 7)               #>>True
3.  a = 4
4.  print(a == 5)               #>>False
5.  print(2 < a < 6 < 8)        #>>True
6.  print(2 < a == 4 < 6)       #>>True
7.  print(2 < a == 5 < 6)       #>>False
8.  print((2 < a)==(7 < 8))     #>>True
9.  print(2 < a > 5)            #>>False
10. b = a <= 6                  #b 的值是 True
11. print(b)                    #>>True
```

第 5 行：2 小于 a，a 小于 6，6 小于 8，因此结果是 True。

第 6 行：2 小于 a，a 等于 4，4 小于 6，因此结果是 True。

第 7 行：a 不等于 5，因此结果是 False。

第 8 行：2<a 和 7<8 这两个表达式的值都是 True，相等。因此结果为 True。

第 10 行：将表达式 a<=6 的值赋给 b。因此 b 的值是 True。

字符串可以通过关系运算符比较大小。字符串里的每个字符都由 2 个字节的 Unicode 编码表示，编码就是一个整数。两个字符串比大小，就是逐个字符的编码比大小，直到分出胜负。因为大小写字母编码不一样，因此字符串比大小时，大小写是有区别的：

```
a = "k"
print(a == "k")             #>>True
a = "abc"
print(a == "abc")           #>>True
print(a == "Abc")           #>>False
print("abc" < "acd")        #>>True
print("abc" < "abcd")       #>>True
print("abc" > "Abc")        #>>True，因为'a'的编码大于'A'的编码
```

英文字符串比大小，规则类似于在英文词典里，排前面的单词就比排在后面的小。但是汉字的 Unicode 编码是按《康熙字典》的偏旁部首和笔画数来排序的，所以两个汉字字符串比较大小，很难看出规律。

在 Python 中，True 和 1 等价，False 和 0 等价，可以互换使用：

```
b = 3 < 4                   #b 的值为 True
print(b == 1)               #>>True
print(b == 2)               #>>False
print(b + 3)                #>>4      因 b 等于 1
```

```
print(False == 0)           #>>True
print(False + 2)            #>>2     因 False 等于 0
print(3 + (2 < 4))          #>>4     2 < 4 为 True，即 1
```

6 个关系运算符的优先级是一样的，一起运算时，按从左到右的顺序进行。

3.3 逻辑运算

逻辑运算有 and、or、not 三种，运算的结果都是 True 或 False。

1. and

and，即与运算，形式为 exp1 and exp2。

当且仅当 exp1 和 exp2 的值都为 True（或相当于 True），运算的结果为 True（或相当于 True）。其他情况，运算结果为 False（或相当于 False）。

在 Python 中，1 和 True 等价，0 和 False 等价。非 0 的数、非空的字符串、非空的列表、非空的元组、非空的字典、非空的集合，都相当于 True，可以参与逻辑运算，但它们并不等于 True。空字符串""、空列表[]、空元组、空字典、空集合，都相当于 False，也可以参与逻辑运算，但它们并不等于 False：

```
#prg0100.py
1.  print(1 < 2 and 1 < 3)                  #True
2.  print(1 < 2 and 1 > 3)                  #False
3.  n = 4
4.  print(n >= 2 and n < 5 and n%2 == 0)    #>>True
5.  print(n >= 2 and n < 5 and n%2 == 1)    #>>False
6.  print("" == False)                      #>>False
7.  print([] == False)                      #>>False
8.  print(2 == True)                        #>>False
9.  print([2,3] == True)                    #>>False
10. print("ok" == True)                     #>>False
11. print(0 and "ok")                       #>>0
12. print(True and 8)                       #8
```

第 4、5 行：可以有任意多个表达式参与 and 运算。当且仅当所有表达式的值都为 True（或相当于 True），结果才为 True（或相当于 True）。

从第 6 行到第 10 行我们可以看出，空字符串、空列表都不等于 False。1 以外的非 0 的数、非空字符串、非空列表都不等于 True。

第 11、12 行："ok"、8 都相当于 True，因而都可以参与逻辑运算。只需要理解 0 and "ok" 的值相当于 False，True and 8 的值相当于 True 即可，至于这两行的输出结果为什么会是那样，虽然是可以讲清楚的，但我们并不需要掌握这样的细节——因为这种细节容易记错且没多大意义。

为叙述简便，**今后提到表达式值为真，说的就是表达式的值为 True 或相当于 True；提到表达式值为假，说的就是表达式值为 False 或相当于 False。**

"相当于 True"和"相当于 False"这两个概念的作用，在后面学习"条件分支语句"的时候就会明白。

2. or

or，即或运算，形式为 exp1 or exp2。

当且仅当 exp1 和 exp2 的值都为假时，结果为假，其他情况结果为真：

```
n = 4
print(n > 4 or n < 5)            #>>True
print(0 or "ok")                 #>>"ok"
print("" or [])                  #>>[]
print(4 > 5 or 4 >= 2 or 4%2 == 1) #>>True
```

3. not

not，即非运算，形式为 not exp。exp 值为真时，结果为 False；exp 值为假时，结果为 True：

```
print(not 4 < 5)      #>>False
print(not 5)          #>>False
print(not 0)          #>>True
print(not "abc")      #>>False
print(not "")         #>>True
print(not [])         #>>True
print(not [1])        #>>False
```

逻辑运算符的优先级，是 not 最高，and 其次，or 最低。逻辑运算表达式中同样可以用()来指定其中的内容是一个整体，要先算：

```
1.  print(3 < 4 or 4 > 5 and 1 > 2 )    #>>True
2.  print((3 < 4 or 4 > 5) and 1 > 2)   #>>False
3.  print(not 4 < 5 and 4 > 6)          #>>False
```

第 1 行：and 优先，因此等价于 3<4 or (4>5 and 1>2)。

第 3 行：not 比 and 优先，因此等价于(not 4<5) and 4>6，而非 not (4<5 and 4>6)。

逻辑表达式是短路计算的，即对逻辑表达式的计算，在整个表达式的值已经能够断定的时候即会停止。对于 exp1 and exp2，如果已经算出表达式 exp1 为假，那么整个表达式的值肯定为假，于是表达式 exp2 就不需要计算。对于 exp1 or exp2，如果已经算出 exp1 为真，那么整个表达式必定为真，于是 exp2 就不必计算。短路计算可以节省计算表达式的时间。

3.4 运算符的优先级

Python 中各类运算符，优先级从高到低依次是：

算术运算符：-(取相反数)　**　*/　//　%　+-（减法）

关系运算符：<>　==　!=　<=　>=

逻辑运算符：not　and　or

赋值运算符：=

程序示例如下：

```
print( 3 + 2 < 5 )              #>>False
print( 3 + (2 < 5))             #>>4  因 2<5 等于 1
n = 4
a = 7 < n + 3 and n < 5         #n+3 先算，<、>都比 and 先算
print(a)                        #>>False
```

再次强调，勤用()避免搞错优先级是个利人利己的好习惯。

3.5 条件分支语句

if 语句介绍

程序是从上到下顺序执行的。有时，并非所有的程序语句都应该被执行，会希望满足某种条件就执行一部分语句，满足另一条件就执行另一部分语句。这就需要“条件分支语句”，也叫“if 语句”。if 语句格式如下：

```
if 表达式 1:
    语句组 1
elif 表达式 2:
    语句组 2
......
elif 表达式 n:
    语句组 n
else:
    语句组 n+1
```

elif 是 else if 的缩写。

if 语句的执行过程是：依次计算表达式 1、表达式 2……只要碰到一个表达式 i 值为真，则执行语句组 i（前面为假的表达式对应的语句组都不会被执行），且后面的表达式都不再计算，后面的语句组也都不会被执行。若表达式 1 至表达式 n 都为假，则执行语句组 n+1。

if 语句中的语句组由一条或多条语句组成，必须向右缩进至少 1 个空格。同一个语句组里的多条语句，缩进的程度必须一样，即它们应该左对齐。通常缩进 4 个空格会比较美观易读。在 Python 开发环境里，按 Tab 键进行缩进会比较方便。如果一个语句组里，有的语句缩进 4 个空格，有的语句缩进 1 个制表符，即使看上去是左对齐，也是不行的，PyCharm 会用红线提示错误。要么都用空格缩进，要么都用制表符缩进。

Python 程序有个规律：如果下一行要缩进，那么本行必须以“:”结尾。初学者经常忘记写这个“:”，开发环境就会在行末画红线提示错误。

if 语句可以没有 else，形式如下：

```
if 表达式 1:
    语句组 1
elif 表达式 2:
    语句组 2
......
elif 表达式 n:
    语句组 n
```

上面这种情况，如果所有表达式的值都是假，则所有语句组都不会被执行。

if 语句中的 elif 可以有任意多个，也可以没有：

```
if 表达式 1:
  语句组 1
else:
  语句组 2
```

上面这种情况，如果表达式 1 的值为真，就执行语句组 1，否则就执行语句组 2。

if 语句也可以 elif 和 else 都没有：

```
if 表达式 1:
   语句组 1
```

上面这种情况，如果表达式 1 值为真，就执行语句组 1，否则就不执行。

下面是几个示例：

```
1.  if int(input()) == 5:          #输入 5 才会执行下面两行
2.      print("a", end="")
3.      print("b", end="")
4.  print("c")
```

输入：5 输出：abc

输入：4 输出：c

第 4 行没有缩进，因此不是 if 语句组的一部分。它一定会被顺序执行到。

```
1.  if int(input()) == 5:
2.      print("a",end="")
3.    print("b")
```

上面程序出错！第 3 行既没有和第 2 行对齐，也没有和第 1 行对齐，这个尴尬的位置让 Python 搞不清它到底是不是 if 语句组的一部分。

下面的程序能说明什么是“相当于 True”和“相当于 False”。

```
1.  if "ok":                        #"ok"相当于 True，即是真
2.      print("ok")                 #>>ok 此句会被执行
3.  if "":                          #""相当于 False，即是假
4.      print("null string")        #此句不会执行
5.  a = [4,2]
6.  if a:                           #非空列表是真
7.      print(a)                    #>>[4,2]
8.  if 20:                          #非 0 的数是真
9.      print(20)                   #>>20
10. if 0:                           #0 就是 False
11.     print(0)                    #此句不会执行
```

什么是“相当于 True”和“相当于 False”

例题奇偶数判断

3.6 条件分支语句例题

例题 3.6.1：奇偶数判断（P011）

给定一个整数，判断该数是奇数还是偶数。

输入：输入仅一行，一个大于零的正整数 n。

输出：输出仅一行，如果 n 是奇数，输出 odd；如果 n 是偶数，输出 even。

样例输入

```
5
```

样例输出

```
odd
```

解题程序：

```
1.  if int(input()) % 2 == 1:
2.      print("odd")
3.  else:
4.      print("even")
```

第 1 行：输入数据虽然看上去是个整数，但归根到底是个字符串，不要忘记转换成整数再用。本行写：

```
if int(input()) % 2:
```

也是可以的，因为只要取模的结果不是 0，就相当于 True。

☹ **常见错误：程序输出的大小写和题目要求的不一致。**初学者常犯的错误之一，就是没有仔细看题目要求的输出，自己随便乱写。比如题目要求输出“YES”，程序输出的是“Yes”，题目要求输出“case 1#”，程序输出是“case #1”之类。程序中要输出的固定文字，一定要从题目的样例输出中复制粘贴，不要自己手动输入。据作者经验，每次期末上机考试，都会有学生仅仅因为这种问题在一道题上卡很长时间，甚至最后也无法通过，捶胸顿足，悔之晚矣。

在一条 if 语句的某个分支（语句组）里，还可以再写 if 语句，称为 if 语句的嵌套：

```
1.  a = int(input())
2.  if a > 0:
3.      if a % 2:
4.          print("good")
5.      else:
6.          print("bad")
```

输入：4　　输出：bad

输入：3　　输出：good

输入：−1　　无输出

第 3 行到第 6 行，只有在 a>0 时才会执行。a>0 的情况又被分为 a 是奇数和 a 是偶数两种。

```
1.  a = int(input())
2.  if a > 0:
3.      if a % 2:
4.          print("good")
5.  else:
6.      print("bad")
```

输入：4　　无输出

输入：3　　输出：good

输入：−1　　输出：bad

第 5 行和第 2 行是对齐的，因此它和第 2 行的那个 if 配对，而不是和第 3 行的那个 if 配对。输入 3 或 4 都会执行第 3 行的那个 if 语句，输入-1，就不执行第 3 行，执行第 6 行。

☹ **常见错误：将 if...elif...else 的结构写成多个 if 语句。**也不知道是因为 elif 不好记，还是本身就是错别字惹人讨厌，许多初学者在本该用 if...elif...elif...的地方就是不用 elif，而是写多个并列的 if。比如，他们会觉得下面两个写法没有区别：

```
#写法 1:
if a < 3:
    语句组 1
elif a >= 3 and a < 10:
    语句组 2
else:
    语句组 3

#写法 2:
if a < 3:
    语句组 1
if a >= 3 and a < 10:
    语句组 2
if a >= 10:
    语句组 3
```

在初学者看来，反正写法 2 的三个条件，只可能满足一个，所以三个语句组也只能执行一个，因此和写法 1 没区别。当然这种想法是错误的，因为没考虑到写法 2 中，语句组 1 或语句组 2 都有可能改变 a 的值，这使得第三个 if 语句的条件可能变成满足，从而导致又执行了语句组 3。想想下面两种做法结果是否一样，就可以明白：

```
#做法 1:
if 你有不到 3 块钱:
    我给你 7 块
elif 你的钱不少于 3 块但不到 10 块:
    你给我 2 块

#做法 2:
if 你有不到 3 块钱:
    我给你 7 块
if 你的钱不少于 3 块但不到 10 块:
        你给我 2 块
```

按照做法 2，假设你原来有 2 元钱，那么我就会给你 7 元钱，于是你就有 9 元钱了。然后会怎样？会和做法 1 的结果一样吗？

例题 3.6.2：判断子串（P012）

输入两行字符串，要求判断第一行字符串是不是第二行字符串的子串。

输入：两行字符串。字符串长度不超过 100。

输出：如果第一行是第二行的子串，就输出“YES”，否则输出“NO”。

样例输入

```
hello world
this is hello world, it is ok.
```

样例输出

```
YES
```

解题程序 1：

```
s1,s2 = input(),input()
if s1 in s2:
    print("yes")
else:
    print("no")
```

解题程序 2：

```
print(["no","yes"][input() in input()])
```

第一个 input()的值是第一行，第二个 input()的值是第二行。如果第一行是第二行的子串，则 input() in input()的值就是 True，也就是 1，["no","yes"][1]就是"yes"。

例题 3.6.3：三角形判断（P013）

给定 3 个正整数，分别表示三条线段的长度，判断这三条线段能否构成一个三角形。

输入：输入共一行，包含 3 个正整数，分别表示 3 条线段的长度，数与数之间以一个空格分开。

输出：如果能构成三角形，则输出“yes”，否则输出“no”。

样例输入

```
3 4 5
```

样例输出

```
yes
```

3 个数，如果其中的任意两个的和都大于第三个，以这三个数作为长度的线段就能构成三角形。

解题程序：

```
s = input().split()
a,b,c = int(s[0]),int(s[1]),int(s[2])
if a + b > c and b + c > a and a + c > b:
    print("yes")
else:
    print("no")
```

例题 3.6.4：简单计算器（P014）

例题简单计算器

一个最简单的计算器，支持+、−、*、 / 4 种运算。仅需考虑输入输出为整数的情况（除法结果就是商，忽略余数）。

输入：输入只有一行，共有 3 个参数，其中第 1、2 个参数为整数，第 3 个参数为操作符（+、-、*、/）。

输出：输出只有一行，一个整数，为运算结果。然而：

1. 如果出现除数为 0 的情况，则输出：Divided by zero!
2. 如果出现无效的操作符（即不为 +、-、*、 / 之一），则输出：Invalid operator!

样例输入

```
1 2 +
```

样例输出

```
3
```

解题程序 1：

```
#prg0110.py
1.  s = input().split()
2.  a,b,c = int(s[0]),int(s[1]),s[2]
3.  if c in [ "+", "-", "*", "/"]:
4.      if c == "+":
5.          print(a+b)
6.      elif c == "-":
7.          print(a-b)
8.      elif c == "*":
9.          print(a*b)
10.     else:
11.         if b == 0:
12.             print("Divided by zero!")
13.         else:
14.             print(a//b)
15. else:
16.     print("Invalid operator!")
```

第 14 行：题目要求输出是整数，如果写成 a/b，即便能整除，输出的结果也是小数，不符合要求，因此要写 a//b。

解题程序 2：

```
#prg0120.py
1.  s = input().split()
2.  if s[2] not in ['+','-','*','/']:
3.      print("Invalid operator!")
4.  elif s[2] == "/" and int(s[1]) == 0:
5.      print("Divided by zero!")
6.  else:
7.      print(int(eval(s[0] + s[2] + s[1])))
```

这个程序比较简洁，先用两个分支分别处理输入非法和除数为 0 两种特殊情况，其余情况都在 else 分支中统一处理。

第 7 行：若输入的是“12 4 +”，则 print(int(eval('12+4')))。eval('12+4')的值就是将 12+4 看作 Python 表达式得到的值，自然就是 16。要用 int 转换成整数，是因为要对付除法。比如 eval('12/4')的值是 3.0，要转成整数才符合题目要求。

例题 3.6.5：摄氏华氏温度转换（P015）

输入摄氏温度，就将其转换为华氏温度输出；输入华氏温度，就将其转换为摄氏温度输出。两者的转换关系是：

```
摄氏温度 = (华氏温度 -32) ÷1.8
```

输入：摄氏温度或华氏温度。摄氏温度的格式是一个整数或小数后面加“C”或“c”，华氏温度的格式是一个整数或小数后面加“F”或“f”。

输出：转换后的温度。摄氏温度就在数值后面加“C”，华氏温度就在数值后面加“F”。如果数值是整数，就应该输出整数形式，如果数值是小数，则保留小数点后面 2 位。

样例输入

```
样例 1
33.8F
```

```
样例2
43C
样例3
12.8c
```

样例输出

```
样例1
1C
样例2
109.40F
样例3
55.04F
```

这道题目有一个难点，就是计算结果是个整数时，不能以小数形式输出，即如果计算结果是 4.0，就应该输出 4。然而，转换公式里用到了小数 1.8，因此算出来的结果一定是小数。如何判断一个小数是否应该被视为整数呢？

计算机进行小数运算，是有误差的，如下面这段程序：

```
1.  print(33.8-32)              #>> 1.7999999999999972
2.  print(35.7-32)              #>> 3.700000000000003
3.  print((33.8-32)/1.8)        #>> 0.9999999999999984
4.  print((35.7-32)/3.7)        #>> 1.0000000000000007
```

前两行的输出不是我们期望的 1.8 和 3.7，第 3 行和第 4 行也并没有如我们所希望的那样输出 1.0，而都是输出了一个与 1.0 差值非常小的数（不同计算机，不同操作系统，不同 Python 版本导致的输出结果可能略有不同）。这都是由于计算误差导致的。计算有误差的根本原因是：在计算机内部，所有数都用二进制表示。一个位数有限的十进制小数，如 0.7，表示成二进制形式，很可能就变成无限循环小数，而计算机显然无法存放无限循环小数，那么只能四舍五入，导致误差。

由第 3、4 行的结果我们可以看出，如果一个小数与跟它最接近的整数 n 的差的绝对值非常小，我们就可以认为，这个小数其实就等于整数 n。至于这个“非常小”是多小，要看具体场景而定。如果是在 OJ 上做题，出题人一般不会在这一点上刻意难为大家，一般来说“非常小”取 10^{-6} 即可。如果不行，可以把这个“非常小”改大些或小些再试。

解题程序：

```
#prg0130.py
1.  eps = 1e-6                              #10 的-6 次方
2.  temp = input()
3.  if temp[-1] in ['F','f']:               #如果输入华氏温度
4.      c = (float(temp[0:-1]) - 32 ) / 1.8
5.      if abs(c - round(c)) < eps:         #abs(x)求 x 的绝对值
6.          print("%dC" % round(c))         #以整数形式输出
7.      else:
8.          print("%.2fC" % c)
9.  elif temp[-1] in "Cc":                  #如果输入摄氏温度。其实本行写 else 即可
10.     f = 1.8 * eval(temp[0:-1]) + 32
11.     if abs(f - round(f)) < eps:
12.         print("%dF" % round(f))
13.     else:
14.         print("%.2fF" % f)
```

第 1 行：eps 就是所谓的“非常小”的值，取 10^{-6}。

第 3 行：temp[-1]是字符串 temp 的最后一个字符。

第 4 行：用到了字符串切片的功能。若 s 是一个字符串，则 s[x:y]是 s 的从下标 x 到下标 y 的左边那个字符构成的子串（切片）。例如:"12345"[1:3]就是"23"，"abcdef"[2:−1]就是"cde"。temp[0:−1]就是 temp 去掉最右边那个字符（ 'C', 'c', 'F' 或 'f'）后剩下的部分。这部分要转换成小数再进行计算。计算的结果 c 一定是个小数。

第 5 行：在 Python 中，abs(x)能求 x 的绝对值，round(x)能求和 x 最接近的整数。如果小数 c 与跟它最接近的整数，即 round(c)的差的绝对值小于 eps，则认为 c 应该是个整数。

第 10 行：eval(temp[0:−1])把字符串 temp[0:−1]看作一个 Python 表达式，求其值。不用 eval 用 float 也是一样。

上面的程序，用在 OJ 上做题没有问题，因为 OJ 题目的输入会严格符合描述。作为一个实际的温度转换工具，它就非常不称职了。首先没有提示用户该如何输入，其次，如果用户输入时忘了带结尾的"C"（"c"）或"F"（"f"），比如输入 21，则程序会在没有任何输出结果的情况下结束，弄得用户一头雾水。如果用户不小心按错键输入“a123F”，则程序会由于执行 int('a123')这样不合法的转换导致 RE，程序立即中止并输出难以理解的错误信息，吓用户一跳。总之这个程序对用户实在是太不友好。好的程序，不但能正确处理合法的输入，对用户输入非法等各种异常的情况也要进行处理，并优雅地进行提示，不应该发生 RE 的粗暴退出现象。

例题 3.6.6：幸运的年份（P016）

输入一个年份，如果该年份是建国整十周年，就输出“Lucky year”；如果是建党整十周年，就输出“Good year”；如果是闰年，就输出“Leap year”；如果是大于 0 的其他年份，就输出“Common year”。如果输入的年份小于 0，则输出“Illegal year”。

if 语句例题：幸运的年份

闰年的定义是：能被 400 整除的年份，或能被 4 整除，但不能被 100 整除的年份。

输入样例

```
输入样例 1
-2
输入样例 2
1959
输入样例 3
2011
输入样例 4
1980
```

输出样例

```
输出样例 1
Illegal year
输出样例 2
Lucky year
输出样例 3
Good year
输出样例 4
Leap year
```

解题程序：

```
#prg0140.py
1.  year = int(input())
2.  if year <= 0:
3.      print("Illegal year")
4.  else:
5.      if year > 1949 and (year - 1949) % 10 == 0 : #建国整十周年
6.              print("Lucky year")
7.      elif year > 1921 and not ((year - 1921) % 10): #建党整十周年
8.              print("Good year")
9.      elif year % 4 == 0 and year % 100 or year % 400 == 0: #闰年
10.             print("Leap year")
11.     else:
12.             print("Common year")
```

第 7 行：只是演示一下可以这么写，并不是必须这么写或这么写最好。

3.7 习题

1. 计算 2 的幂（P017）：给定非负整数 n，求 2^n。

2. 计算多项式的值（P018）：对于多项式 $f(x)=ax^3+bx^2+cx+d$ 和给定的 a、b、c、d、x，计算 $f(x)$的值。

3. 车牌限号(P019)：今天某市交通管制，车牌尾号为奇数的车才能上路。写程序判断给定的车牌号今天是否能上路。

4. 点和正方形的关系（P020）：有一个正方形，四个角的坐标(x,y)分别是(1,−1)、(1,1)、(−1,−1)、(−1,1)，x 是横轴，y 是纵轴。写一个程序，判断一个给定的点是否在这个正方形内（包括正方形边界）。

5. 计算邮资（P021）：根据邮件的重量和用户是否选择加急计算邮费。计算规则：重量在 1000 克以内（包括 1000 克），基本费 8 元。超过 1000 克的部分，每 500 克加收超重费 4 元，不足 500 克部分按 500 克计算；如果用户选择加急，多收 5 元。

6. 分段函数（P022）：编写程序，计算下列分段函数 $y=f(x)$的值。

$$y=-x+2.5;0\leqslant x<5$$

$$y=2-1.5(x-3)(x-3);5\leqslant x<10$$

$$y=x/2-1.5;10\leqslant x<20$$

7. 大象喝水（P023）：一只大象口渴了，要喝 20 升水才能解渴，但现在只有一个深 h 厘米，底面半径为 r 厘米的小圆桶（h 和 r 都是整数）。问大象至少要喝多少桶水才会解渴？

8. 苹果和虫子（P024）：你买了一箱 n 个苹果，很不幸的是买完时箱子里混进了一条虫子。虫子每 x 小时能吃掉一个苹果，假设虫子在吃完一个苹果之前不会吃另一个，那么经过 y 小时你还有多少个完整的苹果？

★★★9. 求一元二次方程的根（P025）：输入方程 $ax^2+bx+c=0$ 的系数 a、b、c，求其根。提示：注意避免输出−0.000 这样的数。

第4章 循环语句

有时，需要重复多次执行一系列语句，循环语句就提供这样的功能。Python 中的循环语句，有 for 循环语句和 while 循环语句两种。

for 循环简介

4.1 for 循环语句

for 循环语句格式如下：

```
for 变量 in 序列:
    语句组 1
else:
    语句组 2
```

先依次对序列中的每个值执行语句组 1。然后，再执行语句组 2。语句组 1 被执行的次数称为循环的次数。大多数情况下其实不需要 else 和语句组 2。语句组要缩进。序列可以是 range(...)，也可以是字符串、列表、元组、字典、集合。例如：

```
for i in range(4):
    print(i,end = " ")
```

程序输出：

```
0 1 2 3
```

range(n)是一个序列，包含整数 0,1,2,……,n−1，相当于一个不包含 n 在内的左闭右开的区间[0,n)。上面的 for 语句，i 依次取 range(4)这个区间里面的每个值（0,1,2,3）并输出。

range(0)是一个空序列。因此下面程序无输出：

```
for i in range(0):
    print(i)
```

range(m,n)则对应于一个不包含 n 的左闭右开的区间[m,n)：

```
for i in range(5,9):
    print(i,end = " ")
#>>5 6 7 8
```

range(n,n)是一个空序列。总之，若 n 小于等于 m，则 range(m,n)是空序列。

range(m,n,s)表示一个序列，m 是起点，n 是终点，s 称为“步长”。序列第一个元素是 m，第二个是 m+s，第三个是 m+2×s……。但是终点 n 不取。如果 m 大于 n 且 s 是负数，则为从大往小取。

```
for i in range(0, 10, 3) :  #步长为 3，即每 3 个元素取 1 个
    print(i,end = " ")
#>>0 3 6 9
for i in range(-10, -100, -30):
    print(i, end = " ")
#>>-10 -40 -70
```

程序输出：

```
0 3 6 9 -10 -40 -70
```

可以用 for 循环遍历列表和字符串，即依次访问列表中的每个元素，以及字符串中的每个字符：

```
#prg0150.py
1.  a = [123,'ok', 'pku', 'QQ']
2.  for i in range(len(a)):   #len(a)求列表 a 长度（元素个数）
3.      print(i, a[i], end = ",")
4.  #>>0 123,1 ok,2 pku,3 QQ,
5.  print("")                  #输出换行
6.  for i in a:
7.      print(i,end = " ")
8.  #>>123 ok pku QQ
9.  print("")
10. for letter in 'Taobao':
11.     print(letter,end="")
12. #>>Taobao
```

第 2 行：如果 x 是字符串、列表、元组、字典或集合，len(x)可以求 x 的长度，即元素个数。比如，len("abc")的值是 3。

第 5 行：输出空串，等于换行。

第 6、7 行：i 的值依次取 a[0],a[1],……,a[3]，输出每个 i。因此这个循环输出如第 8 行所示。

第 10 行：letter 依次取 'Taobao' 中的每个字符。

程序输出：

```
0 123,1 ok,2 pku,3 QQ,
123 ok pku QQ
Taobao
```

下面是一个带 else 的 for 循环的例子：

```
cities = ["Beijing","Chengdu","Wuhan","Tianjin"]
for city in cities:
   print(city,end = ",")
else:
   print("No break")
print("Done!")
```

程序输出：

```
Beijing,Chengdu,Wuhan,Tianjin,No break
Done!
```

可见，在遍历完序列 cities 中的每个取值以后，才会执行 else 分支里面的语句组。

可以用 for 循环连续输出 26 个小写字母：

```
for i in range(26):
    print(chr(ord("a") + i),end="")
```

程序输出：

```
abcdefghijklmnopqrstuvwxyz
```

在 Python 中，每个字符都是长度为 1 的字符串，每个字符都有一个编码。字符的编码是整数。ord(x)用于求字符 x 的编码，chr(x)用于求编码为整数 x 的字符。字符"a"到"z"的编码是连续的，即"a"的编码加上 1 就是"b"的编码，再加 1 就得"c"的编码……

上面这段话提到的编码，都是指 Unicode 编码。编码有 Unicode、UTF-8、ASCII、GBK 等多种，在 7.2 节会详细解释。

i 取值从 0 到 25，因此 ord("a") + i 依次是"a","b","c",……,"z"的编码，chr(ord("a") + i)自然就依次是"a","b","c",……,"z"。

"A"到"Z"，"0"到"9"的编码也是连续的。下面程序的输出是 0123456789：

```
for i in range(10):
    print(chr(ord("0") + i),end="")
```

例题 4.1.1：输入 n 个整数求和（P026）

输入：第一行是整数 n，n>=1。后面有 n 行，每行一个整数。

输出：输出后面那 n 个整数的和。

样例输入

```
3
1
2
8
```

样例输出

```
11
```

解题程序：

```
1.  n = int(input())
2.  total = 0                    #n 个数的和，初始值设成 0
3.  for i in range(n):           #进行 n 次
4.      total += int(input())    #每次读入一个数，累加到 total 上
5.  print(total)
```

例题 4.1.2：从小到大输出正整数 n 的因子（P027）

样例输入

```
24
```

样例输出

```
1 2 3 4 6 8 12 24
```

解题程序：

```
1.  n = int(input())
2.  for x in range(1,n+1):
3.      if n % x == 0:
4.          print(x,end=" ")
```

如果要从大到小输出 n 的因子，则可以将第 2 行改为：

```
for x in range(n,0,-1):
```

range(n,0,−1)表示序列 n,n−1,⋯⋯,2,1。注意，不包括终点 0。

例题 4.1.3：多次求 n 个数的和（P028）

输入：第一行是整数 m，m>=1，表示有 m 组数据。接下来就是 m 组数据。

每组数据，第一行是整数 n，n>=1，表示有 n 个整数需要求和。接下来是 n 行，每行一个整数。

输出：对每组数据，输出 n 个整数的和。

样例输入

```
2
3
1
2
3
2
10
20
```

样例输出

```
6
30
```

OJ 上的题目，经常如本题一样，有多组数据。对每组数据都要输出答案。本题的第一组数据是：

```
3
1
2
3
```

表示有 3 个整数要求和，分别是 1,2,3。第二组数据是：

```
2
10
20
```

表示有 2 个整数要求和，分别是 10,20。

程序读入一组数据马上就可以进行计算并且输出结果。不需要把每组数据对应的答案都求好然后攒在一起输出。测试程序的时候，可以把样例数据全部复制粘贴作为输入，程序的输出可能会和输入交替出现或者先后出现，不必关心输入和输出混在一起看是什么样子，忽略输入部分，只要看到输出部分和样例输出一致即可。

解题程序：

```
m = int(input())
for i in range(m):          #m 组数据，所以要处理 m 次
```

```
n = int(input())
total = 0
for i in range(n):        #n个数，每个一行，所以要执行input n次
    total += int(input())
print(total)
```

可以看到，for 循环的语句组里还可以包含 for 循环。

☹ **常见错误：处理多组数据时，忘记初始化一些变量。**比如，将上面程序中的 total = 0 写在了循环外边，导致 total 没有在处理每组数据前被初始化为 0。如果总是只用一组数据进行测试，就不能发现这样的错误。所以，**做多组数据的题目时，一定要用多组数据进行测试。**

4.2 break 语句和 continue 语句

break 语句可以用于从循环中跳出。例如：

```
#prg0160.py
1.  cities = ["Beijing","Chengdu","Wuhan","Tianjin"]
2.  for city in cities:
3.      if city[0] == 'W':
4.          break
5.      print(city,end = ",")
6.  else:
7.      print("No break")
8.  print("Done!")
```

break 语句和 continue 语句

程序输出：

```
Beijing,Chengdu,Done!
```

第 4 行：break 导致循环语句立即结束，本次循环语句组中剩余的部分即第 5 句也不执行。因此，当 city 等于"Wuhan"时，不打印"Wuhan"，for 循环直接结束，连 else 部分都不会被执行。

continue 语句可以立即结束本次循环，开始下一次循环：

```
1.  for letter in 'Taobao':
2.     if letter == 'o':          #字母为o时跳过输出
3.        continue                #直接跳到下次循环
4.     print (letter,end = "")
```

程序输出：

```
Taba
```

第 3 行：continue 导致本次循环立即结束，即语句组里剩下的第 4 句不执行，直接开始下一次循环，即 letter 变为下一个字母。所以字母 'o' 没有被输出出来。

4.3 多重循环

循环可以嵌套，即循环的语句组里面还可以包含循环，形成多重循环，写法为：

```
for i in 序列1:
    ......
    for j in 序列2:
        语句组 2
    ......
```

for i 这个循环称为外重循环，for j 这个循环称为内重循环。如果序列 1 是 range(n)，序列 2 是 range(m)，那么语句组 2 会被执行 n×m 次。

例题 4.3.1：字符直角三角形（P029）

输入一个字符 c 和一个整数 n（n>0），要求输出一个高为 n 行的由字符 c 构成的直角三角形，第 i 行有 i 个字符 c。

输入样例

```
x 3
```

输出样例

```
x
xx
xxx
```

解题程序：

```
#prg170.py
1.  s = input().split()
2.  c,n = s[0],int(s[1])
3.  for i in range(1,n+1):        #输出 n 行
4.      for j in range(i):        #每行输出 i 个字符
5.          print(c,end="")
6.      print("")                 #换行
```

当然，把第 4 行到第 6 行替换成 print(c*i)会更简洁。

例题 4.3.2：多少种和为因子的取法（P030）

输入正整数 n 和 m，在 1 至 n 这 n 个整数中，取出两个不同的数，使得其和是 m 的因子，问有多少种不同的取法？输出这些取法。

输入：一行，正整数 n 和 m。n 和 m 都不大，不必担心超时。

输出：每种取法由 2 个数表示，第一个数必须小于第二个数。按第一个数从小到大的顺序，输出所有取法。每行一种取法。最后一行输出取法总数。如果无解，就只输出 0。

样例输入

```
9 18
```

样例输出

```
1 2
1 5
1 8
2 4
2 7
3 6
4 5
7
```

解题思路：穷举 1 到 n 这 n 个数中取两个数的所有取法，对每一种取法，判断其和是不是 m 的因子。穷举的办法是：

第一个数取 1，第二个数分别取 2,3,......,n

第一个数取 2，第二个数分别取 3,4,......,n

……

第一个数取 n−2，第二个数分别取 n−1,n

第一个数取 n−1，第二个数取 n

解题程序：

```
#prg0180.py
1.  total = 0                          #取法总数
2.  lst = input().split()
3.  n,m = int(lst[0]),int(lst[1])
4.  for i in range(1,n):               #取第一个数 i，共 n-1 种取法
5.      for j in range(i+1,n+1):       #第二个数 j 要比第一个数大，以免取法重复
6.          if m % (i + j) == 0:       #i+j 是 m 的因子
7.              print(i,j)
8.              total += 1
9.  print(total)
```

如果要按照第一个数从大到小的顺序输出所有取法，则第 4 行应该写：

```
for i in range(n-1,0,-1):
```

多重循环中的 break 语句，只会跳出它所在的那重循环，不会跳出更外重的循环。多重循环中的 continue，也只会回到它所在的那重循环的开头。下面的例题可以说明。

例题 4.3.3：寻找子串（P031）

字符串 s1 由小写字母构成，字符串 s2 由小写字母和空格构成。字符串 s3 是 s2 去掉空格以后形成的字符串，求 s3 在 s1 中第一次出现的位置。

输入：第一行是字符串 s1，第二行是字符串 s2。s1、s2 的长度都不超过 100。

输出：s3 在 s1 中首次出现的位置。位置即下标，从 0 开始算。如果没有出现，则输出−1。

输入样例

```
abcdefg
c d e
```

输出样例

```
2
```

解题思路：从 s1[0]开始，让 s1 中的字符和 s2 进行逐个比较，比较的时候要跳过 s2 中的空格。如果发现不相等的情况，就从 s1[1]开始和 s2 从头比较……

解题程序：

```
#prg0190.py
1.  s1,s2 = input(),input()
2.  pos = -1                           #要输出的答案
3.  for i in range(len(s1))            #len(x)可以求字符串 x 长度
4.      found = True                   #从 s1 下标 i 开始往后能否找到 s2
5.      ps1 = i                        #s1 中要和 s2 进行比较的下一个字符的下标
```

```
6.      for j in range(len(s2)):
7.              if s2[j] == ' ':
8.                      continue       #跳过 s2 中的空格
9.              if ps1<len(s1) and s1[ps1] == s2[j]:
10.                     ps1 += 1
11.             else:
12.                     found = False
13.                     break          #从 s1[i]开始的比较已经失败，没必要继续比较了
14.     if found:
15.             pos = i
16.             break                  #从 s1[i]开始的比较已经成功，不必再试下一个 i 了
17. print(pos)
```

第 3 行：要比较的长度是 s2 的长度，所以如果 s1 中的比较起点的下标大于 len(s1)−len(s2)就没意义了。

第 8 行：continue 使得程序回到第 6 行，取下一个 j。

第 13 行：这条 break 语句跳出第 6 行的那个循环，跳到第 14 行继续执行。

第 16 行：这条 break 语句跳出第 3 行的那个循环。

本题 s1 如果比 s3 短，就算是一个小坑，不小心就会在这种情况下出错。

4.4 while 循环语句

while 语句格式如下：

```
while 表达式 exp:
    语句组 1
else:
    语句组 2
```

while 循环执行步骤如下。

第 1 步：判断 exp 是否为真，若为真，转第 2 步；若为假，转第 3 步。

第 2 步：执行语句组 1，然后回到第 1 步。

第 3 步：执行语句组 2。

第 4 步：while 语句执行完毕，程序继续往下执行。

一般情况下都不需要写 else，而写成如下形式：

```
while 表达式 exp :
    语句组 1
```

执行步骤如下。

第 1 步：判断 exp 是否为真，若为真，转第 2 步；若为假，转第 3 步。

第 2 步：执行语句组 1，然后回到第 1 步。

第 3 步：while 语句执行完毕，程序继续往下执行。

连续输出 26 个字母可以用 while 循环实现如下：

```
i = 0
while i < 26:     #只要 i<26 就执行下面
    print(chr(ord("a") + i),end="")
    i+=1
```

有时会用到下面这种 while 写法：

```
while True:
    ......
    if exp:
        break
    ......
```

while True 就意味着这个循环会不停执行。只有在 exp 为真，执行 break 的情况下才会终止循环。

continue 语句同样适用于 while 循环。

下面的程序提示用户输入密码，密码不正确则提示不正确，然后再次要求输入密码。密码正确则提示成功，然后结束。密码是 pku。

```
while (input("请输入密码:")!= "pku"):
        print("密码不正确! ")
print("密码输入成功!")
```

程序运行结果可能如下：

```
请输入密码:bba↙
密码不正确!
请输入密码:std↙
密码不正确!
请输入密码:pku↙
密码输入成功!
```

例题 4.4.1：求最小公倍数（P032）

输入 3 个不超过 100 的正整数，求它们的最小公倍数。

输入样例

```
4 6 8
```

输出样例

```
24
```

解题思路：一种用计算机解决问题的基本思路，叫作枚举，也叫穷举。即逐个尝试所有可能的答案，加以验证，直到验证成功，就找到了答案。具体到本题，就可以从 1 开始，对每个整数判断是不是输入的 3 个整数的公倍数，如果是，就找到了答案。

```
#prg0200.py
1.  s = input().split()
2.  x,y,z = int(s[0]),int(s[1]),int(s[2])
3.  n = 1
4.  while True:
5.      if n % x == 0 and n % y == 0 and n % z == 0:
6.          break       #结束循环
7.      n = n + 1
8.  print(n)
```

第 6 行：如果程序走到本行，则直接结束循环，不会再次执行 n=n+1。

本程序也可以换种写法，即将第 4 行到第 7 行用下面两行替代：

```
while not (n % x == 0 and n%y == 0 and n%z == 0): #n不是x,y,z的公倍数就循环
    n += 1
```

上面的程序效率不高，因为很多 n 根本没必要去验证其是否是答案。首先，没必要从 1 开始试，应该从 3 个数中最大的那个（假设叫 m）开始试。另外，大于等于 m 的数，也不需要每个都试，只需要试 m 的倍数即可。

在穷举的时候，应该尽量减少无用的尝试，即避免花时间验证那些根本不可能是答案的选项。

本题程序可以改进如下：

```
#prg0210.py
1.  s = input().split()
2.  x,y,z = int(s[0]),int(s[1]),int(s[2])
3.  n = m = max(x,y,z)      #从三者里面最大的开始试
4.  while n % x or n % y or n % z:      #n%x非0即为真
5.      n += m              #只试m的倍数
6.  print(n)
```

第 3 行：在 Python 中，max(a_1,a_2,……,a_n)可以求 n 项里面最大的。这 n 项可以是数值、字符串、元组、列表等各种可以比大小的东西。

实际上，上面这个程序还可以进一步改进。比如，如果找到了 m 和 x 的最小公倍数 k，那么以后就只需要试 k 的倍数即可。

例题 4.4.2：十进制数转二进制数（P033）

输入一个十进制形式的整数，请输出其二进制表示形式。

输入样例

```
132
```

输出样例

```
10000100
```

解题思路：按照 1.1 节中提到的短除法，不停地除以 2 并取余数，将短除过程中得到的余数拼接成一个字符串，再倒过来，就是结果。

解题程序：

```
#prg0220.py
1.  n = int(input())
2.  if n < 0:
3.      n = -n
4.      print("-",end="")       #输出负号
5.  elif n == 0:
6.      print("0")
7.      exit()                  #结束程序执行
8.  result = ""
9.  while n > 0:
10.     result += str(n % 2)   #拼接余数
11.     n //= 2
12. print(result[::-1])
```

第 7 行：exit()是 Python 函数，执行它会导致程序结束。

第 12 行：x[::-1]是将字符串 x 倒过来的字符串，后面 7.2 节会细说。

本题是有坑的。题目没说 n 不可以是负数。且 n=0 是一种特殊情况，处理逻辑和 n>0 时是不一样的。这种坑不止做题时才会出现，真实的软件开发中一样有。比如银行余额是 0 或者负数，可能就需要特殊处理。

实际上 Python 提供了函数 bin(x)用来求整数 x 的二进制形式，例如 bin(12)的值就是字符串"0b1100"。

4.5 异常处理

程序的运行时错误也称为异常（Runtime Error），会导致程序突然中止，并输出一些表明异常产生原因的信息。这些信息在不懂的人看来十分诡异。引发异常的原因多种多样，下标越界、不正确的转换、除法除数为 0、把整数和字符串相加、要打开的文件不存在……Python 提供了对异常进行处理的手段，使得程序即便发生异常，也不会中止，而是可以根据程序员的意图继续运行。

异常处理

try......except 语句用于进行异常处理，其基本写法是：

```
try:
    语句组 1
except Exception as e:
    语句组 2
```

执行语句组 1。如果执行过程中没有产生异常，则不会执行语句组 2。如果产生异常，程序并不会中止，而是立即从语句组 1 中跳出，去执行语句组 2。例如：

```
#prg0230.py
1.  try:
2.      n = int(input())
3.      print("hello")
4.      a = 100/n
5.      print(a)
6.  except Exception as e:
7.      print(e)        #输出导致异常的原因的信息，不是必需的
8.      print("error")
9.  print("end")
```

程序执行结果可能如以下几种情况：

```
5↙
hello
20.0
end
```

输入 5，没有异常发生，因此第 7、8 行不会执行。

```
0↙
hello
division by zero
error
end
```

输入 0，在第 4 行除数为 0 导致异常，第 5 行不执行，跳到第 7 行继续执行。

“division by zero”是第 7 行输出的导致异常的原因。

```
abc↙
invalid literal for int() with base 10: 'abc'
error
end
```

输入 abc，在第 2 行试图将字符串 'abc' 转换成整数的时候即发生异常，第 3 行到第 5 行都不会执行，程序跳至第 7 行继续执行。

有的时候，希望对发生的异常强硬地不加理会，程序继续运行就好，那么可以这么写：

```
try:
    ……
except Exception as e:
    pass
```

pass 是 Python 语句，表示什么都不做，可以用在任何地方。用在任何地方都没什么作用，就是占个位子而已。

另外，“except Exception as e:”也可以简写为“except:”。

OpenJudge 上的有些题目，没告诉你有多少数据，输入数据也没有结束的标志（有的题目会说输入一行“end”表示数据结束），这种情况下就需要用异常处理来进行输入。

例题 4.5.1：求最大整数（P034）

输入：若干行，每行若干整数。

输出：所有整数中最大的那个。

样例输入

```
8 2 6 3
7 9
3 5
```

样例输出

```
9
```

解题思路：设置一个变量，比如 maxV，用来记录到目前为止看到的最大整数。一开始 maxV 就取第一个整数的值。然后每看到一个整数 x，就和 maxV 比较，如果发现 x>maxV，就更新 maxV 为 x。最后输出 maxV。注意 maxV 的初始值不能设成 0。样例里面虽然所有整数都是大于 0 的，但是题目并没有这么说。也可能所有整数都是负数——这也是个坑。

这个题目的难点在于，不知道一共有多少行输入。**如果输入结束了（已经没有输入数据了），还执行 input()，就会导致 Runtime Error。**因此可以使用异常处理语句，发现产生异常，就意味着输入结束，程序也就可以结束了。

解题程序：

```
#prg0240.py
1.  s = input()
2.  lst = s.split()
3.  maxV = int(lst[0])          #maxV 记录最大值，一开始假设是第一个整数
4.  while True:                 #总是要执行循环
5.      for x in lst:
```

```
6.          maxV = max(maxV, int(x))
7.      try:
8.          s = input()        #如果已经没有输入数据了还执行 input，会产生异常
9.      except Exception as e:
10.         break
11.     lst = s.split()
12. print(maxV)
```

第 6 行：将 maxV 更新为 maxV 和 int(x)中的更大者。这种写法比用 if 语句判断 int(x)是否大于 maxV 然后再决定要不要更新 maxV，更为简洁。

第 8 行：如果输入数据已经结束，执行 input()就会引发异常，程序会跳到第 10 行执行，导致跳出循环，直接运行到第 12 行。于是输出 maxV。

在本机运行，输入一行后，程序就会等着你输入下一行。如何告诉程序输入已经结束呢？在 Idle 或 PyCharm 中运行程序时，在新的一行按 Ctrl+D 组合键就可以表示输入结束。如果是用命令行方式运行程序，则在新的一行按 Ctrl+Z 组合键然后再按 Enter 键，可以表示输入结束。

☹ **常见错误：处理数值的题目时，忘记将读入的字符串转换成数**。比如本题，第 3 行和第 6 行不使用 int 进行转换，样例数据也能通过。因为按字符串比大小的规则，'9' 也是最大的。自己造数据测试的时候，不要偷懒只用 10 以下的整数，也许就能发现错误。

进行异常处理时，try 语句组里的语句应该尽可能少。不可能产生异常的语句，就尽量不要放在里面。

4.6 循环综合例题

例题 4.6.1：求斐波那契数列第 k 项（P035）

斐波那契数列是指这样的数列：数列的第一个和第二个数都为 1，接下来每个数都等于前面 2 个数之和。给出一个正整数 k，求斐波那契数列中第 k 个数是多少。

输入：输入一行，包含一个正整数 k（1<=k<=46）。

输出：输出一行，包含一个正整数，表示斐波那契数列中第 k 个数。

样例输入

```
19
```

样例输出

```
4181
```

解题程序：

```
#prg0250.py
1.  k = int(input())
2.  a1 = a2 = 1
3.  for i in range(k-2):
4.      a1,a2 = a2,a1+a2
5.  print(a2)
```

第 2 行：用 a1,a2 存放已经求出的倒数第二项和最后一项。最初的两项都是 1。

第 3 行：每次循环新求出一项，因此循环要进行 k−2 次。

第 4 行：新项是 a1+a2。求出新项后，原最后一项变成倒数第二项，新项变成最后一项。

第 5 行：已经求出的最后一项总是放在 a2 里面。因此最后输出 a2 即可。

本题这种**不断由已知推出未知，然后再把未知当已知推出新的未知的办法，称为“迭代”**，是一种非常常用的思路。

例题 4.6.2：求阶乘的和（P036）

给定正整数 n，求不大于 n 的正整数的阶乘的和（即求 1!+2!+3!+......+n!）。

输入：一个正整数 n（1<n<12）。

输出：不大于 n 的正整数的阶乘的和。

样例输入

```
5
```

样例输出

```
153
```

解题程序 1：

```
1.  n = int(input())
2.  s = 0                          #阶乘和
3.  for i in range(1,n+1):
4.      f = 1                      #f 存放 i 阶乘
5.      for j in range(1,i+1):     #计算 i 的阶乘
6.          f *= j
7.      s += f
8.  print(s)
```

上面程序，i 为 1 时，第 6 行执行 1 次；i 为 2 时，第 6 行执行 2 次……因此第 6 行一共执行 1+2+3+……+n 次，共计做乘法 n(n+1)/2 次。这样做有很多重复计算，比如算 3!时算了一遍 1×2×3，算 4!时又算了一遍 1×2×3，然后再乘上 4。好的做法应该是，1×2×3 只要算一遍就记下来，算 4!直接用记下来的结果乘以 4。

更快的解题程序 2：

```
#prg0260.py
1.  n = int(input())
2.  s,f = 0,1           #s 是阶乘和，f 开始是 1!
3.  for i in range(1,n+1):
4.      f *= i
5.      s += f
6.  print(s)
```

第 4 行：可以看出，f 值变化的过程是：1,1×2,1×2×3,1×2×3×4......，即执行本行时，f 的值是(i-1)!。执行完则 f 变成 i!。这个过程中没有重复计算。每次循环做乘法 1 次，共计做乘法 n 次。对比解题程序 1，乘法次数是 n^2 这个量级的，当 n 很大时，程序运行速度会有很大区别。当然对于本题，由于 n 很小，所以怎么做都能通过。

把计算结果保存起来重复利用以避免重复的计算，是提高程序效率的重要方法。

例题：求不大于 n 的全部质数

例题 4.6.3：求不大于 n 的全部质数（P037）

输入：一个正整数 n（2<=n<=1000）。

输出：在一行从小到大输出不大于 n 的所有质数。

样例输入

```
8
```

样例输出

```
2 3 5 7
```

解题思路：最简单的想法就是枚举，对于[2,n]范围内的每个整数 i，考查 i 是不是质数。考查 i 是不是质数的方法是：对[2,i−1]范围内的每个正整数 k，考查 k 是不是 i 的因子。如果发现 i 的因子，则 i 不是质数。但是这个做法，做了很多没必要的尝试，效率不高。首先，所有的偶数都不用管，只考查奇数即可。其次，寻找 i 的因子时，也不必考查[2,i−1]中的每个整数，偶数都不用考虑，且只需要考查到刚好大于等于 $\sqrt{i}$ 的那个整数 m 即可。因为，如果 i 不是质数，则 i 一定可以分解成 $p*q$（$p,q>1$且$p<=q$且$p<=m$）。那么试到 m 时，一定会已经发现 p 是 i 的因子。反之，如果试到 m，还是没有发现 i 的因子，那么 i 就不是质数。

解题程序：

```
#prg0270.py
1.  n = int(input())
2.  print(2,end = " ")
3.  for i in range(3,n+1,2):          #步长为 2，只判断奇数
4.      ok = True                     #先假设 i 是质数
5.      for k in range(3,i,2):        #步长为 2，只考虑奇数
6.          if i % k == 0:
7.              ok = False
8.              break                 #发现 i 的因子，i 不是质数
9.          if k*k > i:
10.             break                 #大于 √i 的数就不用试了
11.     if ok:
12.         print(i,end=" ")
```

第 4 行：设置一个标志变量 ok，用来表示 i 是不是质数。一开始假设 i 是质数，所以让 ok 的值是 True。

第 7、8 行：发现 k 是 i 的因子，断定 i 不是质数，因此 ok 改为 False。没有必要再找更多 i 的因子，因此用 break 结束第 5 行开始的那个循环。

上面这个程序的算法，远不是最快的算法，读者可以试试找出更快的算法。

例题 4.6.4：角谷猜想（P038）

角谷猜想是指对于任意一个正整数，如果是奇数，则乘 3 加 1，如果是偶数，则除以 2，得到的结果再按照上述规则重复处理，最终总能够得到 1。如，假定初始整数为 5，计算过程分别为 16,8,4,2,1。

程序要求输入一个整数，将经过处理得到 1 的过程输出。

输入：一个正整数 N（N<=2,000,000）。

输出：从输入整数到 1 的步骤，每一步为一行，每一步中描述计算过程。最后一行输出“End”。如果输入为 1，直接输出"End"。

样例输入

```
5
```

样例输出

```
5*3+1=16
16/2=8
8/2=4
4/2=2
2/2=1
End
```

解题程序：

```
#prg0280.py
1.   n = int(input())
2.   while n != 1:
3.       if n % 2:
4.           print(str(n) + "*3+1=" + str(n*3+1))
5.           n = n * 3 + 1
6.       else:
7.           print(str(n) + "/2=" + str(n//2))
8.           n //= 2
9.   print("End")
```

第 4 行不可写成：print(n,"*3+1=",n*3+1)，这样写会多出来空格，提交上去就是 Presentation Error。

第 8 行：一定要用“//”，写 n/= 2 则 n 就变成小数，计算会有误差，且输出格式也不对了。

例题 4.6.5：数字统计（P039）

请统计某个给定范围[L,R]的所有整数中，数字 2 出现的次数。比如给定范围[2,22]，数字 2 在数 2 中出现 1 次，在数 12 中出现 1 次，在数 20 中出现 1 次，在数 21 中出现 1 次，在数 22 中出现 2 次，所以数字 2 在该范围内一共出现 6 次。

例题：数字统计

输入：输入共 1 行，为两个正整数 L 和 R，之间用一个空格隔开。

输出：输出共 1 行，表示数字 2 出现的次数。

样例输入

```
样例 #1:
2 22
样例 #2:
2 100
```

样例输出

```
样例 #1:
6
样例 #2:
20
```

解题程序 1：

```
#prg0290.py
1.   s = input().split()
2.   L,R = int(s[0]),int(s[1])
3.   total = 0
4.   for i in range(L,R+1):
5.       for x in str(i):
6.           total += (x == '2') #x == '2' 若为 True 就等价于 1，为 False 等价于 0
7.   print(total)
```

第 5 行：把整数 i 转换成字符串，就很容易检查里面'2'的个数。以后学了字符串函数，第 5、6 行就可以用下面一条语句替代：

```
total += str(i).count('2')      #count 计算字符串中指定子串的出现次数
```

解题程序 2：

```
#prg0300.py
1.  s = input().split()
2.  L,R = int(s[0]),int(s[1])
3.  total = 0
4.  for i in range(L,R+1):
5.      while i != 0:
6.          if i % 10 == 2:
7.              total += 1
8.          i //= 10
9.  print(total)
```

这个程序的思路是，依次取 i 的个位、十位、百位看是不是 2。i 模 10 得个位数，然后将 i 变成 i 除以 10 的商，i 再模 10 就得到十位……直到 i 变成 0。

4.7 调试程序的方法

学到循环，程序就会略有一点复杂，出错概率大增，必须学会一些调试程序的方法。

运行程序时，出现 Runtime Error 是很常见的。此时 PyCharm 会有出错信息，要仔细看，出错信息会指出程序在第几行出错。如果用到各种库，那么出错信息可能就会有很多，一些错误发生在并非自己编写的.py 文件里。耐心往下看，出错信息里一定会指出自己写的.py 文件到底哪一行出错。然后查词典也要看明白出错信息说的啥。

导致 Runtime Error 的原因，通常是输入数据结束了还执行 input()、列表下标越界、不合法的转换、数值和字符串相加等。2.12 节有详细说明，请仔细阅读。

如果程序可以运行，但就是得不到想要的结果，那就是存在逻辑错误。PyCharm 提供了单步执行程序进行调试的功能，但是作者认为这么做效率不高，不推荐。推荐的做法是到处加 print 语句：用 print 语句输出你关心的变量的值，看看其变化过程是否正确；在 if 语句的每个分支都加 print 语句，就能看清楚到底哪个分支被执行；在循环里面加 print 语句，就能看到循环执行的次数到底对不对——总之，在各种地方都可以加 print 语句来看这个地方有没有被执行到。在这些用于调试的 print 语句后面不妨用注释做个标记，比如“#debug”，这样便于在正式版本里找到它们并删除。

在 OJ 做题时，最烦恼的是在本机能通过样例数据，但是程序提交后却得到 Wrong Answer。此时就要自己多做一些数据进行测试。对于多组数据的题目，测试的时候一定也要用多组数据，因为**忘了在处理每组数据前初始化一些变量，是老手都容易犯的错误。**做测试数据的时候，要特别注意特殊情况、边界情况，比如负数、0、1、长度为 1 的字符串，数据范围里的最大值、最小值等。若输入数据是整数，不要偷懒都用 1 位整数，应该用不同位数的整数；输入数据是字符串，就要用不等长的字符串——总之测试数据应该有多样性，覆盖尽可能多的情况。**如果程序有多个分支，则应构造不同的测试数据，使得每个分支都执行到，不能有未经测试的分支。**

上面这些测试方法，不仅适用于做 OJ 题，真实的软件开发测试也要这么做。

再次强调一点，在 OJ 做题，不要犯程序输出的大小写和题目要求不一致的错误。

Python 的 assert 语句也有助于发现程序 bug，其用法如下：

```
assert 条件,提示
```

如果条件满足，则 assert 语句什么都不做；如果条件不满足，assert 语句会导致 Runtime Error，出错信息里会包含提示。例如：

```
assert a != 0, "a 等于 0 了，错!"
```

假定变量 a 前面已经有定义，且 a 的值无论如何不该为 0。如果 a 的值为 0，程序可能出错，也可能运气好暂时不出明显的错（这样就发现不了 a 变成 0 了），但程序说不定有隐患——那么上面的语句就能确保 a 为 0 时，程序一定出错，从而就可以去找出 a 变成 0 的原因。

4.8 习题

习题 2：整数序列的元素最大跨度值

1. 求整数的和与均值（P040）：读入 n 个整数，求它们的和与均值。

2. 整数序列的元素最大跨度值（P041）：给定一个长度为 n 的非负整数序列，请计算序列的最大跨度值（最大跨度值=最大值−最小值）。

3. 毕业生年薪统计（P042）：告诉你一些毕业生的年薪，请计算其中年薪不少于 30 万的人数。

4. 奥运奖牌计数（P043）：A 国的运动员参与了 n 天的奥运比赛项目，已知该国每一天获得的金、银、铜牌数目。现在要统计一下 A 国所获得的金、银、铜牌数目及总奖牌数。

5. 鸡尾酒疗法（P044）：现在要通过临床对照实验的方式验证各种新疗法是不比鸡尾酒疗法疗效更好。假设鸡尾酒疗法的有效率为 x，新疗法的有效率为 y，如果 $y-x$ 大于 5%，则效果更好；如果 $x-y$ 大于 5%，则效果更差；否则称为效果差不多。给出 n 组临床对照实验的疗效数据，每组数据由病人数和痊愈人数两个整数构成，其中第一组采用鸡尾酒疗法，其他 $n-1$ 组为各种不同的新疗法。请写程序判定各种新疗法效果相比鸡尾酒疗法如何。

6. 正常血压（P045）：监护室每小时测量一次病人的血压，若收缩压为 90～140 并且舒张压为 60～90（包含端点值）则称之为正常，现给出某病人若干次测量的血压值，计算病人保持正常血压的最长小时数。

7. 数字反转（P046）：给定一个整数（可以是负的），请将该数各个位上数字反转得到一个新数。新数不得有多余的前导 0。

8. 求特殊自然数（P047）：一个自然数,它的七进制与九进制的表示形式都是三位数，且七进制与九进制的三位数顺序正好相反。求此自然数。

9. 字符计数（P048）：一个句子中有多个单词，单词之间可能有一个或多个空格。给定一个字符，请计算该字符在每个单词中的出现次数。

第5章 函数

5.1 函数概述

函数的概念

有的时候，一段代码实现了某项功能，比如根据日期推算出星期几。程序里可能多处要用到这个功能，如果在所有需要用到这个功能的地方，都要把那段代码复制粘贴过来，那实在让人抓狂。更糟糕的是，如果发现那段代码有 bug 需要修正，或者需要改进一下让它变得更好，那么就要找出所有粘贴的地方再进行修改，那简直有一种“一失足成千古恨”的感觉。

稍微大一点的软件一般都是多个程序员合作完成的。不同的程序员实现不同的功能。如果一个程序员要使用另一个程序员开发的功能，就得向他索要源代码粘贴到自己的程序中，那是非常可怕的。如果别人写的代码用到的变量和自己的变量重名怎么办?

为了解决上述问题，程序设计语言需要有一种机制，将能够实现某一功能并需要在程序中多处使用的代码包装起来形成一个功能模块，即写成一个“函数”，当程序中需要使用该项功能时，只需写一条语句，调用实现该功能的“函数”即可。不同的程序员可以分别写不同的函数，组合起来形成一个大程序。

Python 中定义一个函数的格式如下：

```
def 函数名(参数 1, 参数 2,……):
    语句组(即“函数体”)
```

也可以没有参数：

```
def 函数名():
    语句组(即“函数体”)
```

语句组需要缩进。

调用函数的写法如下：

```
函数名(参数 1,参数 2,……)
```

对函数的调用也是一个表达式。函数调用表达式的值由函数内部的 return 语句决定。return 语句语法如下：

```
return 返回值
```

return 语句的功能是结束函数的执行，并将“返回值”作为结果返回。“返回值”可以是常量、变量或复杂的表达式。如果 return 语句后面没有“返回值”，则返回值是 None。None 表示“啥也不是”，可以用它给变量赋值，也可以用它来写 if a != None: 这样的语句。

return 语句作为函数的出口，可以在函数中多次出现。多个 return 语句的返回值可以不同。在哪个 return 语句结束函数的执行，函数的返回值就和哪个 return 语句里面的返回值相等。函数也可能直到执行完都没有碰到 return 语句，那样的话函数返回 None。

下面是一个函数的示例：

```
1.  def Max(x,y):                       #求 x,y 中最大的
2.      if x > y:
3.          return x
4.      else:
5.          return y
6.  #函数到此结束
7.  n = Max(4,6)
8.  print(n,Max(20,n))                  #>>6 20
9.  print(Max("about","take"))          #>>take
```

第 1 行：定义一个名为 Max 的函数，有两个参数 x,y，其功能是返回 x,y 中最大的那个。函数中的语句组（函数体）需要缩进。函数体持续到第一条不再缩进的语句为止（该语句不属于函数）。因此，上面的 Max 函数，就到第 5 行为止。

在函数定义中出现的参数，如 Max 中的 x,y，称为“形式参数”，简称“形参”。

定义一个函数，并不会导致执行它。上面的程序是从第 7 行开始执行的。Max(4,6)即以 4、6 作为参数，调用 Max 函数。调用函数时所给的参数，称为“实际参数”，简称“实参”。调用一个函数，导致程序进入函数内部执行，在本例中，Max(4,6)导致程序进入 Max 函数内部，即从第 2 行开始执行。函数执行到 return 语句，或者执行完函数的最后一条语句，函数调用就结束。如果函数执行中没有碰到 return 语句，函数的返回值是 None。

函数被调用时，形参的值等于实参。因此，程序进入 Max 时，x 的值是 4，y 的值是 6，最终执行第 5 行 return y 返回 6，因此表达式 Max(4,6)的值就是 6。

下面这个程序输出 100 以内的质数：

```
#prg0310.py
1.  def IsPrime(n):            #判断 n 是否是质数
2.      if n <= 1 or n % 2 == 0 and n != 2:
3.          return False
4.      elif n == 2:
5.          return True
6.      else:
7.          for i in range(3,n,2):
8.              if n % i == 0:
9.                  return False
10.             if i * i > n:
11.                 break
12.     return True
13. def main():
14.     for i in range(100):
15.         if(IsPrime(i)):
16.             print(i,end = " ")
17. main()
```

程序输出:

```
2 3 5 7 11 13 17 19 23 29 31 37 41 43 47 53 59 61 67 71 73 79 83 89 97
```

判断一个数是否是质数，是个独立的功能，所以即便在上面的程序中只有一个地方用到，把它写成一个函数也非常必要。这样能够使程序清晰易懂。读到第 15 行，我们就知道这里是要判断 i 是否是质数，IsPrime 里面的代码可以不用去看。如果没有函数，把 IsPrime 的那些代码都写在这里，那么还得看半天才能明白程序在做什么。即便几十行的短程序，把其中独立的功能分离出来写成一个个函数，也大有好处——因为这样可以分别测试每个函数写得对不对，便于查错。

第 13、17 行：编写一个 main 函数，程序执行就是调用 main 函数，这是不错的程序设计风格。请注意，即便函数没有参数，调用时也要在函数名后面跟“()”。

本程序如果没有第 17 行，就不会有任何语句被执行。因为函数必须被调用才会执行。

函数之间可以互相调用。例如，上面的 main 函数就调用了 IsPrime 函数。

例题 5.1.1：八皇后问题（P049）

国际象棋的棋盘是由 8×8 共 64 个方格构成，棋子放在方格里面。如果两个皇后棋子在同一行、同一列，或者在某个正方形的对角线上，那么这两个皇后就会互相攻击。请在棋盘上摆放 8 个皇后，使得它们都不会互相攻击。行列号都从 0 开始算。

这是一个经典的问题。一个基本的思路是，枚举所有皇后摆放的方案，对每一种方案验证是否可行。显然每行只能摆一个皇后，每行摆放皇后的方案有 8 种，因此摆放 8 个皇后的总方案数就是 8^8 种。但是枚举的时候其实可以跳过很多没必要验证的不可行方案。例如，如果把第 0 行的皇后摆放在第 0 列，那么第 1 行的皇后是不能摆放在第 0 列和第 1 列的，因此，第 0 行皇后在第 1 列，第 1 行皇后在第 0 列或第 1 列的所有方案，都不需要去验证。下面这个程序用四重循环，算出四皇后问题（在 4×4 棋盘上摆 4 个皇后）的所有摆放方案，八皇后程序写法也一样，只是要写八重循环而已：

```
#prg320.py
1.  result = [0] * 4            #等价于 result = [0,0,0,0]，存放摆放方案
2.  #result[i]表示第 i 行的皇后已经放在 result[i]这个位置
3.  def isOk(n,pos):            #判断第 n 行的皇后放在位置 pos 是否可行
4.  #此时第 0 行到第 n-1 行的皇后的摆放位置已经存放在 result[0]至 result[n-1]中
5.      for i in range(n):      #检查位置 pos 是否会和前 n-1 行已经摆好的皇后冲突
6.          if result[i] == pos or abs(i-n) == abs(result[i] - pos):
7.              #Python 中，abs(x)是求 x 的绝对值
8.              return False
9.      return True
10. def main():
11.     for p0 in range(4):                          #枚举第 0 行所有可能位置
12.         result[0] = p0                           #第 0 行的皇后放在第 p0 列
13.         for p1 in range(4):                      #枚举第 1 行所有可能位置
14.             if isOk(1,p1):
15.                 result[1] = p1                   #第 1 行的皇后放在第 p1 列
16.                 for p2 in range(4):              #枚举第 2 行所有可能位置
17.                     if isOk(2,p2):
18.                         result[2] = p2
19.                         for p3 in range(4):      #枚举第 3 行所有可能位置
```

```
20.                         if isOk(3,p3):
21.                             result[3] = p3
22.                             for x in result:  #找到成功摆法，输出之
23.                                 print(x,end = " ")
24.                             print("")
25. main()
```

程序输出：

```
1 3 0 2
2 0 3 1
```

表明四皇后问题有两种摆放方案。每种方案的 4 个数依次是第 0 行、第 1 行、第 2 行、第 3 行皇后的摆放位置（列号）。八皇后问题则有 92 个解。

5.2 全局变量和局部变量

在所有函数外面定义（即首次赋值）的变量，称为全局变量。在函数内部定义的变量，称为局部变量。**局部变量在定义它的函数的外部不能使用**，因此不同函数中的同名局部变量不会互相影响。

全局变量和局部变量

函数中可以出现和全局变量同名的变量。假设它们都叫 x，则：

（1）如果函数中没有对 x 赋值，则函数中的 x 就是全局变量 x；

（2）如果函数中对 x 进行赋值，且没有特别声明，则在函数中全局变量 x 不起作用，函数中的 x 就是只在函数内部起作用的局部变量 x；

（3）函数内部可以用 global x 声明函数里的 x 就是全局变量 x。

```
#prg0330.py
1.  def f0():
2.      print("x in f0:",x)        #这个 x 是全局的 x
3.  def f1():
4.      x = 8                      #这个 x 是局部的 x，不会改变全局的 x
5.      print("x in f1:",x)
6.  def f2():
7.      global x                   #说明本函数中的 x 都是全局的 x
8.      print("x in f2:",x)
9.      x = 5
10.     print("x in f2:",x)
11. def f3():
12.     print("x in f3=",x)        #执行到此会出错
13.     x = 9                      #局部的 x
14. x = 4                          #全局的 x
15. f0()                           #>>x in f0: 4
16. f1()                           #>>x in f1: 8
17. print(x)                       #>>4  全局的 x
18. f2()
19. #>>x in f2: 4
20. #>>x in f2: 5
21. print(x)                       #>>5
22. f3()                           #出错
```

本程序中的几个函数，都没有 return 语句。它们的返回值都是 None。

程序是从第 14 行开始运行的。

第 2 行：此处的 x 看似没有定义，但是只要程序运行到这条语句时，x 有定义即可。第 14 行定义了全局的 x，于是当程序运行到第 2 行时，x 便有了定义。

第 12 行：若调用 f3()，执行到第 12 行时会产生运行时错误。因为在第 13 行对 x 进行赋值，x 就被认为是 f3 函数内部的 x，和全局的 x 没关系。那么在第 12 行，x 还没有初始化就使用其值，就会产生 Runtime Error。

第 18 行：产生的输出如第 19、20 行所示。第 7 行的 global x 表明 f2 函数内的 x 都是全局的 x。

从第 2 行可以看出，Python 是解释执行的。不同于缩进不对齐、括号不匹配、变量名不合法之类程序尚未运行就会被 PyCharm 划红线标记出错的语法错误，变量或函数名没定义这样的运行时错误，只有在程序运行到那条出错语句的时候才会发生。例如：

```
def g():
  fadsf()
  hgjg = ffasdfa(),335543
print("hello")
```

上面这个程序，g 函数中各个标识符似乎都没有定义。但是，只要不调用 g 函数，程序就不会出错，该程序会输出“hello”。如果调用了 g 函数，那么运行到 g 函数内部的时候，就会发生 fadsf 没定义的错误。

★5.3 参数个数可变的函数

Python 支持参数个数可变的函数，用法示例如下：

```
#prg0340.py
1.  def f1( *args):
2.      for x in args:
3.          print(x,end = " ")
4.      print("")
5.  def f2(x ,y , * n):
6.      print(x,y,end = " ")
7.      for k in n:
8.          print(k,end = " ")
9.      print("")
10. f1(1,'a',2,'b')                 #>>1 a 2 b
11. f2(1,2,3,4,5)                   #>>1 2 3 4 5
12. f2(1,2)                         #>>1 2    参数 n 也可以为空
```

第 1 行：定义函数时，最后一个形参可以写成"*x"的形式。x 是个变量名，名字任意，代表一个元组。目前，可以将元组简单理解为元素不可修改的列表。在调用函数的时候，在 x 对应的实参位置可以写 0 到任意多个实参。这些实参都称为 x 的元素。如果 x 对应的位置没有实参，x 就称为空元组。形式为 *x 的参数 x，称为可变元组参数。

第 10 行：args 对应的实参就是全部实参，进入 f1 函数，args 就是包含全部实参的元组。

第 11 行：实参 1 和 2 对应于形参 x,y，剩下的全部实参都被放到元组 n 中。

5.4 函数参数的默认值

Python 的函数还允许有些参数有默认值，即调用的时候如果不给出这些参数，这些参数的值就自动取默认值。定义函数时，将参数写成 x=y 的形式，就意味着参数 x 的默认值是表达式 y。用法示例如下：

```
1.  def f(x ,y = 1 ,z = 2):
2.      print(x,y,z)
3.  f(0)              #>>0 1 2
4.  f(0,100)          #>>0 100 2
5.  f(0,200,300)      #>>0 200 300
6.  f(0,z='a')        #>>0 1 a
```

第 3 行：只给了参数 x 的值，y,z 的值没给，那么 y 的值就是 1，z 的值就是 2。

第 4 行：z 的值没给，z 即为默认值 2。

第 5 行：所有参数的值都给了，参数的默认值就不起作用。

要注意，定义函数时，有默认值的参数，必须是最右边的连续若干个参数。调用函数时，如果少写了一些参数，Python 会认为缺失的参数就是最右边的若干个参数，于是就用默认值替代这些参数。因此定义函数时，如下写法是不行的：

```
def f(x,y=1,z):
    print(x,y,z)
```

也不能用 f(10, ,20) 这样的方式来默认省略掉中间的参数。

但是如上面程序第 6 行那样，不给参数 y 的值，但指明参数 z 的值是 'a'，是可以的。

print 函数就是典型的带默认值参数的函数。其 end 参数的默认值是 "\n"（换行符），sep 参数的默认值是" "。所以使用 print 函数时，如果不指定这两个参数，输出就会以换行结尾，以空格作为各项的分隔符。

5.5 Python 的库函数

各种程序设计语言都会提供大量函数，可以直接在程序中使用，这些函数称为库函数。print 就是一个库函数。前面程序中用到的 abs、len、round，甚至 int、str，都是库函数。Python 中的常用库函数见表 5.5.1。

表 5.5.1　Python 中的常用库函数

函数	功能
int(x)	把 x 转换成整数
float(x)	把 x 转换成小数
str(x)	把 x 转换成字符串
ord(x)	求字符 x 的编码
chr(x)	求编码为 x 的字符
abs(x)	求 x 的绝对值
len(x)	求序列 x 的长度（元素个数），如 len("123")、len([2,3,4])

续表

函数	功能
max(x)	求序列 x 中的最大值。x 可以是元组、列表、集合
min(x)	求序列 x 中的最小值。x 可以是元组、列表、集合
max(x1,x2,x3,...)	求多个参数中最大的那个
min(x1,x2,x3,...)	求多个参数中最小的那个
type(x)	返回变量 x 或表达式 x 的值的类型
exit()	中止程序执行
dir(x)	返回类 x 或对象 x 的成员函数名构成的列表
help(x)	返回函数 x 或类 x 的使用说明。想查函数或类用法时用它很方便

部分库函数用法示例如下：

```
#prg0350.py
1.  print(max(1,2,3))          #>>3
2.  print(max([1,2,5,2])       #>>5
3.  print(min("ab","cd","af"))#>>ab
4.  print(type("hello"))       #>><class 'str'>
5.  print(type([1,2,3]))       #>><class 'list'>
6.  print(type("123") == str)  #>>True
7.  print(help(len))
8.  exit()                     #程序中止
9.  print("done")              #不会执行
```

第 7 行：输出 Python 库函数 len 的使用说明。

```
Help on built-in function len in module builtins:
len(obj, /)
    Return the number of items in a container.
```

读者可以自行尝试一下 dir(str)、help(list)、dir(tuple)等的效果是什么。

第 8 行：exit()使得程序立即结束，因此第 9 行不会被执行。写一个稍微复杂点的程序，测试时只想测试前面部分，不想测试后面部分，那么在中间加个 exit()挺方便的。

还有一种函数，叫作“成员函数”。比如，input().split()中的 split，就是字符串的“成员函数”。当我们说“x 是 y 的成员函数”时，意思就是，对于 y 类型的任何变量或者常量 m，可以用 m.x(......)的方式来调用成员函数 x。例如，字符串有成员函数 split()，因此"123 45".split()是合法的；由于 input()的返回值是个字符串，所以 input().split()也是合法的。**成员函数，也称为“方法”（method）**，比如可以说“字符串有 split 方法”。

5.6 lambda 表达式

lambda 表达式写法如下：

```
lambda 参数 1,参数 2,…: 返回值
```

一个 lambda 表达式就是一个函数，它相当于如下函数：

```
def f(参数 1,参数 2,…):
    return 返回值
```

只不过 lambda 表达式代表的函数没有名字。示例程序如下：

```
add = lambda x,y : x + y   #add的值就是一个参数为x,y，返回值为x+y的函数
print(add(5,4))            #>>9
square = lambda x : x * x
print(square(5))           #>>25
print((lambda x:x+1)(3))   #>>4
```

最后一行直接以 3 为参数调用 lambda 表达式。

★★5.7 高阶函数和闭包

在 Python 中，函数可以赋值给变量，也可以作为函数的参数和返回值。如果一个函数能接收函数作为参数，或其返回值是函数，这样的函数就称为高阶函数。

下面程序演示了函数作为参数的情况：

```
1.  def square(x):
2.      return x * x
3.  def inc(x):
4.      return x + 1
5.  def combine(f,g,x):
6.      return f(g(x))
7.  print(combine(square,inc, 4)) #>>25
8.  print(combine(inc,square, 4)) #>>17
```

第 5 行：combine 函数的参数 f 和 g 都是函数，因此 combine 是高阶函数。

第 7 行：进入 combine 函数，f 是 square，g 是 inc，f(g(4))就是 square(inc(4))，所以输出 25。

第 8 行：f 是 inc, g 是 square，f(g(4))就是 inc(square(4))，所以输出 17。

下面程序演示了函数作为函数返回值的情况：

```
#prg0360.py
1.  def square(x):
2.      return x * x
3.  def inc(x):
4.      return x + 1
5.  def combineFunctions(f,g):
6.      return lambda x: f(g(x))
7.  def powerFunction(f,n):
8.      def h(x):
9.          for i in range(n):
10.             x = f(x)
11.         return x  #x最终变为f(f(...f(x)))，f写n次
12.     return h
13. print(combineFunctions(square,inc)(4)) #>>25
14. print(powerFunction(inc,5)(1))         #>>6
15. print(powerFunction(square,4)(2))      #>>65536
```

第 6 行：返回一个函数，若称为 k，则 k(x)=f(g(x))。

第 13 行：combineFunctions(square,inc)的值是一个无名函数，若称为 k，则 k(x)=square(inc(x))。combineFunctions(square,inc)(4)就是 k(4)，所以输出 25。

第 8 行：Python 允许函数内部再定义函数。在一个函数 f1 内部定义的函数 f2，和在 f1

内部定义的变量一样，在函数 f1 外部不可见，即不可以 f2(...)的形式直接调用。f2 称为“嵌套函数”，f1 称为 f2 的“父函数”或“外围函数”。h 就是在 powerFunction 内部定义的一个嵌套函数，powerFunction 就是 h 的父函数。h 的定义到第 11 行为止。powerFunction(f,n)返回 h 的一个“实例”。该实例是一个函数，若称之为 k，则

```
k(x) = f(f(f....f(x)))  f一共写n次
```

因此第 14 行，powerFunction(inc,5)的返回值是 h 的一个实例，若称为 k1，则 k1(x)=inc(inc(inc(inc(inc(x)))))。k1(1)=6，所以输出 6。

第 15 行：powerFunction(square,4)的返回值是 h 的另一个实例，称为 k2，则 k2(x)=square(square(square(square(x))))。k2(2)=256^2，所以输出 65536。

k1 和 k2 都是 powerFunction 中的嵌套函数 h 的实例。二者的不同之处在于，实例 k1 中的 f 是 inc，n 是 5，而实例 k2 中的 f 是 square，n 是 4。f 和 n 都来自 h 的父函数 powerFunction 的某次调用。即便 powerFunction 的调用已经结束，k1 和 k2 还能各自维持不同的 f 和 n 值。像 k1、k2 这样的嵌套函数的实例，称为“闭包”（也有将 h 称为闭包，将 k1、k2 称为闭包 h 的不同实例的说法）。f 和 n 这样，在嵌套函数中使用，但是来自于父函数，且在父函数调用结束后仍然能够存在的变量，称为自由变量。每个闭包各自有一套自由变量。

实际上，第 6 行的 lambda 表达式也是一个嵌套函数，本行也返回该嵌套函数的一个实例，即一个闭包。

下面是闭包的又一个例子：

```
#prg0370.py
1.  def func(x):
2.      def g(y):
3.          nonlocal x        #有了此行，才能在g中对x赋值
4.          x += 1
5.          return x+y
6.      return g
7.  f = func(10)              #f是一个闭包，其自由变量x初值是10
8.  print(f(4))               #>>15
9.  print(f(5))               #>>17
10. g = func(20)              #g是一个闭包，其自由变量x初值是20
11. print(g(4))               #>>25
12. print(g(5))               #>>27
```

第 3 行：在嵌套函数中若想对自由变量 x 赋值，则需声明该自由变量为 nonlocal。否则第 4 行会导致 Runtime Error。

可以看到，在闭包 f 和 g 的使用过程中，它们的自由变量 x 的值会变化。

★★★5.8 生成器

Python 中有一条很特殊的 yield 语句，有点类似于 return 语句，功能也是结束函数的执行并返回一个值。用法如下：

```
yield 返回值
```

如果一个函数中使用了 yield 语句，则这个函数就被称为“生成器函数”。生成器函数

和普通函数的区别在于：调用生成器函数，并不会导致该函数被执行，而是会返回一个“生成器”(generator)，此后就可以用 for 循环遍历该生成器。遍历时，生成器函数内部的代码才会被执行。

如果 X 是一个生成器，由某生成器函数 F 被调用时返回，则：

```
for i in X:
    print(i)
```

会依次打印 F 中 yield 语句返回的结果，直到函数 F 通过 return 语句返回或执行完最后一条语句自然返回：

```
#prg0372.py
1.  def test_yield(k):          #被调用则返回生成器
2.      yield 1
3.      k += 1
4.      yield 2
5.      yield (1,2)
6.      k += 1
7.      yield k
8.      return 100
9.  for x in test_yield(10):   #>>1,2,(1, 2),12,
10.     print(x,end = ",")
```

程序输出结果是：

```
1,2,(1, 2),12,
```

第 9 行：test_yield(10)的返回值就是一个生成器，此时 test_yield 函数并未被执行。for 循环执行时，test_yield 函数从头开始执行，执行到第一个 yield 语句(第 2 行)，函数返回，返回值是 1。于是 for 循环的第一个 x 的值就是 1。然后 for 循环继续，注意此时函数不是从头执行，而是接着从第 3 行往下执行，执行到第 4 行的 yield 语句，函数再次返回，且返回值为 2,因此第二个 x 的值就是 2。以此类推，第三个 x 的值是元组（1,2），第四个 x 的值是 12。请注意 k 的值在函数执行过程中得以保持和延续。当 for 循环试图获取第五个 x 时，函数 test_yield 往下执行到结束都没有碰到 yield 语句，于是 for 循环取不到第五个 x，就此结束。第 8 行的 100 并不会被取为一个 x 值。

生成器可以用来实现无穷长的序列。当然，无穷长的序列是不可能事先生成好并存储的，但是可以做到需要这个序列有多少个元素，就生成多少个元素。例如下面的斐波那契数列生成器：

```
#prg0374.py
1.  def fib():          #用于生成求斐波那契数列
2.      a, b = 0, 1
3.      while True:
4.          yield a
5.          a, b = b, a + b
6.  seq = fib()         #seq 是一个生成器
7.  i  = 0
8.  for x in seq:  #>> 0,1,1,2,3,5,
9.      print(x,end = ",")
10.     i += 1
11.     if i > 5:
```

```
12.            break
13. for x in seq: #>>8,13,21,34,55,
14.     print(x,end=",")
15.     i += 1
16.     if i > 10:
17.            break
```

输出结果：

```
0,1,1,2,3,5,8,13,21,34,55,
```

第 13 行：用 for 循环对生成器的遍历，是有记忆的，不是每次都从头开始。

> ⚠ **注意：** 生成器函数一般不能写成递归形式的，因为调用生成器函数，并不会执行它，而是返回一个生成器，所以生成器函数无法递归调用自己。

Python 有 next(x)函数，用于取生成器 x 的下一个返回值。如果取不到，就会产生 StopIteration 异常：

```
#prg0376.py
1.  def test_yield():
2.      yield 1
3.      yield 2
4.      yield (1,2)
5.  a = test_yield()
6.  while True:        #>> 1,2,(1, 2),
7.      try:
8.          print(next(a),end=",")
9.      except StopIteration:
10.         break
```

5.9 习题

★★★1. 编写函数 add，使得表达式

```
add(a1)(a2)......(an)()
```

返回值是 a1+a2+......+an。

提示：让 add(x)返回一个闭包，该闭包的参数个数可变。

★★★2. 编写一个生成器函数 primes(n)，生成 n 以内的质数序列。例如:

```
for  x in primes(100):
     print(x)
```

就可以输出 100 以内的质数。

第6章 递归

6.1 递归的基本概念

一个概念的定义中用到了这个概念本身，这就叫递归。例如，假定有个概念叫“堆乘”，用如下两句话定义“*n* 的堆乘”（不妨记为“n#”），就是递归：

（1）“*n* 的堆乘”就是 *n* 乘以“(*n*−1)的堆乘”；

（2）“1 的堆乘”是 1。

第 1 句中，解释“堆乘”这个词的时候用到了“堆乘”这个词，貌似没完没了的循环定义，让人搞不明白。如果没有第 2 句，那确实如此。有了第 2 句，*n* 的堆乘到底是什么，就可以由 1 的堆乘是 1，逐步递推出来：4#=4×3#、3#=3×2#、2#=2×1#、1#=1，倒推回去，可以得到 4#=4×3×2×1。原来堆乘就是阶乘。第 2 句话使得面对“1 的堆乘是什么”这样的问题时，不必再用让人搞不懂的“1 的堆乘等于 1 乘以 0 的堆乘”来回答，而是直接得到答案 1，因此第 2 句可以称为递归的“终止条件”。

递归求 n 的阶乘

在程序设计中，一个函数自己调用了自己，就称为递归。其实函数调用自己，和调用别的函数并无本质区别，完全可以看作是调用了另一个同功能函数。调用自己的函数，称为递归函数。下面是一个求 n 阶乘（n>=1）的递归函数：

```
1.  def F(n):           #函数返回 n 的阶乘
2.      if n == 1:      #终止条件
3.          return 1
4.      return n * F(n-1)
5.  print(F(4))         #>>24
6.  print(F(5))         #>>120
```

递归函数是如何执行的，初学者往往难以理解。图 6.1.1 演示了 F(4)的计算过程（从 F(4)开始顺着箭头方向看）。

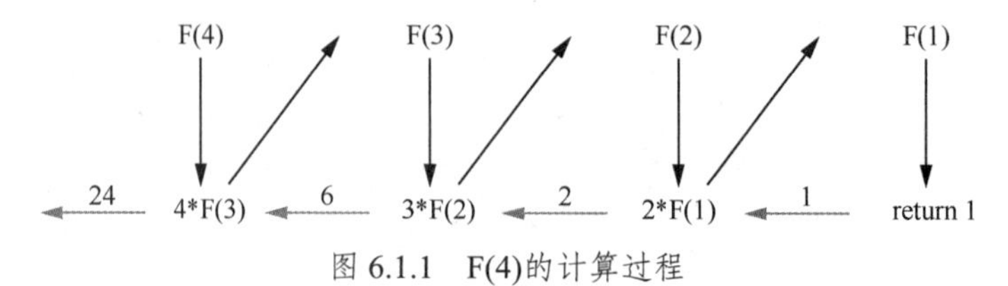

图 6.1.1　F(4)的计算过程

算 F(4)时，进入 F 函数，此刻 n=4。要算 F(4)，就要先算 F(3)，于是再次进入 F 函数，此刻 n=3。F(4)算是第一层函数调用，F(3)就是第二层。每一层调用的 n 的值不同，不会互相影响。将调用自己看作调用另一个同功能的函数，即可很自然理解这一点。整个执行过程还可以描述如下：

```
F(4)2->F(4)4->F(3)2->F(3)4->F(2)2->F(2)4->F(1)2->F(1)3:返回 1->
F(2)4:返回 2*1->F(3)4:返回 3*2->F(4)4:返回 4*6->函数执行结束
```

上面的 F(i)j 表示在 n=i 那一层的函数调用中，执行第 j 行。最先执行的是 F(4)2，表示在 n=4 的那一层函数调用中，先执行第 2 行“if n==1:”。接下来执行 F(4)4，第 4 行在执行的过程中进入下一层函数调用，下一层函数调用中 n=3，所以 F(4)4 后面被执行的就是 F(3)2，再接下来是 F(3)4……执行到 F(1)3 后，函数开始逐层向上返回，先返回到 F(2)4，把 n=2 时的第 4 行执行完毕，返回值是 2*F(1)，即 1*1，返回到 F(3)4，F(3)4 执行完则返回值为 3*F(2)，即 3*2=6，并且返回到 F(4)4，F(4)4 返回 4*6，函数调用结束。

由此可见，**递归函数一定要有一个终止递归的条件，满足此条件时，函数就返回，不再调用自身。**否则，递归就会没完没了地进行下去。无休止的递归会导致“栈溢出”而使得程序崩溃。有时程序中没有死循环，然而却总是不能结束，就要考虑是否发生了无限递归。

上面 F 函数的终止条件，就是 n==1。

求斐波那契数列的第 n 项，也可以用递归的办法完成：

```
def Fib(n):                         #求斐波那契数列第 n 项
    if n == 1 or n == 2:
        return 1
    else:
        return Fib(n-1)+Fib(n-2)    #第 n 项等于第 n-1 项和第 n-2 项之和
print(Fib(6))                       #>>8
```

但是这个递归的做法，存在大量重复计算，例如算 fib(5)时会把 fib(4)从头到尾算一遍，算 fib(6)时又要把 fib(4)从头到尾算一遍……因此其计算速度远远慢于前面的循环解法，用个人计算机来算，十万年未必能算出第 100 项，只能用来演示一下递归的思想。

递归可以用来替代循环。假设有函数 g()，下面的循环：

```
for i in range(4):
   g()
```

可以用调用一个递归函数来替代：

```
def call(f,n):     #参数 f 是函数
   if n > 0:
      f()          #调用 f 代表的函数
      call(f,n-1)
call(g,4)
```

程序设计语言中有递归，就可以不需要循环。有的语言，比如 LISP，就是如此。有了循环，其实也可以不需要递归，只是不够方便。当然大多数程序设计语言都是同时支持递归和循环的。

递归和循环可以互相替代这件事情有点深奥，非计算机专业的读者可以不必深究。

默认情况下，Python 递归函数最多只能执行大约 1000 层，就会导致栈溢出的 Runtime Error。可以用 sys.setrecursionlimit()函数来增加最大递归深度，请读者自行查阅相关介绍。但是，这个函数也不是非常好使，Python 相比其他语言更容易因递归太深导致 RE。

6.2 先做一步再递归：上台阶问题

用递归解决问题，有一种基本的思路是：要解决某一问题，可以先做一步，做完一步以后，剩下的问题也许就会变成和原问题形式相同但规模更小的问题，那就可以用递归求解了。请看下面例题：

例题 6.2.1：上台阶（P050）

有 n 级台阶（n>0），从下面开始走要走到所有台阶上面，每步可以走一级或两级，问有多少种不同的走法？

解题思路：先走出第一步。第一步有 2 种走法，走 1 级台阶，或者走 2 级台阶。于是所有的走法就被分成两类，即第一步走 1 级台阶的，和第一步走 2 级台阶的。问第一步走 1 级台阶共有多少种走法，等于就是问走 n-1 级台阶一共有多少种走法。同样，第一步走 2 级台阶的走法数，等于 n−2 级台阶的总走法数。于是我们发现，走出一步以后，剩下的两个问题，和原问题形式相同，但是规模变小了（台阶数由 n 变成了 n−1 和 n−2）。如果用 ways(i)表示 i 级台阶的走法数，那么：

```
ways(n) = ways(n-1) + ways(n-2)
```

这就是这个问题的递归公式，或者说递推公式。但是用递归解决问题，需要指出终止条件，即 n 的值是什么的情况下，不再需要使用上面的递推公式，直接就能得出答案。显然 n==1 是一个终止条件，ways(1)=1。但是只有这一个终止条件是不够的，假设要求 ways(2)，按递推公式，就需要求 ways(0)，要求 ways(0)就要求 ways(−1)和 ways(−2)，递归就变得没完没了且不合逻辑。所以，终止条件还要加上一条，即 ways(0)=1。ways(0)等于 1 是符合逻辑的。0 级台阶有几种走法？一种，就是不用走，原地不动就算已经走到所有台阶上面了。当然终止条件不用 ways(0)=1 而用 ways(2)=2 也是可以的。那么终止条件是否还可以再加上 ways(3)=3、ways(4)=5 呢？可以加，但是没有必要。

终止条件的选取，确保能够终止递归即可。ways(n)=ways(n−1)+ways(n−2)这个递推公式，有两条递归路径。一条路径 n 每次减少 1，另一条路径 n 每次减少 2。终止条件的选取，应该使得沿这两条路径进行的递归都会被终止。那么，终止条件选 n==1 和 n==0（或 n==2），就足以做到这一点。

解题程序：

```
def ways(n):                          #n 级台阶的走法总数
    if n == 1 or n == 0:
        return 1
    return ways(n-1)+ways(n-2) #第一步走一级的走法+第一步走 2 级的走法
print(ways(4))                        #>>5      4 级台阶的走法
```

可以看出，此题的本质，和求斐波那契数列的第 n 项一样。虽然本程序写成递归的形式是低效不可取的，但是用递归的思想来解决这个问题是合适的。

★6.3 问题分解：汉诺塔问题

递归解决问题的另一种思路，是将原问题分解成若干个子问题，子问题形式和原问题相同但是规模更小，子问题都解决了，原问题即解决，比如下面这个经典汉诺塔问题。

例题 6.3.1：汉诺塔问题（P051）

古代有一座梵塔，塔内有三个座 A,B,C，A 座上有 64 个盘子，盘子大小不等，大的在下，小的在上（见图 6.3.1）。三个座都可以用来放盘子。有一个和尚想把这 64 个盘子从 A 座移到 C 座，但每次只允许移动一个盘子，并且在移动过程中，3 个座上的盘子始终保持大盘在下，小盘在上。输入盘子数目 n，要求输出移动的步骤。

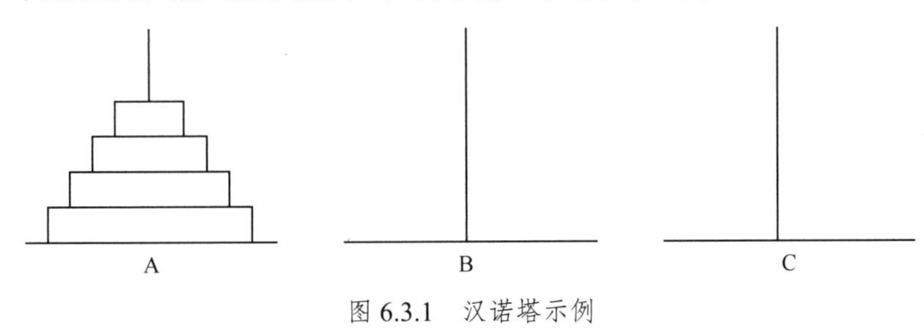

图 6.3.1　汉诺塔示例

输入样例

```
3
```

输出样例

```
A->C
A->B
C->B
A->C
B->A
B->C
A->C
```

解题思路：要把 A 上的 n 个盘子以 B 为中转移动到 C，可以分以下三个步骤来完成。

（1）将 A 座上的 n−1 个盘子，以 C 座为中转，移动到 B 座。

（2）把 A 座上最底下的一个盘子移动到 C 座。

（3）将 B 座上的 n−1 个盘子，以 A 座为中转，移动到 C 座。

上面的（1）（3）两个步骤，即两个子问题，和原问题形式相同，只是规模小了 1（要处理的盘子数目少了 1）。当然如果 n==1，那么只需要一个步骤，即：把 A 座上的一个盘子移动到 C 座。

解题程序：

```
#prg0380.py
1.  def Hanoi(n, src,mid,dest):
2.      #将 src 座上的 n 个盘子，以 mid 座为中转，移动到 dest 座
3.      if( n == 1) : #只需移动一个盘子
4.          print(src + "->" + dest) #直接将盘子从 src 移动到 dest 即可
5.          return
6.      Hanoi(n-1,src,dest,mid)          #先将 n-1 个盘子从 src 移动到 mid
7.      print(src + "->" + dest)         #再将一个盘子从 src 移动到 dest
8.      Hanoi(n-1,mid,src,dest)          #最后将 n-1 个盘子从 mid 移动到 dest
9.      return                           #此句不要也行
10. n = int(input())                     #要移动 n 个盘子
11. Hanoi(n, 'A', 'B', 'C')
```

用类似于前面求阶乘程序的执行过程的表示方法，函数调用 Hanoi(3, 'A', 'B', 'C')的执行过程如下：

```
Hanoi(3,'A','B','C')3
Hanoi(3,'A','B','C')6
Hanoi(2,'A','C','B')3
Hanoi(2,'A','C','B')6
Hanoi(1,'A','B','C')3
Hanoi(1,'A','B','C')4:输出 A->C
Hanoi(1,'A','B','C')5:返回
Hanoi(2,'A','C','B')7:输出 A->B
Hanoi(2,'A','C','B')8
Hanoi(1,'C','A','B')3
Hanoi(1,'C','A','B')4:输出 C->B
Hanoi(1,'C','A','B')5:返回
Hanoi(2,'A','C','B')9: 返回
Hanoi(3,'A','B','C')7:输出 A->C
Hanoi(3,'A','B','C')8
Hanoi(2,'B','A','C')3
Hanoi(2,'B','A','C')6
Hanoi(1,'B','C','A')3
Hanoi(1,'B','C','A')4:输出 B->A
Hanoi(1,'B','C','A')5:返回
Hanoi(2,'B','A','C')7:输出 B->C
Hanoi(2,'B','A','C')8
Hanoi(1,'A','B','C')3
Hanoi(1,'A','B','C')4:输出 A->C
Hanoi(1,'A','B','C')5:返回
Hanoi(2,'B','A','C')9:返回
Hanoi(3,'A','B','C')9:返回
```

如果有 n 个盘子，就要做 2^n-1 次移动。64 个盘子是不可能完成的任务，假设每秒移动一个盘子，需要 5000 多亿年。

由上面程序可见，当调用递归函数时，由于存在层层递归，函数中的 return 语句并不是只会被执行一次，而是很可能会多次执行，每次执行只是返回上一层的函数调用而已，并不导致最初的递归函数调用结束。只有在第一层的函数调用中执行 return，才会导致整个递归过程结束。

递归并不是程序设计语言中必须有的机制，因为所有递归的程序都可以用循环来实现。递归和循环可以互相替代。要写出汉诺塔问题的非递归程序，先要想明白人如何用手工来完成这件事的。计算机能解决的问题，只要有足够时间，人一样都能凭借一步步机械的操作来解决。想出解决问题的办法和步骤，是需要思考的脑力劳动；而知道办法和步骤后，按照步骤一步步进行操作，则是体力活。计算机擅长的恰恰就是高速完成一步步机械的操作。如果人想不出解决某问题的办法，那自然也不可能编写出能解决问题的程序，于是计算机也不可能解决这个问题。因此从本质上来说，目前的计算机和起重机、汽车等机械没有区别，同样都是人的体力而非脑力的扩展和延伸。下面来看看如何用手工解决汉诺塔问题。

思路依然是将问题 Hanoi(n,src,mid,dest)分解成 3 个子问题，然后依次解决。手工解决

该问题的步骤可以形象地描述如下。

开始桌面上有一只信封，里面写着要解决的问题 Hanoi(n, 'A', 'B', 'C')。人可以按如下步骤进行操作。

（1）若桌面上没有信封，则转（4），否则，往下执行（2）。

（2）取最上面的信封，拆开，拿到里面的问题（称为当前问题），然后丢弃信封。当前问题的形式是：Hanoi(n,src,mid,dest)，即要将 src 上的 n 个盘子，以 mid 为中介，移动到 dest。此时，如果 n 是 1，则将一个盘子从 src 移动到 dest，然后转（1）。如果 n 不是 1，则往下执行（3）。

（3）将当前问题分解成 3 个子问题，分别放入 3 个新信封，然后将这个 3 个信封叠放在信封堆上，再转（1）。叠放的次序，是将需要先解决的子问题放在上面。比如，当前问题是 Hanoi(n,src,mid,dest)，则新增的 3 个信封里的问题，从上到下依次是：

```
Hanoi(n-1,src,dest,mid)
Hanoi(1,src,mid,dest)
Hanoi(n-1,mid,src,dest)
```

（4）整个问题已经圆满解决。

在解决问题的过程中，信封开始越叠越高，但不会无限增高，而且总会一个个被丢弃。最终桌面上没有信封，问题就圆满解决了。读者可以自己拿铅笔、橡皮和纸模拟一下这个过程。图 6.3.2 显示了第一个信封里是 Hanoi(3, 'A', 'B', 'C')时，桌面信封堆的变化情况。

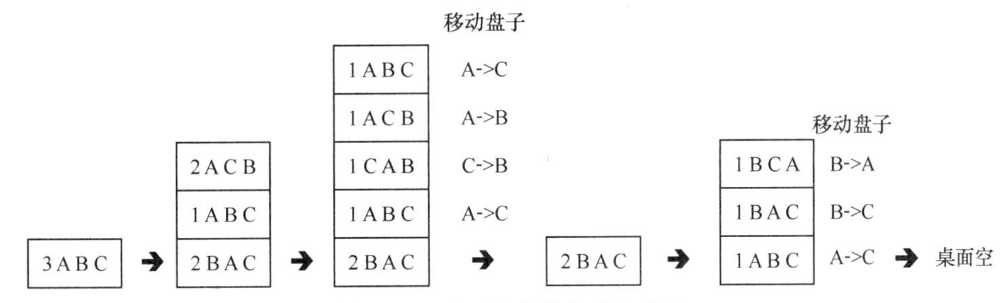

图 6.3.2　桌面信封堆的变化情况

下面要讲的是用循环和栈来替代递归实现上述过程，非计算机专业的读者可以跳过这部分。

可以用“栈”这种数据结构来模拟信封堆。栈的特点就是后进先出，即后入栈的元素，先被处理掉。“栈”有点像子弹匣，后压进去的子弹会被放在上面，也会先被射出去。“栈”可以用列表实现。往栈里添加一个信封，就是在列表的尾部添加一个元素；取走栈顶的信封，就是删除列表尾部的元素。Python 列表有成员函数 append(x)用于在尾部添加元素 x，成员函数 pop()则删除并返回尾部的元素。在本题中，一个信封（即一个子问题）可以用一个元组表示，比如元组(3,"A","B","C")就表示要把 3 个盘子从"A"移动到"C"，用"B"中转。

程序如下：

```
#prg0390.py
1.  def Hanio(n,src,mid,dest):
2.      stack = []  #栈，相当于信封堆
3.      stack.append((n,src,mid,dest)) #原始问题入栈
4.      while(len(stack)> 0): #只要信封堆不空
```

```
5.          n,src,mid,dest =  stack.pop()  #取出栈顶的元组，其各项值赋值给 4 个变量
6.          #pop 删除出并返回最后一个元素，即信封堆顶的信封
7.          if n == 1:
8.              print(src + "->" + dest)
9.          else: #分解子问题
10.             #先把分解得到的第 3 个子问题放入栈中
11.             stack.append((n-1,mid,src,dest))
12.             #再把第 2 个子问题放入栈中
13.             stack.append((1, src, mid, dest))
14.             #最后放第 1 个子问题，后放入栈的子问题先被处理
15.             stack.append((n-1,src, dest,mid))
16. Hanio(3,'A','B','C')
```

实际上，递归程序也用到栈，因为函数的局部变量和函数的参数都是保存在栈上的，递归函数的参数就代表子问题，因此也就相当于子问题被存在栈上。递归函数递进一层，就相当于往栈中添加一个子问题；递归函数执行到返回语句，就相当于栈顶的子问题被解决。编译器或解释器生成的程序的指令会自动维护这个栈。因此，利用“递归”机制的本质，就是将程序员本该自己编写的、对栈进行操作的代码，交由编译器或解释器自动生成，从而降低了思考和编程的难度。

如果将上面程序的第 8 行替换成：

```
yield src + "->" + dest
```

则 Hanoi 变成一个生成器函数，可以用下面办法来输出移动序列：

```
for m in Hanio(3,'A','B','C'):
    print(m)
```

用生成器可以方便地实现类似于取 64 个盘子解法的前 1000 个移动步骤这样的操作。

★★6.4 递归替代循环：N 皇后问题

例题 6.4.1：N 皇后问题（P052）

将 N 个皇后摆放在一个 N 行 N 列的棋盘上，要求任何两个皇后不能互相攻击。输入皇后数 N（1<=N<=9），输出所有的摆法。无解则输出“NO ANSWER”。行列号都从 0 开始算。

解题思路：由于皇后数目不确定，所以不能用多重循环来解决。可以用递归来代替循环。

解题程序：

```
#prg0400.py
1.  result = [0] * 9        #本程序最多能解决 9 皇后问题
2.  #result[i]表示第 i 行的皇后已经放在了 result[i]这个位置
3.  def isOk(n,pos):        #判断第 n 行的皇后放在位置 pos 是否可行
4.      for i in range(n): #检查位置 pos 是否会和前 n-1 行已经摆好的皇后冲突
5.          if result[i] == pos or abs(i-n) == abs(result[i] - pos):
6.              return False
7.      return True
8.  def queen(n,i):
9.  #解决 n 皇后问题，被调用时，第 0 行到第 i-1 行的 i 个的皇后已经摆放好了
```

```
10. #现在要摆放第 i 行的皇后
11.     if i == n: #已经摆好了 n 个皇后，说明问题已经解决，输出结果
12.         for k in range(n):
13.             print(result[k], end=" ")
14.         print("")
15.         return True
16.     success = False
17.     for k in range(n):              #枚举第 i 行所有可能摆放的位置
18.         if isOk(i,k):               #看可否将第 i 行皇后摆在第 k 列
19.             result[i] = k           #可以摆在第 k 列，就摆上
20.             if queen(n,i+1):        #接着去摆放第 i+1 行的皇后
21.                 success = True
22.     return success
23. def main():
24.     n = int(input())
25.     if not queen(n,0):
26.         print("NO ANSWER")
27. main()
```

queen 函数有返回值 True 或者 False，queen(n,i)的返回值表示：当前，前 i 个皇后已经摆好，它们的摆法放在 result[0]到 result[i-1]。在不改变这前 i 个皇后的摆放方案的前提下，继续往下摆放，最终能否找到至少一种成功的摆法。

第 12 行：如果有多个解，程序会多次走到本行。每次走到本行，就输出一个解。

第 16 行：执行到第 16 行时，第 0 行到第 i−1 行的皇后已经摆好，摆放方案存在 result[0]至 result[i-1]中。success 表示在当前 0 行到 i−1 行这种摆法的前提下，再往下摆能否至少找到一个解，先假定为 False。

第 17 行：从此开始试图寻找所有第 i 行皇后的合法摆放位置。假设找到的第一个合法摆放位置是 k1，第 i 行皇后摆放在 k1 位置的情况下，会继续执行 queen(n,i+1)，从此处一直递归下去，有可能会找到多种 n 个皇后的最终合法摆放方案，即多次走到第 12 行，输出多个解。这些解的第 0 行到第 i 行的摆放方案都是相同的，比如，第 i 行都是摆放在 k1 位置。queen(n,i+1)执行过程中经历层层多分支递归，终究会返回，返回后回到第 17 行的 for 循环，继续寻找下一个合法的第 i 行摆放位置 k2，然后再继续递归下去。

因此上面的程序会输出所有的解。

如果希望找到一个解程序就结束，则应该如下改写 queen 函数：

```
#prg0410.py
1.  def queen(n,i):
2.      if i == n: #已经摆好了 n 个皇后，说明问题已经解决，输出结果即可
3.          for k in range(n):
4.              print(result[k], end=" ")
5.          print("")
6.          return True
7.      for k in range(n):              #枚举所有位置
8.          if isOk(i,k):               #看可否将第 i 行皇后摆在第 k 列
9.              result[i] = k           #可以摆在第 k 列，就摆上
10.             if queen(n,i+1):        #接着去摆放第 i+1 行的皇后
11.                 return True
12.     return False
```

在第 6 行，return True 表示已经找到了一个解。第 10 行若条件满足，说明在把第 i 行的皇后摆放在第 k 列以后，找到了一个解。那么，就没有必要再继续循环去试第 i 行的下一个摆法，直接返回 True 表示成功即可。执行 queen(n,i)时，若 i<n，且程序没能执行到第 11 行，则说明第 i 行无论摆放在什么位置，最终都没法成功。那么函数最终在第 12 行返回 False，即返回上一层函数调用的第 10 行，上一层的函数调用就会继续第 7 行的那个循环，在第 i−1 行找一个新的摆放位置再往下试。

本题的解法从思路上来说也是枚举。鉴于其递归的实现形式，也可以称为深度优先搜索。

★6.5 递归绘制分形图案：绘制雪花曲线

要进行绘图，可以使用 Python 自带的 turtle 库。turtle 库中有许多函数支持绘图，用法是 turtle.xxx(...)，xxx 是函数名。绘图是在一个窗口中进行的，用 turtle.setup(x,y)可以创建一个宽 x 像素，高 y 像素的窗口，窗口会出现在屏幕中央。窗口是一个平面直角坐标系，窗口的中心位置是坐标系原点，即其坐标是(0,0)。这个坐标系有方向的概念，方向用角度来表示。正东方向是 0 度，正北方向是 90 度，正西方向是 180 度，正南方向是 270 度。当然也可以说正南方向是-90 度，正西方向是−180 度。

不妨把 turtle 创建的窗口想象成一张纸。这张纸上有一支虚拟的笔。笔开始的位置是在(0,0)，且笔是落在纸上的。当笔落在纸上移动时，就会画出线条。笔是有前进方向的。笔的初始方向是 0 度。turtle.fd(x)会使笔沿着前进方向移动 x 像素。turtle.left(x)会使得笔的方向左转 x 度，turtle.right(x) 会使得笔的方向右转 x 度。

下面要在窗口上绘制雪花曲线。雪花曲线也称为科赫曲线，其递归定义如下：

（1）长为 size，方向为 x（x 是角度）的 0 阶雪花曲线，是沿方向 x 绘制的一根长为 size 的线段。

（2）长为 size，方向为 x 的 n 阶雪花曲线，由以下四部分依次拼接组成。

① 长为 size/3，方向为 x 的 n−1 阶雪花曲线。

② 长为 size/3，方向为 x+60 的 n−1 阶雪花曲线。

③ 长为 size/3，方向为 x−60 的 n−1 阶雪花曲线。

④ 长为 size/3，方向为 x 的 n−1 阶雪花曲线。

图 6.5.1～图 6.5.3 是几个雪花曲线的示意图。

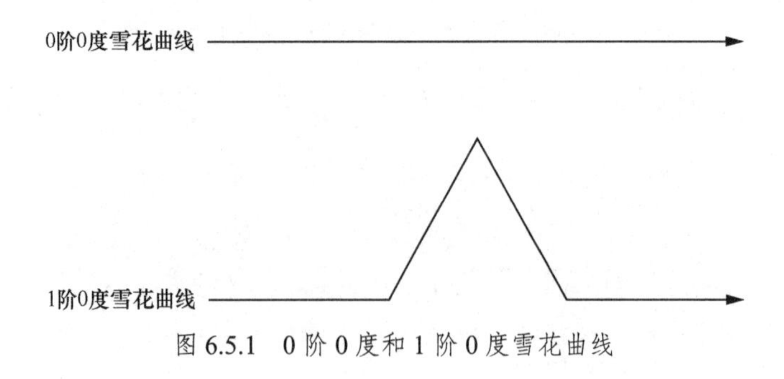

图 6.5.1　0 阶 0 度和 1 阶 0 度雪花曲线

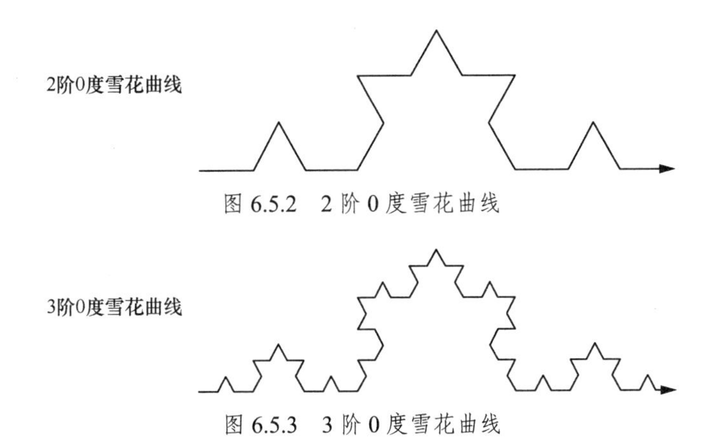

图 6.5.2　2 阶 0 度雪花曲线

图 6.5.3　3 阶 0 度雪花曲线

绘制长度为 600 像素，方向为 0 度的 3 阶雪花曲线的程序如下：

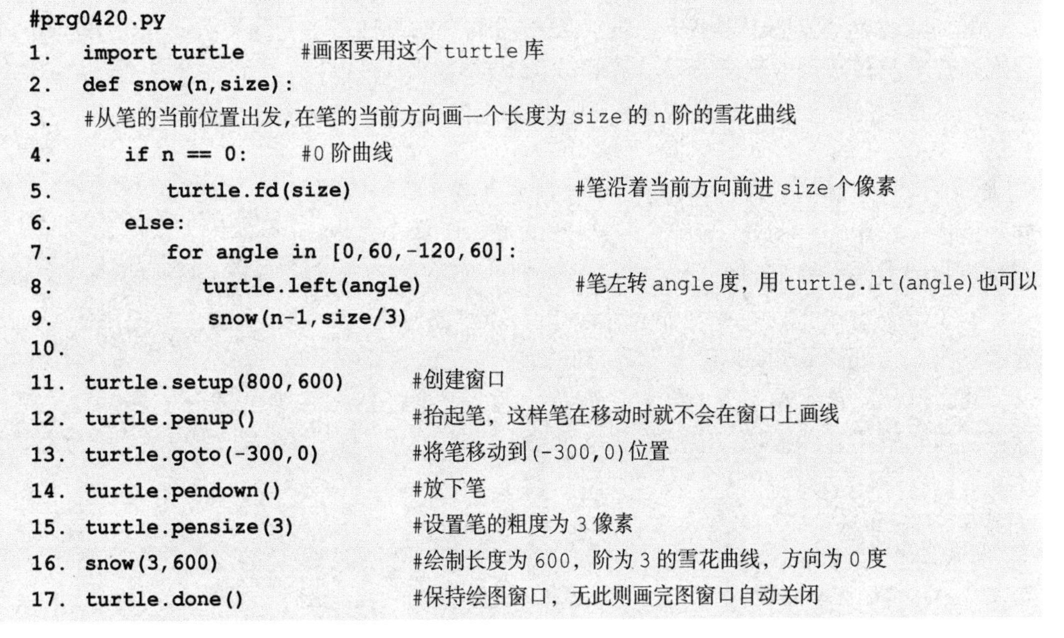

```
#prg0420.py
1.  import turtle       #画图要用这个 turtle 库
2.  def snow(n,size):
3.  #从笔的当前位置出发,在笔的当前方向画一个长度为 size 的 n 阶的雪花曲线
4.      if n == 0:      #0 阶曲线
5.          turtle.fd(size)                     #笔沿着当前方向前进 size 个像素
6.      else:
7.          for angle in [0,60,-120,60]:
8.              turtle.left(angle)              #笔左转 angle 度，用 turtle.lt(angle)也可以
9.              snow(n-1,size/3)
10.
11. turtle.setup(800,600)         #创建窗口
12. turtle.penup()                #抬起笔，这样笔在移动时就不会在窗口上画线
13. turtle.goto(-300,0)           #将笔移动到(-300,0)位置
14. turtle.pendown()              #放下笔
15. turtle.pensize(3)             #设置笔的粗度为 3 像素
16. snow(3,600)                   #绘制长度为 600，阶为 3 的雪花曲线，方向为 0 度
17. turtle.done()                 #保持绘图窗口，无此则画完图窗口自动关闭
```

程序运行结果如图 6.5.4 所示。

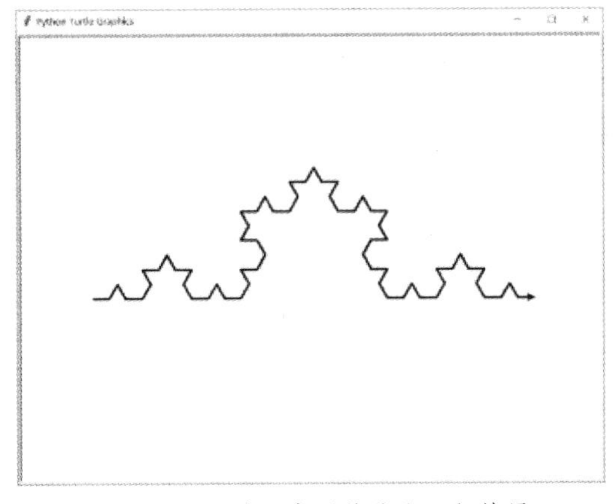

图 6.5.4　3 阶 0 度雪花曲线运行结果

第 1 行：本行的作用是将 turtle 库“引入”进来，这样后面的标识符“turtle”才有定义。

函数 snow(n,size)的含义是，从笔的当前位置出发，沿着笔的当前方向，画一条长为 size 的 n 阶雪花曲线。

第 5 行：0 阶雪花曲线就是一条长为 size 的线段，turtle.fd(size)的含义是，沿当前笔的方向前进 size，画出一条长为 size 的线段。

第 7 行到第 9 行：按照雪花曲线的递归定义，一条笔的当前方向上的长为 size 的 n 阶雪花曲线，应该由 4 段长为 size/3 的 n-1 阶雪花曲线连接而成。这个循环就依次画出这四段。若笔当前方向是 x，则这四段的方向依次是 x，x+60，x-60，x。可以看出，若 n-1 阶雪花曲线画完时笔的方向不变（和开始画时一样），那么 n 阶雪花曲线画完时笔的方向也不变。再加上 0 阶雪花曲线画完时笔的方向是不变的，由数学归纳法可知，任何阶数的雪花曲线，画完时笔的方向都和开始画时一样。连画 4 段 n-1 阶雪花曲线，需要在画完一段后修改笔的方向，再画下一段。修改笔的方向，可以通过让笔左转某个角度来进行。调用 turtle.left(d)，即可以让笔的方向左转 d 度。因此要依次画这四段方向为 x，x+60，x-60，x 的 n-1 阶雪花曲线，就可以让笔先左转 0 度（等于没转）画第一段，再左转 60 度画第二段，再右转 120 度（即左转−120 度）画第三段，然后再左转 60 度回到最初的方向 x 画第四段。

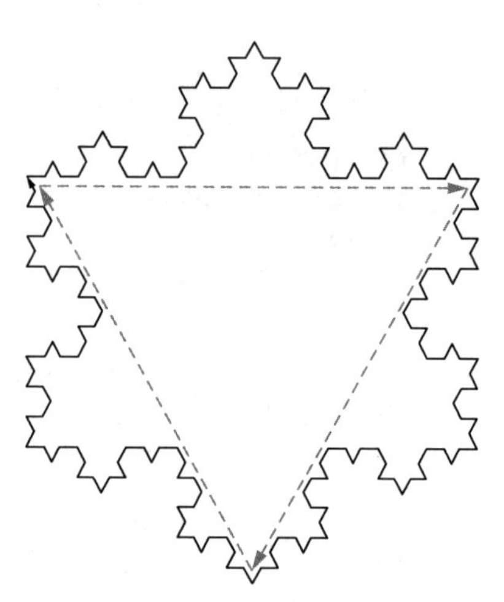

图 6.5.5　绘制雪花

有了绘制雪花曲线的函数 snow 后，就可以绘制一个完整的雪花，如图 6.5.5 所示。

可以看出，该雪花由方向依次是 0 度、240 度、120 度的三段 3 阶雪花曲线构成。绘图函数如下：

```
#prg0430.py
def snowPiece():
    turtle.setup(800,800)
    turtle.speed(1000)              #设置绘画速度
    turtle.penup()
    turtle.goto(-200,100)
    turtle.pendown()
    turtle.pensize(2)
    snow(3,400)                     #画 0 度雪花曲线
    turtle.right(120)               #右拐 120 度
    snow(3,400)                     #画-120 度（即 240 度）雪花曲线
    turtle.right(120)
    snow(3,400)                     #画 120 度（即-240 度）雪花曲线
turtle.done()
```

雪花曲线是一种分形图形。什么是分形图形，言传有点难。大概说来，一个图形，由和整体图形相似的 n 个局部构成，每个局部又是由 n 个更小的和整体图形相似的局部构成……这样的图形就是分形图形。当然这是个非常不精确的模糊定义，请读者自己意会。

6.6 习题

1. 求最大公约数问题（P053）：给定两个正整数，用辗转相除法求它们的最大公约数。

2. 递归复习法（P054）：一个学生复习期末考试，要用递归复习法，即当他复习知识点 *k* 的时候，他发现理解知识点 *k* 必须先理解知识点 *k*-1 和知识点 *k*-2，于是他先去学习知识点 *k*-1 和知识点 *k*-2，当他复习知识点 *k*-1 的时候，又发现理解知识点 *k*-1 必须先理解知识点 *k*-2 与知识点 *k*-3，又得先去复习知识点 *k*-2 和知识点 *k*-3。已知复习每个知识点所需的时间，求要多少时间才能复习完知识点 n。

★★★3. 多少种取法（P055）：给定 3 个正整数 *m*，*n*，*s*，问从 1 到 *m* 这 *m* 个数里面取 *n* 个不同的数，使它们和是 *s*,求有多少种取法。

★★★4. 很简单的整数划分问题（P074）：求将正整数 *n* 表示成若干个正整数之和，有多少种不同方式。6=1+2+3 和 6=3+2+1 算同一种方式。

提示：等价于问从 1 到 *n* 中选若干个数凑成 *n* 有几种方式（可重复选）。先做一步，即考虑选 1 和不选 1 两种情况，看剩下的问题变成什么。

★5. 奇异三角形

一个边长为 x 的 0 阶奇异三角形，是一个边长为 x 的等边三角形。

一个边长为 x 的 n 阶奇异三角形，是一个边长为 x 的等边三角形，三个角上分别是一个边长为 x/2 的 n-1 阶奇异三角形。

图 6.6.1 从左到右所示分别是 0 阶、1 阶和 2 阶的奇异三角形。

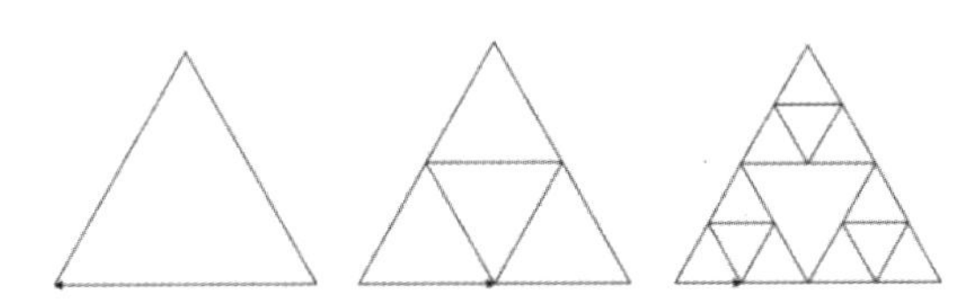

图 6.6.1 奇异三角形

输入整数 n（0<=n<=5），绘制 n 阶奇异三角形。

提示：①turtle.left(x)可以向左拐 x 度；②turtle.right(x)可以向右拐 x 度；③pos = turtle.pos() 可以取得画笔当前位置，以后 turtle.goto(pos)就可以移动画笔到那个位置；④turtle.seth(x) 可以设置画笔方向为角度 x；⑤绘图完成后调用 turtle.done() 可以保持绘图窗口。以上提示内容并非一定要用到。

★★6. 分解因数（P056）：给出一个正整数 a，要求分解成若干个正整数的乘积，即 a=a1*a2*a3*...*an，并且 1<a1<=a2<=a3<=…<=an，问这样分解的种数有多少？注意 a = a 也是一种分解。

★★7. 全排列（P057）：给定一个由不同的小写字母组成的字符串，输出这个字符串的所有全排列。我们假设对于小写字母有 'a' < 'b' <…< 'y' < 'z'，而且给定的字符串中的字母已经按照从小到大的顺序排列（提示：和 N 皇后问题一样，要使用列表）。

第7章 复杂数据类型

Python 的复杂数据类型包括组合数据类型和自定义数据类型。组合数据类型有：str（字符串）、tuple（元组）、list（列表）、dict（字典）、set（集合）。组合数据类型的名称本身也是函数的名称，可以用于类型转换。例如：

```
L = list("abcd")        #L值为['a','b','c','d']
```

Python 中的函数 isinstance(x,y)用于判断 x 是不是 y 类型的数据。此处 y 是类型的名称。例如：

```
a = "1233"
print(isinstance(a,str))          #>>True
print(isinstance("123",int))      #>>False
b = [1,3]                         #b是一个列表
print(isinstance(b,list))         #>>True
```

Python 中的 len 函数用于求组合数据类型中元素的个数。例如，求字符串长度，列表元素个数：

```
print(len("12345"))               #>>5      求字符串长度
print(len([1,2,3,4]))             #>>4      求列表长度
print(len((1,2,3)))               #>>3      求元组长度
print(len({1,2,3}))               #>>3      求集合元素个数
print(len({'tom':2,'jack':3}))    #>>2      求字典元素个数
```

组合数据类型中的字符串和元组是不可以修改的。列表、字典和集合可以修改。

自定义数据类型也叫“类”，在本章最后一节和第 14 章讲述。

7.1 Python 变量的指针本质

Python 中所有的变量，都是指针。所有可赋值的东西都是变量，因此都是指针。列表的元素是可赋值的，因此列表的元素就是指针。指针的本质是内存地址。可以将指针理解为一个箭头，它指向内存单元中存放的数据。**变量是箭头，对变量进行赋值，就是将该箭头指向内存中的某处，而不是改写该箭头指向的地方的内容。**请注意：其他程序设计语言中的变量，未必是上述的情况。

变量的指针本质 1

也有的教材称 Python 变量是“引用”，和这里说的指针含义相同。但在其他语言里，“引用”和“指针”未必是一个意思。

```
a = 3
b = 4
```

对变量赋值，就是让变量指向某处。上面两条赋值语句的效果，可以理解为图 7.1.1。a 是个指针，指向内存中某处存放的 3。b 一样是指针，它指向 4。

用一个变量对另一个变量进行赋值，就是让两个变量指向相同的地方。因此，若再执行：

```
a = b
```

产生的效果如图 7.1.2 所示。

图 7.1.1　赋值语句效果　　图 7.1.2　a=b 效果

a 指向了 b 指向的地方，所以 a 的值也变成 4。我们说变量 a 的值是 4，归根到底是在说：a 指向 4。

Python 中有两个运算符，"is"和"=="，含义有所不同，但有些类似。a is b 为 True，说的是 a 和 b 指向同一个地方；而 a==b 为 True，说的是 a 和 b 指向的地方的内容相同，但 a 和 b 未必指向同一个地方。Python 中有一个函数 id(x)，能求表达式 x 的 id。id 不能说是内存地址，但类似于内存地址。**两个变量如果指向同一个地方，等价于它们的 id 相同。**例如：

```
#prg0440.py
1.  a = [1,2,3,4]           #a 指向列表[1,2,3,4]
2.  b = [1,2,3,4]           #b 指向另一个列表[1,2,3,4]
3.  print( a == b)          #>>True
4.  print( a is b)          #>>False
5.  c = a
6.  print( a == c)          #>>True
7.  print( a is c)          #>>True
8.  a[2] = "ok"
9.  print(c)                #>>[1, 2, 'ok', 4]
10. print(id(a) == id(b)) #>>False
11. print(id(a) == id(c)) #>>True
```

上面程序执行完第 5 行时，效果如图 7.1.3 所示。

内存中有两份列表[1,2,3,4]，a 和 b 分别指向它们。因此 a 和 b 指向不同的地方，但是它们指向的地方存放的内容是一样的。故第 3 行输出 True 而第 4 行输出 False。第 5 行使得 c 与 a 指向同一份列表。因此第 6、7 行都输出 True。

第 8 行修改了 a[2]，情况变为如图 7.1.4 所示。

图 7.1.3　第 5 行执行完效果　　图 7.1.4　修改 a[2]后效果

因为 c 和 a 指向同一个地方，所以 a 的内容变了，c 的内容自然也变。所以输出 c，结果就是[1, 2, 'ok', 4]。

☹ **常见错误：**初学者经常会写出 a=b=[]这样的语句，本意是形成 a、b 两个不同的空表。但实际上这么写的结果，a、b 都指向同一张列表，往 a 里添加元素，就等于往 b 里添加元素。

对于 int、float、complex、str、tuple 类型的变量 a 和 b，只需关注 a==b 是否成立，一般不需要关注 a is b 是否成立。因为这些数据本身都不会更改，不会产生 a 指向的内容变了，b 指向的内容也跟着变的情况。

对于 list、dict、set 类型的变量 a 和 b，a==b 和 a is b 的结果都需要关注。因为这些数据本身会改变，有可能发生改变了 a 指向的内容，b 指向的内容也会改变的情况。

变量的指针本质 2

本书中说 a 和 b 相等，或 a 和 b 的值相等，意思是 a==b 成立。而 a is b 可能成立，也可能不成立，要看具体情况。

因为列表的元素可以被赋值，因此，列表的元素其实也是指针。

```
a = [1,2,3,4]
b = [1,2,3,4]
```

执行完上面这两条语句，准确的效果如图 7.1.5 所示。

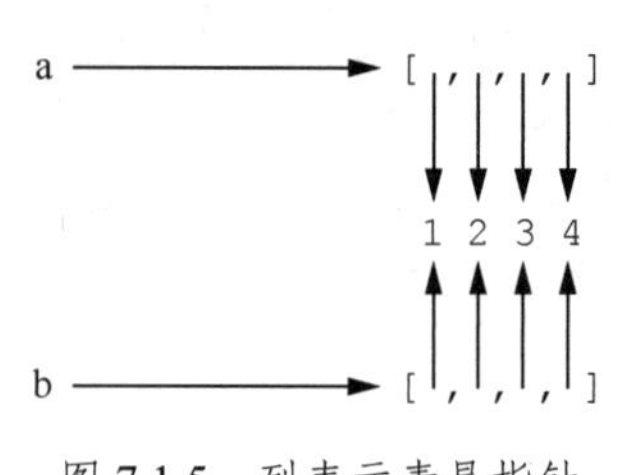

图 7.1.5　列表元素是指针

a 和 b 的每个元素，如 a[0],b[1]，都是指针。a[0]和 b[0]没有分别指向不同的两个 1，是因为 1 本身不可变，没有必要保有两份。**若对 a[0]进行赋值，那就是让 a[0]指向别处，而不是将 a[0]所指向的那个 1 改成别的内容。**所以，假如 a[0]被赋成别的值，b[0]并不会受影响，它仍然指向 1。

Python 函数的参数也是指针。Python 函数的形参是实参的复制——即形参和实参指向同一个地方。对形参赋值就是让形参指向别处，当然不会影响实参。例如：

```
1.  def Swap(x,y):
2.      tmp = x
3.      x = y
4.      y = tmp
5.  a,b = 4,5
6.  Swap(a,b)
7.  print(a,b)    #>>4 5
```

进入 Swap 函数时，x 等于 a，y 等于 b。Swap 函数执行的过程中交换了 x，y 的值，但这并不会影响 a 和 b。在函数中的 tmp=x 刚执行完时，效果如图 7.1.6 所示。

此刻 x，y 分别是 a 和 b 的复制，即 x 和 a 同指向 4，y 和 b 同指向 5。tmp=x 使得 tmp 也指向 4。Swap 函数执行完后，x 和 y 的值交换了，本质上是说 x 和 y 交换了它们的指向，因此情况变成图 7.1.7 所示。

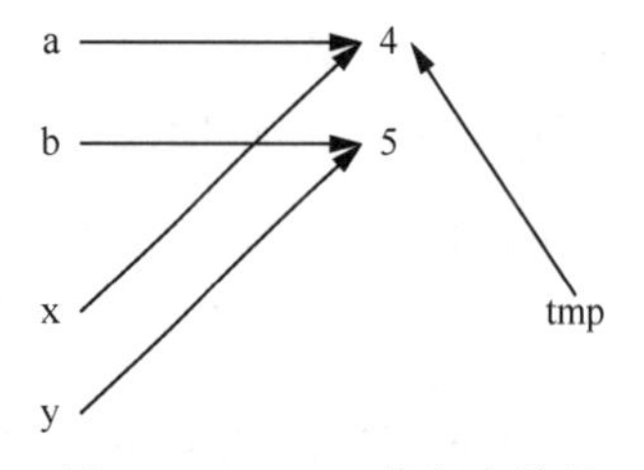

图 7.1.6　tmp=x 执行完效果

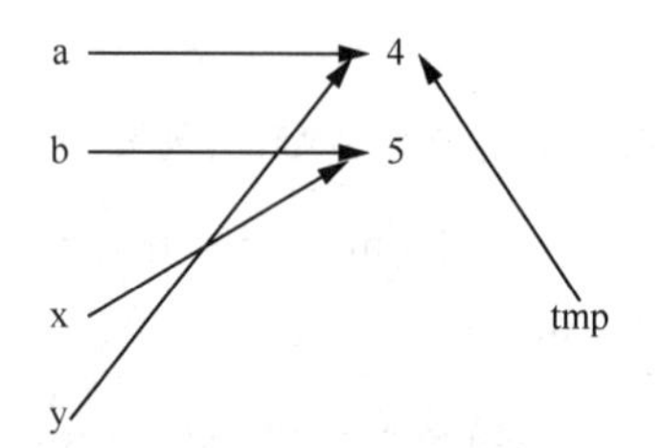

图 7.1.7　Swap 执行完效果

显然，a 和 b 的指向不会发生任何变化，它们的值自然不变。

但是如果函数执行过程中，改变了形参所指向的地方的内容，则实参所指向的地方内容也会被改变。例如：

```
#prg0450.py
1.  def Swap(x,y):
2.      tmp = x[0]
3.      x[0] = y[0]     #请注意若x,y是列表，则x[0],y[0]都是指针
4.      y[0] = tmp
5.  a = [4,5]
6.  b = [6,7]
7.  Swap(a,b)       #进入函数后，x和a指向相同地方，y和b指向相同地方
8.  print(a,b)      #>>[6, 5] [4, 7]
```

变量的指针本质 3

这个程序中，Swap(a,b)使得 a 和 b 的下标为 0 的元素发生了交换。这是因为，x 和 a 指向同一张列表[4,5]，y 和 b 指向同一张列表[6,7]。因此 x[0]就是 a[0]，y[0]就是 b[0]。进入 Swap 函数，执行完 tmp=x[0]时，情况如图 7.1.8 所示。

Swap 交换了 x[0]和 y[0]，也就交换了 a[0]和 b[0]。因此该函数执行完时，情况如图 7.1.9 所示。

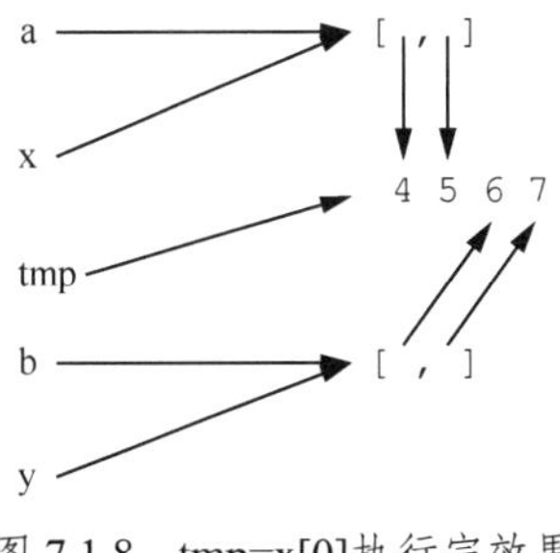

图 7.1.8　tmp=x[0]执行完效果

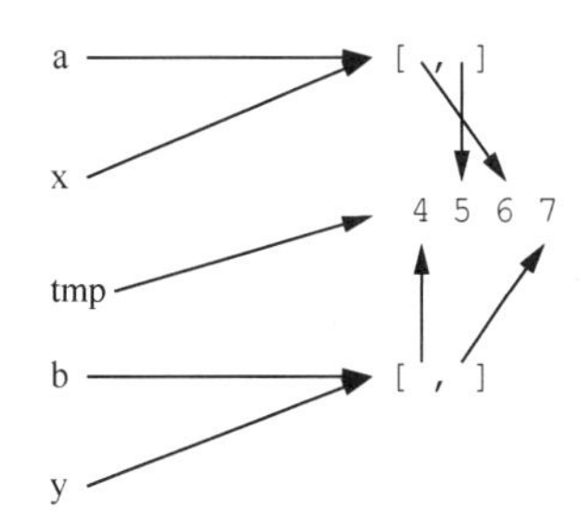

图 7.1.9　Swap 执行完效果

由于 a 和 x 指向相同的地方，所以 x[0]变了，a[0]自然也变。b 和 y 的关系亦然。

函数的返回值也是指针。假设函数中的返回语句是 return x，如果 x 是变量，则返回值和 x 指向相同的地方；如果 x 是一个非变量的表达式，那么返回值指向这个表达式的计算后的值。**可赋值的东西都是指针，但是指针未必都可赋值。**例如函数的返回值，就是不可赋值的。比如 f 是个无参数的函数，f()的返回值就是指针。a=f() 是用 f 的返回值对 a 进行赋值，使得 a 和 f 的返回值指向同一个地方。但 f()=100 这种写法是不可行的。

7.2 字符串详解

7.2.1 转义字符

转义字符

在字符串中，“\” 及其后面的某些字符会构成转义字符，即两个字符当一个字符看。例如：

```
print("hello\nworld\tok\"1\\2")
```

输出：

```
hello
world   ok"1\2
```

'\n' 并不是两个字符，'\' 和后面的 'n' 被合在一起当作一个字符看待，这个字符就是换行符，于是在输出时，hello 后面换行了。因此，我们说 '\n' 是一个转义字符，因为它的含义变化了。同理，'\t' 也不是两个字符，它也是一个转义字符，代表制表符，所以输出时，world 和 ok 之间会有几个空格。

'\"' 也是转义字符，它代表双引号。在一个以双引号括起来的字符串里面，如果出现了双引号，可能会让人比较困惑，因为双引号本来会标志字符串的结束。为避免这种困惑，在字符串里面可以用 '\"' 来表示双引号。当然，改用单引号括起包含双引号的字符串也能解决这个麻烦。另外，'\'' 也是转义字符，就代表单引号。

如果想在字符串里面包含字符 '\' 怎么办呢？只写一个 '\' 是不保险的，因为它有可能和它后面的那个字符合并起来被当作转义字符看待。Python 规定字符串里连续的两个 '\' 会被当作一个 '\' 看待，因此保险的办法就是用两个 '\' 表示一个 '\' 。字符串 'a\\c' 其实只包含 3 个字符，print 出来就是 a\c。

并不是所有字符出现在 '\' 后面，都会和 '\' 构成转义字符，例如：

```
print('\d')
```

会输出：

```
\d
```

因为 'd' 不会和 '\' 合在一起被当作一个转义字符，所以 '\\d' 和 '\d' 其实一样。而：

```
print('a\ac')
```

会输出：

```
ac
```

因为 'a' 会和 '\' 合在一起被当作一个转义字符，这个转义字符是个一般不会用到的怪字符，也没法正常显示。

记住哪些字符跟在 '\' 后面会形成转义字符，哪些不会，是没有必要的。用到的时候试一下即可。需要在字符串里面表示 '\' 的时候，不妨都写 '\\'。

Python 也照顾了讨厌转义字符的程序员。只要在字符串前面加 'r'，那么字符串里面的 '\' 就真的只是 '\'，不会起转义的作用了，实在是非常贴心：

```
print(r'a\nb')          #>>a\nb
print(r"a\\b\tc\'d")    #>>a\\b\tc\'d
```

☹ **常见错误**：'\n' 这样的转义字符，只能出现在字符串里面，必须用各种引号括起来。print(a\nb) 不合法，不会打出 a 的值，然后换行，再打出 b 的值。不要笑，这是不止一个初学者会犯的错误。

顺便提一下，Python 中还有 u 打头的字符串，如 u'ok 你好'，和普通字符串没任何区别。

7.2.2 三单引号和三双引号字符串

Python 是作者见过的最重视字符串的语言。其他语言一般只有一种字符串，就是用双引号括起来的，Python 却把字符串玩出了各种花样。

如果想在字符串中不使用 '\' 转义就可以自由使用单引号和双引号，还希望字符串可以多行，那么可以写三单引号括起来的字符串。例如：

```
print( '''三单引号的\n字符串。
He said:'I said:"I'm ok."'
ONCLICK="window.history.back()"></FORM>
</BODY></HTML>''')
```

程序输出：

```
三单引号的
字符串。
He said:'I said:"I'm ok."'
ONCLICK="window.history.back()"></FORM>
</BODY></HTML>
```

把三单引号换成三双引号 """ 也是一样的效果。

有一种所谓的 Python 的多行注释，是个“以讹传讹”的典型例子。几乎每本作者读过的教材，和无数网上资料都说，Python 支持以 '''（或"""）开头和结尾的多行注释。例如下面这个可以运行的程序中的第 2 行到第 5 行就是“多行注释”：

```
1.  a = input()
2.  '''
3.  this is comment
4.  这里是注释
5.  '''
6.  print(a)
7.  "那这个岂不也是注释"
8.  print("hello")
```

其实这所谓“多行注释”（以下简称“伪注释”），并不是注释，而是字符串。在 Python 开发环境中，“伪注释”呈现字符串的颜色，而不是注释的颜色。而且，“伪注释”开头的 ''' 并不能随意缩进，这充分证明它不是注释。如果它也能算注释，那么上面程序第 7 行也可以说是单行注释，岂不字符串就是注释？这成何体统。使用“伪注释”，可能没有什么伤害，但业余性极强。在作者看来甚至很好笑，因为其性质和声称下面这条没用的赋值语句是“注释”一样。

```
x = "本条语句是注释哦。下面这段程序的功能是统计存款总数……"
```

7.2.3　在字符串中使用编码代替字符

字符串中的 '\u' 是一个转义字符，它后面必须跟 4 个十六进制数字（'0'～'9' 和 'A'～'F'，大小写均可），代表一个字符的 Unicode 编码。例如，'a' 的 Unicode 编码是 0x0061，'好' 的 Unicode 编码是 0x597d，因此, print("k\u0061\u597dQ 看") 输出：

```
ka好Q看
```

可以看到，在字符串中，用 'a' 的编码 '\u0061' 可以替代 'a'，用 '好' 的编码 '\u597d' 可以替代 '好'。

字符串中的 '\x' 也是一个转义字符，它后面必须跟 2 个十六进制数字，代表一个字符的 ASCII 编码。例如，print("\x61\x62 好 a 高\x63")输出：

```
ab好a高c
```

因为 'a' 的 ASCII 编码是十六进制的 61。

7.2.4 字符串的切片

字符串的切片

字符串的切片分为两种。一种是子串，即字符串中连续的一部分，当然也可以是整个字符串；另一种是抽取字符串中不连续但相同间隔的若干字符，按原顺序拼成的字符串。

若 a 是字符串，则 a[x:y]可以表示 a 的子串。其中，x,y 都是值为整数的表达式。a[x:y]所表示的子串，起点是下标为 x 的字符，终点是下标为 y 的字符，但是终点不算在内。x 也可以省略不写，那么起点就是字符串开头；y 也可以省略不写，那么子串就一直取到字符串的最后一个字符（最后一个字符也算）。如果 y 大于等于字符串长度，则一直取到最后一个字符。例如：

```
a = "ABCD"
print (a[1:2])          #>>B      下标为 2 的字符'C'不算在内
print (a[0:-1])         #>>ABC    下标为-1 的字符'D'不算在内
print (a[-3:-1])        #>>BC
print (a[2:])           #>>CD     终点省略就是一直取到最后一个字符
print (a[:3])           #>>ABC    起点省略就是从头开始取
print("abcd"[2:3])      #>>c
```

可以用 a[x:y:z]来从字串 a 中抽取若干字符拼成一个字符串。抽取字符的规则是：以 a[x]为起点，每隔|z|-1 个字符取一个，终点为 a[y]（**但是终点 a[y]不能取**）。z 是正数，则从左往右取；z 是负数，则从右往左取。x，y 可以省略。如果 x 省略，则是从头开始取，如果 y 省略，则一直可以取到最后一个字符。如果 x，y 都省略，则从头取到尾或从尾取到头：

```
1.  print("12345678"[1:7:2])  #>>246
2.  print("1234"[3:1:-1])     #>>43
3.  print("12345678"[7:1:-2]) #>>864
4.  print("12345678"[1::2])   #>>2468
5.  print("abcde"[::-1])      #>>edcba
```

第 1 行：从下标 1 的字符 '1' 开始取，每隔 1 个字符取一个，终点是下标 7 的字符，但是下标 7 的字符 '8' 不能要，因此取出来的字符串就是 '246'。

第 2 行：−1 表示要从右到左取，且是依次取。从下标 3 的字符 '4' 开始取，终点是下标 1 的字符 '2'，但是下标 1 的字符不能要。因此取出来的就是 '43'。

第 3 行：从下标 7 的字符起，从右到左，每隔一个字符取一个，终点是下标 1 的字符。

第 4 行：y 省略了，所以可以一直取到最后一个字符。

第 5 行：x，y 都省略，而且−1 表示从右到左依次取，那么结果就是原字符串颠倒过来。要颠倒一个字符串可以用这个办法。

7.2.5 字符串的分割

字符串的分割

若 s 和 x 都是字符串，则 s.split(x)用 x 做分隔串分割 s，得到一个由分割后的子串构成的列表。分割的规则是：字符串开头和分隔串之间，两个分隔串之间，分隔串和字符串结尾之间，都会分割出一个子串。若上述两者之间没有字符，则分割出一个空串。比如，两个挨着的分隔串之间会分割出一个空串。示例程序如下：

```
#prg0460.py
1.  a = "12..34.534 6...a."
2.  print(a.split("."))   #>>['12', '', '34', '534 6', '', '', 'a','']
3.  print(a.split(".."))  #>>['12', '34.534 6', '.a.']
4.  print(a.split("34"))  #>>['12..', '.5', ' 6...a.']
5.  print("a\nb.c\n".split(".")) #>>['a\nb', 'c\n']
```

第 2 行：用 '.' 作分隔串。字符串开头到第一个 '.' 之间是子串 '12'，第一个 '.' 和第二个 '.' 之间是空串 ''，第二个 '.' 和第三个 '.' 之间是子串 '34'……第四个 '.' 和第五个 '.' 之间是空串 ''，第五个 '.' 和第六个 '.' 之间还是空串 ''……最后一个 '.' 和字符串结尾之间没有字符，所以会分割出一个空串。此时，空格不是分隔串，所以会分出 '534 6'。

第 3 行：用 '..' 做分隔串，分割出 '12'，'34.534 6'，'.a' 这三个子串。a 中的 '...' 不能视为重叠的两个 '..'，只能看作一个分隔串加一个 '.'。

第 4 行：分隔串不一定由标点符号组成，任何字符串，如 '34'，都可以作为分隔串。

上面的字符串分割方式，分隔串是确定的一个字符串，有局限性。如果想要在一个英文的句子里面分割出一个个单词，则应该让空格以及各种标点符号都能成为分隔串。这样上面的单一分隔串的分割方法就不适用了。

Python 自带的正则表达式库 re 里的 re.split 函数支持多个分隔串的字符串分割。用法如下：

```
re.split(x,s)
```

s 是待分割的字符串，x 是由分隔串拼成的字符串，x 中的分隔串用 '|' 隔开。分割得结果是一个子串的列表。例如：

```
#prg0470.py
1.  import re
2.  a = 'Beautiful, is; better*than\nugly.Right?'
3.  print(re.split(';| |,|\*|\n|\.|\?',a))
```

第 3 行的 ';| |,|*|\n|\.|\?' 表明：分号、空格、逗号、星号、换行符、“.”、问号，都是分隔串，用这些分隔串来分割字符串 a。输出结果是：

```
['Beautiful', '', 'is', '', 'better', 'than', 'ugly', 'Right', '']
```

re.split(x,s)里的 x 是个称为“正则表达式”的字符串。正则表达式有一些特殊的语法，规定以下字符：

```
? ! . " ' ( ) | * $ \ [ ] ^ { }
```

必须以前面加 '\' 的形式表示。也就是说，x 中的 '\.' 就是 '.'，'*' 就是 '*'，'\?' 就是 '?'。

7.2.6 字符串的成员函数

字符串有许多成员函数，简称“字符串的函数”，可以对字符串进行各种操作。“字符串有函数 f”或“f 是字符串的函数”的意思是，如果 s 是一个字符串，则可以用 s.f(参数 1,参数 2,......)的形式调用函数 f。后文会提到元组的函数、列表的函数、字典的函数等，都是这个意思。

字符串的函数名称、作用及示例如下（假设 s 是个字符串）。

1. s.count(x) 求子串 x 在 s 中出现的次数

```
s = 'thisAAbb AA'
print(s.count('AA'))        #>>2      因 AA 在 s 中出现 2 次
```

2. s.upper()、s.lower()分别返回 s 的大写形式和小写形式，不会改变 s

```
print("abc".upper(),"Hello,小明".lower())        #>>ABC hello,小明
```

3. s.join(x)返回将序列 x 中的各项用 s 连接起来而得到的字符串

```
print("AA".join(['1','23','4']))    #>>1AA23AA4
print("".join(['1','23','4']))      #>>1234
print(",".join("abcd"))             #>>a,b,c,d
```

4. s.find(x)、s.rfind(x)、s.index(x)、s.rindex(x) 在 s 中查找子串 x

在 s 中查找子串 x，返回第一次找到的位置（下标）。找不到的话，find 返回-1,index 引发异常。find 和 index 是从左到右找，rfind 和 rindex 则是右到左找。

```
s="1234abc567abc12"
print(s.find("ab"))   #>>4   "ab"第一次出现在下标 4 的位置
print(s.rfind("ab"))  #>>10  从尾找起，"ab"第一次出现在下标 10 的位置
try :
    s.index("afb")     #找不到"afb"因此会产生异常
except Exception as e:
    print(e)           #>>substring not found
```

find 还可以指定查找起点。find(x,n)表示从下标 n 处开始查找子串 x：

```
s="1234abc567abc12"
print(s.find("12",4))  #>>13 指定从下标 4 处开始查找
```

rfind,index,rindex 同样可以指定查找起点。

5. s.replace(x, y)返回将 s 中子串 x 替换成 y 后的结果，s 不变

```
s="1234abc567abc12"
b = s.replace("abc","FGHI")           #b 由把 s 里所有 abc 换成 FGHI 而得
print(b)                              #>>1234FGHI567FGHI12
print(s.replace("abc",""))            #>>123456712 用空串替换"abc"等于删除"abc"
```

6. s.isdigit()、s.islower()、s.isupper()分别判断 s 是否全部由数字组成、是否其中的字母都是小写、是否其中的字母都是大写

```
print("123.4".isdigit())             #>>False
print("123".isdigit())               #>>True
print("a123.4".isdigit())            #>>False
print("Ab123".islower())             #>>False
print("ab123".islower())             #>>True
print("aB123".isupper ())            #>>False
```

7. s.startswith(x)、s.endswith(x)分别判断 s 是否以字符串 x 开头、是否以 x 结尾

```
print("abcd".startswith("ab"))       #>>True
print("abcd".endswith("bcd"))        #>>True
print("abcd".endswith("bed"))        #>>False
```

8. s.strip()、s.lstrip()、s.rstrip()分别求字符串去除两端、左端、右端的空白字符后的结果。s不变。空白字符包括：空格、'\r'、'\t'、'\n'等

```
print ( " \t12 34 \n ".strip())          #>>12 34
print ( " \t12 34 5".lstrip())           #>>12 34 5
```

9. s.strip(x)、s.lstrip(x)、s.rstrip(x)分别求除去两端、左端、右端在x中出现的字符后的字符串

```
print( "takeab \n".strip("ba \n"))      #>>take
#去除两端的 'b','a',' ','\n'
print ( "cd\t12 34 5".lstrip("d\tc"))   #>>12 34 5
#去除左端的 'd','\t','c'
```

7.2.7 字符串的格式化

把一些变量或常量或表达式的值，按照一定格式填到一个字符串里面，叫字符串的格式化。使用格式控制符，可以进行字符串格式化，例如：

```
"%.2f,%d,%s" % (5.225, 78,"hello")
```

可以得到字符串 "5.22,78，hello"，这就是字符串的格式化。

字符串还提供format函数，用以返回一个格式化后的字符串，其使用方法是：

```
s.format(参数0,参数1,参数2......)          #s是个字符串
```

字符串s中可以带有"槽"。槽的基本格式如下：

```
{<参数序号>:<填充字符><对齐方式><输出宽度><.精度><类型>}
```

上面的每一项都可以被省略。

s.format返回将s中的槽用参数替代以后得到的字符串。例如：

```
#prg0480.py
1.   x = "Hello {0} {1:10},you get ${2:.4f}".format("Mr.","Jack",3.2)
2.   print(x) #>>Hello Mr. Jack      ,you get $3.2000
3.   x = "Hello {1} {0:>10},are you ok?".format("Jack", "Mr.")
4.   print(x) #>>Hello Mr.       Jack,are you ok?
```

第1行：{0}表示此处应该用format函数里面的参数0，即"Mr."替换。{1:10}表示此处应该被参数1替换，且输出宽度至少是10。若输出宽度不足，用填充字符补齐宽度。{1:10}这个槽里没有写填充字符，那填充字符就是空格；这个槽里也没有写对齐方式，那么对齐方式就是左对齐，即填充字符补在右边。因此输出出来Jack右边有6个空格。{2:.4f}表示该槽应被参数2即3.2替换，数据类型是小数，且小数点后面保留4位。

第3行：请注意槽里的参数序号可以和槽的位置无关，本行对应参数1的槽先于对应参数0的槽出现。{0:>10}中的">"代表对齐方式，表示右对齐，即宽度不足10时，填充字符补在左边。所以输出Jack左边有6个空格。"<"代表左对齐；"^"代表中对齐，即填充字符均匀补在两边。

一个完整的槽如下：{1:*^10.4f}，表示此处应用参数1替换，参数1应是小数，以宽度至少是10字符，中对齐，填充字符'*'，保留小数点后面4位的方式输出。因此

```
print("The number is {1:*^10.3f}.".format(0,3.12346))
```

输出结果是：

```
The number is **3.123***.
```

如果就是要在字符串中写花括号"{}"，不想它被当作槽，那就写两次：

```
print("{{Jack}} is {}".format("good")) #>>{Jack} is good
```

7.2.8 f-string

f-string 是从 Python 3.6 开始支持的一种以“F”或“f”打头的字符串。用 f-string 实现字符串的格式化，比 format 函数更方便。f-string 和 format 函数一样，都要使用“槽”，但是，它比 format 函数的高级之处在于，可以把变量，甚至**任何有定义的表达式**，写到槽里面，而且 f-string 的槽的格式更加多样、复杂。f-string 的最简单用法如下：

```
name,age = "Jack",18
print(f"My name is {name}.I'm {age} years old.")
```

第二行的字符串，以“f”开头，因此是个 f-string。槽里面的 name 和 age，不再是字符串，而是变量名，会被变量的值替代。上面程序输出：

```
My name is Jack.I'm 18 years old.
```

将变量写到字符串里的梦想终于在 Python 进化到 3.6 版本以后实现了。

槽内格式控制的规则，和 format 函数类似：

```
#prg0490.py
a,b = 11,4
print(f"The sum is {a+b:.4f},or {a+b:*>10x}") #x 表示十六进制形式
#>>The sum is 15.0000,or *********f
print(f"Square of a is:{(lambda x:x*x)(a)}")  #>>Square of a is:121
```

可见，f-string 中槽里面的表达式，如上面的 a+b,(lambda x:x*x)(a)，会被计算。

7.3 元组

7.3.1 元组的基本概念

元组的概念

元组是类似于列表的数据类型，也是元素的有序集合，元素可以根据下标来查看。元组和列表最大的区别是：元组不可修改。

元组表示形式如下：

```
(元素 0,元素 1,元素 2.....)
```

有时括号也可以省去。没有元素的空元组，就是()。

```
1.  t = (12,)                         #t 是一个单元素的元组
2.  t = (12,'ok')                     #t 是一个两元素的元组
3.  t = 12345, 54321, 'hello!'        #t 是一个三元素的元组
4.  print(t[0])                       #>>12345
5.  print(t)                          #>>(12345, 54321, 'hello!')
```

```
6.  u = t, (1, 2, 3, 4, 5)          #u有两个元素，两个元素都是元组
7.  print(u)                        #>>((12345, 54321, 'hello!'), (1, 2, 3, 4, 5))
8.  print(u[0][1])                  #>>54321
9.  print(u[1][2])                  #>>3
10. t[0] = 88888                    #运行错误，不可对元组的元素进行赋值
```

第 1 行：(12,)表示一个元组，里面只有一个元素 12。(12) 则不是元组，就表示整数 12。想表示单元素元组，要在元素后面加“,”。

第 2 行：对 t 重新赋值，就是让变量 t 指向别处而已，并没有和“元组不可修改”的说法矛盾。

第 3 行：有的情况下表示元组的时候，括号可以去掉。

第 6 行：u 是有两个元素的元组。这两个元素都是元组，分别是 t 和(1,2,3,4,5)。

第 8 行：u[0][1]表示 u[0]的下标为 1 的元素，那就是 t[1]。

和列表一样，元组的元素也是指针，但是这个指针只能指向固定的地方，不能修改指向。换句话说，就是不可对元组的元素赋值。正如上面第 10 行所示。

说元组不可修改，准确地说是指元组不支持以下操作。

（1）对元组的元素进行赋值。

（2）对元组添加元素，或者删除元素。

（3）改变元组元素的顺序，例如对元组排序。

许多教材和网上资料提到“元组元素不能修改”，这个说法不准确，或者含义不明。准确的说法是元组的元素不能被赋值。元组的元素是指针，该指针指向的内容并非不可被修改。例如，如果元组的元素是个列表（或字典、集合），那么这个列表（或字典、集合）是可以被修改的：

```
#prg0500.py
1.  v = ("hello",[1, 2, 3], [3, 2, 1]) #[1, 2, 3]是列表
2.  v[1] = 32               #运行错误，元组元素不可修改成指向别处
3.  v[1][0] = 'world'       #v[1]指向的内容可以被修改
4.  print(v)                #>>('hello', ['world', 2, 3], [3, 2, 1])
5.  print(len(v))           #>>3
6.  t = [1,2]
7.  v = (t,t)               #v的两个元素都和t指向相同的地方
8.  print(v)                #>>([1, 2], [1, 2])
9.  t[0] = 'ok'             #t变化会影响v
10. print(v)                #>>(['ok', 2], ['ok', 2])
11. t = 8                   #让t指向别处不会影响到v
12. print(v)                #>>(['ok', 2], ['ok', 2])
```

第 1 行：元组 v 的元素 v[1]和 v[2]都是列表。

第 2 行：试图对元组的元素进行赋值，这是不允许的。

第 3 行：v[1]是个指针，指向列表[1,2,3]。可以修改 v[1]指向的内容，即将列表[1,2,3]中的 1 改成了 'world'。因此第 4 行输出 v 可以看到 v[1]的内容变成了['world',2,3]。对 v[1][0]进行赋值，并不是对元组 v 的元素赋值。只有对 v[0],v[1],v[2]......进行赋值，才算是对元组元素进行赋值。

第 7 行：元组 v 的两个元素都和 t 指向相同的地方。若 t 指向的内容发生了变化，正如第 9 行所做的，那么 v 的内容自然也会发生变化，正如第 10 行输出结果所示。

第 11 行：让 t 指向别处，自然不会影响到 v，正如第 12 行输出 v 结果所示。

打个比方，所谓的元组不可修改，类似于组建了一支球队，规定球队建好后不可换人，不可加人，不可减人，不可修改队员号码。但是队员换个发型，增加体重，受伤缺胳膊少腿，甚至长出三头六臂，都是可以的。

有的函数，看上去像返回了多个值，实际上是返回了一个元组，例如：

```
def sumAndDifference(x,y):
    return x+y,x-y                  #等价于 return (x+y,x-y), 返回元组
s,d = sumAndDifference(10,5)        #返回值是元组 (15,5)
print(s,d)                          #>>15 5
```

第三行也可以写成 (s,d)=sumAndDifference(10,5)。

7.3.2 元组的操作

元组和字符串一样，有切片的操作，操作方法也基本相同。元组的切片也是元组。元组可以用“+”连接。用 in 和 not in 可以判断元素是否在元组里面。两个元组还可以比大小。元组可以和整数相乘。元组可以用 for 循环遍历。

```
#prg0510.py
1.  tup2 = (1, 2, 3, 4, 5, 6, 7 )
2.  print(tup2[1:5])              #>>(2, 3, 4, 5)
3.  print(tup2[::-1])             #>>(7, 6, 5, 4, 3, 2, 1)
4.  print(tup2[-1:0:-2])          #>>(7, 5, 3)
5.  tup1 = (12, 34.56)
6.  tup2 = ('abc', 'xyz')
7.  tup3 = tup1 + tup2            #创建一个新的元组
8.  print (tup3)                  #>>(12, 34.56, 'abc', 'xyz')
9.  tup3 += (10,20)               #等价于 tup3=tup3+(10,20), 新建了一个元组
10. print(tup3)                   #>>(12, 34.56, 'abc', 'xyz',10,20)
11. print((1,2,3) * 3)            #>>(1, 2, 3, 1, 2, 3, 1, 2, 3)
12. print( 3 in (1,2,3))          #>>True
13. for i in (1,2,3):             #此循环输出 123
14.     print(i,end = "")
```

需要注意的是，第 9 行并不是在 tup3 尾巴直接添加 10 和 20 两个元素。它的效果是新生成一个元组 tup3+(10,20)，然后把新元组赋值给 tup3。

元组可以比大小，可以用“==”和“!=”判断是否相等。两个元组 a 和 b 比大小，就是逐个元素比大小，直到分出胜负。如果 a 的最后一个元素都比完了还胜负未分，且 b 比 a 长，则 a 比 b 小。如果有两个对应元素不可比大小，则产生运行时错误。例如：

```
15. print((1,'a',12 ) < (1,'b',7))      #>>True
16. print((1,'a' ) < (1,'a',13))        #>>True
17. print((2,'a' ) > (1,'b',13))        #>>True
18. print((2,'a' ) < ('ab','b',13))     #Runtime Error
```

第 18 行，因 2 和 'ab' 不能比大小，于是导致程序出错。

有时元组可以用来取代复杂的分支结构。例如输入 1～7，相应输出星期一到星期天，这个问题如果用 if...elif 语句解决，就要写很多个 elif，不太方便。用上元组，可以不写 if 语句：

```
1.  weekdays = "Monday","Tuesday","Wednesday","Thursday", \
2.           "Friday","Saturday","Sunday"
3.  n = int(input())
4.  if  n > 7 or n < 1:
5.      print("Illegal")
6.  else:
7.      print(weekdays[n-1])
```

7.4 列表详解

7.4.1 列表基础用法

列表非常重要。

进一步学习列表之前，请读者再次对自己强调一下：**列表的元素都是指针。**

列表是可以修改的——可以对元素赋值，可以添加和删除元素，可以修改元素顺序，比如进行排序。元组支持的各种操作，列表同样支持。例如：

```
#prg0520.py
1.  empty = []                      #[]表示空列表
2.  list1 = ['Pku', 'Huawei', 1997, 2000]
3.  list1[1] = 100                  #列表元素可以赋值
4.  print(list1)                    #>>['Pku', 100, 1997, 2000]
5.  del list1[2]                    #删除元素
6.  print (list1)                   #>>['Pku', 100, 2000]
7.  list1 += [100,110]
8.  #添加另一列表的元素 100 和 110，在 list1 原地添加，没有新建一个列表
9.  list1.append(200)               #添加元素 200，append 用于添加单个元素
10. print(list1)                    #>>['Pku', 100, 2000, 100, 110, 200]
11. list1.append(['ok',123])        #添加单个元素
12. print(list1) #>>['Pku', 100, 2000, 100, 110, 200, ['ok', 123]]
13. a = ['a', 'b', 'c']
14. n = [1, 2, 3]
15. x = [a, n]                      #a,n 若变，x 也变
16. a[0] = 1
17. print(x)                        #>>[[1, 'b', 'c'], [1, 2, 3]]
18. print(x[0])                     #>>[1, 'b', 'c']
19. print(x[0][1])                  #>>b
```

第 5 行：写 list1.pop(2)也可以。pop 函数还能返回被删除的元素。

第 7 行：对于两个列表 a 和 b，a+=b 会将 b 中的元素添加到 a 的末尾。对列表来说，a+=b 和 a=a+b 是不等价的。后者在“=”右边新生成一张列表，然后将 a 重新赋值为指向该新列表。而前者并没有对 a 重新赋值，直接在 a 的末尾添加进列表 b 的元素。下面这个程序能体现二者不同：

```
b = a = [1,2]
a += [3]      #b 和 a 指向相同地方，在 a 末尾添加元素，b 也受影响
print(a,b)    #>>[1, 2, 3] [1, 2, 3]
```

```
a = a + [4]   #对a重新赋值，不会影响到b
print(a)      #>>[1, 2, 3, 4]
print(b)      #>>[1, 2, 3]
```

prg0520.py 的第 9 行：append 函数用于在列表末尾添加单个元素。因此本行将元素 200 添加到 list1 末尾。第 11 行将列表['ok',123]作为一个元素添加到 list1 的末尾。若 a 是列表，则 a.append(x)和 a+=[x]是等价的，都是把元素 x 添加到 a 末尾。

如果想要在列表中间插入元素，可以用列表的函数 insert，后文还会提到。要想替换列表中间的连续若干个元素，可以使用列表切片。列表的切片返回新的列表，用法和元组切片基本相同：

```
#prg0530.py
1.  a = [1,2,3,4]
2.  b = a[1:3]
3.  print(b)              #>>[2, 3]
4.  b[0] = 100
5.  print(b)              #>>[100, 3]
6.  print(a)              #>>[1, 2, 3, 4]
7.  print(a[::-1])        #>>[4, 3, 2, 1]
8.  print([1,2,3,4,5,6][1:5:2])  #>>[2,4]
9.  print(a[:])           #>>[1,2,3,4]
10. a[1:3] = ['ok','good','well']
11. print(a)              #>>[1, 'ok', 'good', 'well', 4]
12. a[1:3] = []
13. print(a)              #>>[1, 'well', 4]
```

列表的切片是一张新的列表，因此上面第 2 行的 b 就是新列表，不是 a 的一部分。因此第 4 行修改了 b[0]，不会影响到 a。

第 9 行：a[:]这个切片，省略起点和终点，那么它就是 a 的拷贝。注意，它是一张新的列表。

第 10 行：对列表的切片进行赋值时，等号右边必须是个序列（如列表、字符串等）。赋值的结果是切片被替换成序列中的元素，如第 11 行输出所示。列表切片赋值这件事很"打脸"，它成了作者前面说过的"所有可赋值的东西都是指针"和"列表的切片是新列表"这两个说法的例外。作者认为 Python 语言在这一点上设计得不太合理。

列表相加可以得到新的列表：

```
1.  a = [1,2,3,4]
2.  b = [5,6]
3.  c = a + b     #>>[1, 2, 3, 4, 5, 6]
4.  print(c)
5.  a[0] = 100
6.  print(c)      #>>[1, 2, 3, 4, 5, 6]
```

第 3 行：a+b 是一张新的列表，c 指向该列表。修改 a 或 b 的元素都不会影响到 c，正如第 5、6 行所示。

列表可以和整数相乘，得到新列表：

```
#prg0540.py
1.  print([True] * 3)     #>>[True, True, True]
2.  a = [1,2]
3.  b = a * 3
4.  print(b)              #>>[1, 2, 1, 2, 1, 2]
5.  print([a*3])          #>>[[1, 2, 1, 2, 1, 2]]
```

```
6.  c = [a] * 3
7.  print(c)                #>>[[1, 2], [1, 2], [1, 2]]
8.  a.append(3)
9.  print(c)                #>>[[1, 2, 3], [1, 2, 3], [1, 2, 3]]
10. print(b)                #>>[1, 2, 1, 2, 1, 2]
```

如果 a 是列表，n 是整数，则 a*n 就是一张新列表，其内容是 a 中的内容写 n 遍，如上面第 3、4 行所示，a*n 生成以后，和 a 没有任何联系。[a]*n 是一张新列表，里面写了 n 个 a，即里面 n 个元素都是指针，和 a 指向同一张列表。因此第 8 行在 a 后面添加了元素，c 也跟着变，但是 b 不受影响。

第 5 行：[a*3]是一个列表，里面只有一个元素，就是 a*3。而 a*3 是[1,2,1,2,1,2]，所以[a*3]就是[[1,2,1,2,1,2]]。

```
#prg0550.py
1.  a = [[0]] * 2 + [[0]] * 2
2.  print(a)      #>>[[0], [0], [0], [0]]
3.  a[0][0] = 5
4.  print(a)      #>>[[5], [5], [0], [0]]
```

执行完第 1 行，a 的情况如图 7.4.1 所示。

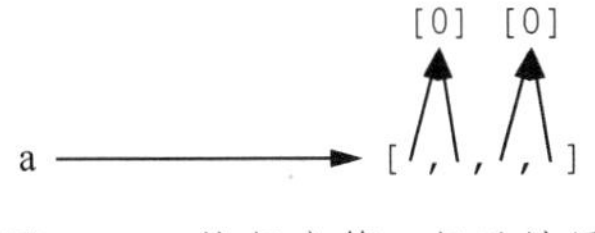

图 7.4.1 执行完第一行后效果

a[0]、a[1]指向同一个列表[0]，a[2]、a[3]指向另一个列表[0]。所以，修改 a[0][0]，a[1][0]跟着变，但是 a[2][0]、a[3][0]不变。

上面的两个程序实在有点烧脑，尤其是 prg0550.py。但这绝不是在钻牛角尖或者语法炫技，这两个程序体现的是重要的基本概念。记不清是哪一天，一个学习作者慕课的学员，在论坛贴出一段他找不出 bug 的程序求教，作者发现他犯错误就是因为没有搞清 prg0550.py 所表达的概念，所以本书才有了 prg0550.py。

两个列表可以比大小，规则和元组比大小相同，就是逐个元素比大小，直到分出胜负。如果有两个对应元素不可比大小，则导致运行时错误。两个列表也可以用“==”和“!=”比较是否相等。

可以用 for 循环来遍历一个列表：

```
1.  lst = [1,2,3,4]
2.  for x in lst:
3.      print(x,end = " ")      #>>1 2 3 4
4.      x = 100                 #不会修改列表的元素
5.  print(lst)                  #>>[1, 2, 3, 4]
6.  for i in range(len(lst)):  #要依次修改列表元素就这么写
7.      lst[i] = 100
8.  print(lst)                  #>>[100, 100, 100, 100]
```

第 2 行：x 的值依次是 lst[0],lst[1],......。但是要注意，x 并不是 lst 中的元素，它只是和 lst 中的元素指向同一个地方。因此第 4 行，对 x 赋值只是改变 x 的指向，不会导致对列表元素的修改。

例题 7.4.1.1：校门外的树（P058）

例题：校门外的树

某校大门外长度为 L 米的马路上有一排树，每两棵相邻的树之间的间隔都是 1 米。可以把马路看成一个数轴，马路的一端在 0 的位置，另一端在 L 的位置；数轴上的每个整数点，即 0,1,2,......,L，都种有一棵树。

马路上有一些区域要用来建地铁。这些区域用它们在数轴上的起始点和终止点表示。已知任一区域的起始点和终止点的坐标都是整数，区域之间可能有重叠的部分。现在要把这些区域中的树（包括区域端点处的两棵树）移走。你的任务是计算将这些树都移走后，马路上还有多少棵树。

输入：第一行有两个整数 L（1<=L<=10000）和 M（1<=M<=100），L 代表马路的长度，M 代表区域的数目，L 和 M 之间用一个空格隔开。接下来的 M 行每行包含两个不同的整数，用一个空格隔开，表示一个区域的起始点和终止点的坐标。

输出：一行，这一行只包含一个整数，表示马路上剩余的树的数目。

样例输入

```
500 3
150 300
100 200
470 471
```

样例输出

```
298
```

解题思路：要记住每棵树是不是被移走，可以为每棵树设置一个标记来记录此事。用列表来存放这些标记是很自然的。假设列表叫 good，那么 good[i]为 True 则表示坐标为 i 的那棵树还在，为 False 表示不在。当读取到一个区间[s,e]时，就要把 good[s]到 good[e]的每个元素都变为 False。最后数一下 good 里面还有多少个 True，就是有多少棵树还在。

解题程序：

```
#prg0560.py
1.  s = input().split()
2.  L,M = int(s[0]),int(s[1])
3.  good = [True] * (L+1)        #开始所有树都在
4.  for i in range(M):
5.      s = input().split()
6.      start,end = int(s[0]),int(s[1])
7.      for k in range(start,end + 1):
8.          good[k] = False       #坐标 k 处的树被移走了
9.  print(sum(good))              #sum 是 Python 函数，可以求列表元素和
```

第 9 行：sum 是 Python 的函数。若 x 是一个由数构成的列表，则 sum(x)就能求 x 中所有元素的和。在 Python 中，True 和 1 是完全等价的，False 和 0 是完全等价的。因此 sum(good)是多少，就说明 good 中有多少个 True。

上面这个程序执行效率并不高，即计算速度不够快。第 8 行被执行的次数等于所有区间的长度之和。假设每个区间的平均长度是 L/2，那么第 8 行就一共会被执行 M×L/2 次。实际上好的算法可以做到操作的次数是 $M\times\log_2(M)$这个量级的。当 L 明显大于 $\log_2(M)$时，运行时间的差距就会很明显。

7.4.2 列表的成员函数

列表常用的成员函数见表 7.4.1，其他成员函数还请读者自行探索。

表 7.4.1　列表常用的成员函数

函数	功能
count(x)	计算列表中有多少个 x
append(x)	添加元素 x 到尾部
copy()	返回自身的复制（浅复制）
extend(x)	添加列表 x 中的元素到尾部
index(x)	查找元素 x，找到则返回第一次出现的下标，找不到则引发异常
insert(i,x)	将元素 x 插入到下标 i 处
pop(i)	删除并返回下标为 i 的元素。i 省略则删除最后一个元素
remove(x)	删除元素 x。如果有多个 x，只删除第一个。若 x 不存在，则引发异常
reverse()	颠倒整个列表
sort()	排序

部分列表成员函数用法示例如下：

```
#prg0570.py
1.  a,b = [1,2,3],[5,6]
2.  a.append(b)                 #将 b 作为元素添加到 a 尾部
3.  print(a)                    #>>[1, 2, 3, [5, 6]]
4.  b.insert(1,100)             #将 100 插入到下标 1 的位置，b 变为[5, 100, 6]
5.  print(a)                    #>>[1, 2, 3, [5, 100, 6]]
6.  a.extend(b)                 #将 b 中的元素添加到 a
7.  print(a)                    #>>[1, 2, 3, [5, 100, 6], 5, 100, 6]
8.  a.insert(1,'K')
9.  a.insert(3,'K')
10. print(a)                    #>>[1, 'K', 2, 'K', 3, [5, 100, 6], 5, 100, 6]
11. a.remove('K')               #删除第一个'K'元素
12. print(a)                    #>>[1, 2, 'K', 3, [5, 100, 6], 5, 100, 6]
13. a.reverse()                 #将 a 前后颠倒
14. print(a)                    #>>[6, 100, 5, [5, 100, 6], 3, 'K', 2, 1]
15. print(a.index('K'))         #>>5      查找'K'在 a 中第一次出现的位置（下标）
16. try:
17.     print(a.index('m'))     #找不到'm'，会引发异常
18. except Exception as e:
19.     print(e)                #>>'m' is not in list
```

第 2 行：将 b 作为一个元素添加到 a 的末尾。a[3]就和 b 指向同一张列表。

第 5 行：由于 a[3]和 b 指向同一个地方，所以 a[3]也变成[5,100,6]。

第 17 行：a 中找不到 'm'，因此本句不会产生输出，而是引发异常，导致程序跳转到第 19 行，打印出导致异常的原因。

7.4.3　列表的排序

1．选择排序

排序，是处理许多问题的基础。**数据如果有序，查找起来就快**，正如字典里的单词是有序排列的，才使查字典成为可能。

排序有各种各样的算法。一些简单的算法，是大家在生活中都会想到并且用到的，比

如对扑克牌排序采用的办法。这类简单算法，有插入排序、选择排序、冒泡排序等。

在编程实践中，大部分需要排序的情况，都是对列表中的元素排序。以选择排序算法为例，其基本思路是：如果有 n 个元素需要排序，那么首先从 n 个元素中找到最小的那个放在下标 0 处（可以通过让它和原来的下标为 0 的元素交换位置来实现），然后再从剩下的 n-1 个元素中找到最小的放在下标 1 处，然后再从剩下的 n-2 个元素中找到最小的放在下标 2 处……直到剩下最后 2 个元素中最小的被放在下标 n-2 处，那么所有的元素都就位。这个思路用程序实现如下：

```
#prg0580.py
1.  def selectionSort(a): #选择排序,将列表 a 从小到大排序
2.      n = len(a)
3.      for i in range(n-1):
4.          #每次从 a[i]及其右边的元素里选出最小的，放在 a[i]这个位置
5.          for j in range(i+1,n): #依次考查 a[i]右边元素
6.              if a[j] < a[i]:
7.                  a[i],a[j] = a[j],a[i]
8.  lst = [1,12,4,56,6,2]
9.  selectionSort(lst)
10. print(lst) #>>[1, 2, 4, 6, 12, 56]
```

可以看到，第 9 行调用 selectionSort 函数对列表 lst 进行排序。由于 selectionSort 中的 a 和 lst 指向同一个列表，因此函数执行过程中 a 的内容发生了变化，lst 自然也跟着变。于是函数执行完，lst 也被排好序了。

第 6、7 行：如果发现 a[j]小于 a[i]，就将 a[i]和 a[j]位置对换。如果 a[i]已经是 a[i]及其右边所有元素中最小的，那么 a[i]自然不会被换走。因此第 6 行的循环做完一遍以后，a[i]及其右边的元素中最小的一定就会出现在 a[i]的位置。

排序就是个不停比较元素大小，并交换元素的过程。因为比较之后才可能会交换，所以交换的次数不会多于比较的次数。因此排序算法的快慢，就取决于比较的次数。在上面的程序中，第 6 行中的 a[j]<a[i]的计算次数，就标志着排序的快慢。当 i=0 时，j 的取值范围从 1 到 n-1，a[j]<a[i]需要计算 n-1 次；当 i=1 时，需要计算 n-2 次……当 i=n-2 时，需要计算 1 次。故 a[j]<a[i]的总计算次数是：

$$1+2+3......+(n-1)=\frac{n(n-1)}{2}=\frac{1}{2}n^2-\frac{1}{2}n$$

当 n 很大时，$\frac{1}{2}n$ 可以忽略不计，因此我们说总的比较次数是 n^2 量级的，记作 $O(n^2)$。至于 n^2 前面的系数，不必理会是多少。

和选择排序一样，插入排序、冒泡排序的比较次数，都是 $O(n^2)$量级的。这些排序算法虽然容易想到，但都是慢吞吞的，客气一点不妨称之为“朴素的排序算法”。好的排序算法，比较次数是 $O(n\times\log(n))$量级的。这个 log 的底数是多少不重要，因此可以不写。

2. 列表排序库函数

实际应用中我们不必自己编写列表排序的函数，Python 已经提供函数帮你搞定。如果 a 是一个列表，那么 a.sort()就能将 a 从小到大排序；sorted(a)就能得到一张新列表，内容是 a 经过从小到大排序后的结果，而 a 本身不变。例如：

```
1.  a = [5,7,6,3,4,1,2]
2.  a.sort()                    #对 a 从小到大排序
3.  print(a)                    #>>[1, 2, 3, 4, 5, 6, 7]
4.  a = [5,7,6,3,4,1,2]
5.  b = sorted(a)               #a 不因此而改变
6.  print(b)                    #>>[1, 2, 3, 4, 5, 6, 7]
7.  print(a)                    #>>[5, 7, 6, 3, 4, 1, 2]
8.  a.sort(reverse = True)      #对 a 从大到小排序
9.  print(a)                    #>>[7, 6, 5, 4, 3, 2, 1]
```

第 2 行的 a.sort()会改变 a，第 5 行的 sorted(a)不会改变 a。

第 8 行：加上参数 reverse=True 就表示排序规则是从大到小。

对元素都是元组的列表进行排序，是经常会遇到的场景：

```
students = [('John', 'A', 15), ('Mike', 'C', 19), ('Mike', 'B', 12),
    ('Mike', 'C', 18),('Bom', 'D', 10)  ] #姓名，成绩，年龄
students.sort()  #先按姓名，再按成绩，再按年龄排序
print(students)
```

上面程序中，students 是若干个学生的信息构成的列表。每个学生的信息是一个包含姓名、成绩和年龄的元组。程序输出结果如下：

```
[('Bom', 'D', 10), ('John', 'A', 15), ('Mike', 'B', 12), ('Mike', 'C', 18), ('Mike',
'C', 19)]
```

列表 students 里的元素都是元组，那么元素比大小的规则，就是元组比大小的规则。因此所谓从小到大排，就是先比较姓名，姓名字典序小的排在前面；如果姓名相同，接着比较成绩，成绩小的排在前面（此处成绩小指的是代表成绩的那个字母小，比如 'A' < 'B'）；如果成绩也相同，则年龄小的排在前面。

需要注意的是，如果列表 a 中有元素不能互相比较大小，则 a.sort()和 sorted(a)都会导致运行时错误。

3．自定义比较规则的排序

自定义比较规则的排序

在很多情况下，排序时只按 Python 默认的比大小规则进行元素比大小，并不能满足要求。例如，一个整数的列表 a，希望将其中的元素按个位数从小到大排序，那么简单的整数比大小的规则显然不适用。此时，就需要自定义一个关键字函数 f，并将 f 作为参数传递给 a.sort 函数，告诉 a.sort 函数，排序时如果要比较两个元素 x，y，不应该直接比较 x，y 本身，而应该比较 f(x)和 f(y)。如果 f(x)<f(y)，则 x 算比 y 小。示例如下：

```
1.  #prg0590.py
2.  def mod10(x):               #自定义的关键字函数
3.      return x % 10           #返回 x 的个位数
4.  a = [25,7,16,33,4,1,2]
5.  a.sort(key = mod10)  #将 mod10 作为参数传递给 sort
6.  #key 是函数，sort 按对每个元素调用该函数的返回值从小到大排序
7.  print(a)        #>>[1, 2, 33, 4, 25, 16, 7]按个位数从小到大排序的结果
8.  print(sorted("This is a test string from Andrew".split(),
9.          key=str.lower))
10. #>>['a', 'Andrew', 'from', 'is', 'string', 'test', 'This']
```

第 5 行：列表的 sort 函数可以有一些参数，比如 reverse、key 等。这些参数调用时不一定要给出。参数 key 字面意思是关键字，即排序时用来做比较的东西。如果 key 不给出，则排序时的关键字就是元素本身，即用来做比较的就是元素本身。也可以给出 key，将 key 赋值成一个函数，那么元素 x，y 比大小的时候，不再比较元素本身，而是比较 key(x)和 key(y)——如果 key(x)<key(y)，则认为 x 比 y 小。本行 key=mod10，那么元素 x，y 比大小时，比的就是 mod10(x)和 mod10(y)，即比的是 x，y 的个位数，哪个元素的个位数小，哪个就算小。

第 9 行：sorted 函数同样也可以有 key 参数。本行的 key 被指定为 str.lower。str.lower(x) 是 Python 的函数，能够返回将字符串 x 中的字母都变成小写后的结果。以 str.lower 作为关键字，就意味着 sorted 在比较元素大小的时候，比较的是它们中的字母都转成小写以后的结果，因此，排序的结果就是不区分大小写的。如果大小写相关的话，'Andrew' 会排在 'a' 前面。

通过指定不同的 key，就可以对同一数组，用不同的方式来排序：

```
1.  students = [ ('John', 'A', 15),('Mike', 'B', 12),
2.               ('Mike', 'C', 18),('Bom', 'D', 10)]
3.  students.sort(key = lambda x: x[2] ) #按年龄排序
4.  print(students)
5.  students.sort(key = lambda x: x[0] ) #按姓名排序
6.  print(students)
```

第 3 行：此时 students.sort 在排序过程中比较两个元素 x，y 时，比较的不是 x，y 本身，而是 x[2]和 y[2]，即年龄，于是最终排序结果就是按年龄从小到大排，第 4 行输出如下：

```
[('Bom', 'D', 10), ('Mike', 'B', 12), ('John', 'A', 15), ('Mike', 'C', 18)]
```

同理，第 5 行就是按姓名从小到大排序。第 6 行输出如下：

```
[('Bom', 'D', 10), ('John', 'A', 15), ('Mike', 'B', 12), ('Mike', 'C', 18)]
```

但是，有两个学生都叫 'Mike'，谁排在前面？答案是：排序前在前面的，排序后依然在前面。并不是所有的排序算法都能确保两个关键字相同的元素（即这两个元素哪个在前都可以），经过排序后的它们的先后关系不变。能确保这一点的排序算法，称为 “稳定” 的排序算法。Python 提供的排序函数都是稳定的。

有的时候，排序规则比较复杂。例如对学生的记录，希望先按年龄从大到小排序，年龄相同的按成绩从高到低排，成绩相同的，按姓名从小到大排。这样复杂的规则，也可以通过精心设计 key 函数来实现，诀窍是让 key 函数返回一个合适的元组,如下面例题所示。

例题 7.4.3.1：学生排序（P060）

对班里的所有学生，先按年龄从大到小排序，年龄相同的按成绩从高到低排，成绩相同的，按姓名从小到大排。

多关键字排序

输入：第一行为整数 n（0<n<100），表示班里的学生数目。接下来的 n 行，每行为一个学生的名字、成绩和年龄，中间用单个空格隔开。名字只包含字母，成绩和年龄都是正整数。

输出：将排序的结果输出，每行一个学生，格式和输入格式一样。

样例输入

```
5
Kitty 56 22
```

```
Hanmeimei 70 21
Alice 70 21
Joey 89 22
Tim 19 25
```

样例输出

```
Tim 19 25
Joey 89 22
Kitty 56 22
Alice 70 21
Hanmeimei 70 21
```

解题思路：用元组表示每个学生，将元组存入一个列表，并用合适的 key 函数排序。

解题程序：

```
#prg0600.py
1.  n = int(input())
2.  students = []
3.  for i in range(n):
4.      s = input().split()
5.      students.append((s[0],int(s[1]),int(s[2])))
6.  students.sort(key = lambda x: (-x[2],-x[1],x[0]))
7.  for x in students:
8.      print(x[0], x[1],x[2])
```

第 5 行：每个学生用元组(姓名,成绩,年龄)表示，姓名是字符串，成绩和年龄是整数。初学者经常犯忘记把字符串转换成整数的错误，而且还很难发觉。字符串 '12' 是小于字符串 '13' 的，它们的比较结果和整数 12 小于整数 13 一致。但是字符串 '12' 是小于字符串 '8' 的，而整数 8 小于整数 12。如果测试程序时用的样例包含位数不同的整数，就可以发现未将字符串转成整数导致的错误。

第 6 行：key 函数使得 sort 在比较元素 a，b 时，比较的不是 a，b 本身，而是元组(-a[2],-a[1],a[0])和(-b[2],-b[1],b[0])。即先比较年龄的相反数，再比较成绩的相反数，最后比较姓名。

4. 元组排序成列表

元组是不能修改的，因此元组不能排序，当然也就没有 sort 函数。但是如果 x 是元组，则可以用 sorted(x)得到一个列表，列表内容是元组 x 元素排序以后的结果：

```
def f(x):
    return (-x[2],x[1],x[0])
students = (('John', 'A', 15), ('Mike', 'C', 19), ('Wang', 'B', 12),
('Mike', 'B', 12),('Mike', 'C', 12),('Mike', 'C', 18), ('Bom', 'D', 10))
print(sorted(students,key = f))  #sorted 的结果是列表
```

7.4.4 列表的映射和过滤

Python 支持对列表的映射操作（map），可以方便地从一个列表转换得到另一个列表。map 函数用法如下：

```
map(function,sequence)
```

function 是一个函数（也可以是一个 lambda 表达式），sequence 是一个序列（元组、列表、字典、字符串、集合均可）。map 的返回值是一个“延时操作对象”，里面存放着一个操作，这个操作就是“依次对 sequence 里的每个元素 x，执行 function(x)，并将 function(x)的返回值收集起来”。这个操作只是被记录在延时操作对象中，并没有真正被执行。当把该延时操作对象转换为列表、元组或者集合时，对象中存着的操作才会真正被执行，并将收集到的结果放到列表、元组或集合中去。例如：

```
1.  def f(x):
2.      print(x,end="")
3.      return x*x
4.  a = map(f,[1,2,3])
5.  print(list(a))          #>>123[1, 4, 9]
6.  print(tuple(a))         #>>()
```

第 4 行：将 a 赋值为一个延时操作对象，该对象里面记录着“依次对[1,2,3]里的每个元素 x，调用 f(x)，并将 f(x)的返回值收集起来”。但这个操作并没有被执行，因此 f 函数一次也没被执行，自然也不会产生输出。

第 5 行：list(a)将 a 转换成一个列表，此时 a 里存放的操作就会被执行。操作执行的过程中，依次以 1,2,3 作为参数调用函数 f，于是输出“123”。然后，f(1)，f(2)和 f(3)的返回值被收集到一个列表里，即 list(a)的值是列表[1,4,9]。

第 6 行：将 a 转换成一个元组。延时操作对象里的操作一旦被执行过，可以认为该操作就从对象里面删除了。因此 tuple(a)不会引发 a 中操作的执行，故其值为空元组。

非计算机专业的读者并不需要理解延时操作对象的概念，只需要知道 map 用来处理输入特别方便即可。比如，在一行里输入三个整数，希望将其分别读入 x，y，z，则可以如下写：

```
x,y,z = map(int,input().split())
```

假如输入“1 23 45”后按 Enter 键，input.split()的返回值是['1', '23', '45']，上面这条语句将该列表的每个元素依次转换成整数后赋值给 x，y，z。延时操作对象在这里自动被转换成元组。延时操作对象什么时候会被自动转换成元组或列表，什么时候不会，讲起来和记起来都麻烦，不如用的时候自己试试。

Python 还支持对列表的过滤操作（filter），可以方便地实现从列表中抽取符合某种条件的元素，形成一个新列表。filter 的用法如下：

```
filter(function,sequence)
```

filter 的返回值也是一个“延时操作对象”，里面的操作是“依次对 sequence 里的每个元素 x 执行 function(x)，若 function(x)值为 True，则将 x 收集起来”。例如：

```
tp = tuple(filter(lambda x : x % 2 == 0, [1,2,3,4,5]))   #过滤出偶数
print(tp)    #>>(2, 4)
```

7.4.5 列表生成式

列表生成式

可以通过在列表里面写循环的方式来生成内容有某种规律的列表。例如：

```
[x * x for x in range(1, 11)]
```

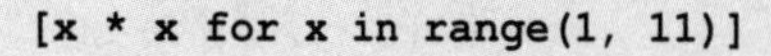

生成的列表是[1,4,9,16,25,36,49,64,81,100]。即对[1,11)区间里的每个值

x，将 x*x 收集起来形成一张列表。

```
[x * x for x in range(1, 11) if x % 2 == 0]
```

生成[4,16,36,64,100]，即对[1,11)区间里的每个值 x，若 x 是偶数，则将 x*x 收集起来形成一张列表。

```
[m + n for m in 'ABC' for n in 'XYZ']
```

生成['AX', 'AY', 'AZ', 'BX', 'BY', 'BZ', 'CX', 'CY', 'CZ']。m 依次取 'A', 'B', 'C'，相当于外重循环；对 m 的每个取值，n 依次取 'X', 'Y', 'Z'，相当于内重循环，将 m+n 收集起来形成列表。

```
[[m + n for m in 'ABC'] for n in 'XYZ']
```

生成[['AX', 'BX', 'CX']，['AY', 'BY', 'CY']，['AZ', 'BZ', 'CZ']]。对 'XYZ' 中的每个字符 n，生成一个列表。该列表的每一项都是 m+n，m 依次取 'ABC' 里的每个字符。然后将所有生成的列表收集起来形成一张列表。

```
1.  L = ['Hello', 'World', 18, 'Apple', None]
2.  print([s.lower() for s in L if isinstance(s,str)])
3.  #>>['hello', 'world', 'apple']
4.  print([s for s in L if isinstance(s,int)]) #>>[18]
```

第 2 行：将 L 中的字符串，转小写形式后收集起来形成一张列表。

第 4 行：将 L 中的整数收集起来形成一张列表。

要想像列表生成式那样生成元组，不是把“[]”替换成“()”就行，要在前面加 'tuple'：

```
print(tuple(x * x for x in range(1, 4)))    #>>(1, 4, 9)
```

★7.4.6 二维列表

二维列表

前面学到的列表，都是一维列表。二维列表可以看作一个矩阵。以行、列号作为下标，就可以访问矩阵中的元素。例如，如果 a 是一个二维列表，a[i][j]就是 a 中第 i 行第 j 列的元素（i，j 都从 0 开始算）。

m 行 n 列的二维列表，应为一个一维列表，其中的 m 个元素分别指向 m 个不同的、长度为 n 的一维列表，一个一维列表相当于一行。这里的“不同”指的不是内容不同，而是存放的内存地址不同。这样才不会发生修改了某个元素，另一个元素也跟着变的情况。生成二维列表的做法如下：

```
#prg0610.py
1.  matrix = [[1, 2, 3], [4, 5, 6], [7, 8, 9]]
2.  print(matrix)          #>>[[1, 2, 3], [4, 5, 6], [7, 8, 9]]
3.  print(matrix[1][2],matrix[2][2])    #>>6 9
4.  matrix[1][1] = 100
5.  print(matrix)          #>>[[1, 2, 3], [4, 100, 6], [7, 8, 9]]
6.  matrix = [[0 for i in range(3)] for i in range(3)]
7.  print(matrix)          #>> [[0, 0, 0], [0, 0, 0], [0, 0, 0]]
8.  matrix = [[i*3+j for j in range(3)] for i in range(3)]
9.  print(matrix)          #>>[[0, 1, 2], [3, 4, 5], [6, 7, 8]]
10. print(len(matrix))     #>>3
```

第 1 行：生成的 matrix 是个 3×3 的矩阵，即二维列表。该矩阵每行都是一个不同的列表。第 0 行是列表[1,2,3]，第 0 列的 3 个数自然就是 1，4，7。程序第 2、3 行的输出能够体现 matrix 是个矩阵。

第 4 行：修改了 matrix[1][1]，从第 5 行输出结果看出只有第 1 行第 1 列的元素变成 100。

第 6 行：如果生成一个矩阵，就要把每个元素直接写出来，显然有点麻烦。所以可以用列表生成式来生成一个二维列表。本行就生成了一个 3×3 的矩阵，每个元素都是 0。通过第 7 行的输出结果可以知道 matrix 的样子。此处的 matrix 一共三行，虽然每行都是列表[0,0,0]，但这三个列表放在内存的不同地方，修改其中一个元素，不会影响到另外两个。本行的写法，是很通用的生成一个 m×n 的矩阵的方法。

第 10 行：输出 3 是因为 matrix 是一个有 3 个元素的列表，每个元素又都是列表。

初学者可能会以为下面的方法可以生成一个二维列表 b，但实际上是不行的：

```
1.  a = [0, 0, 0]
2.  b = [a] * 3   #b 有三个元素，都是指针，都和 a 指向同一地方
3.  print(b)          #>>[[0, 0, 0], [0, 0, 0], [0, 0, 0]]
4.  b[0][1] = 1
5.  a[2] = 100
6.  print(b)          #>>[[0, 1, 100], [0, 1, 100], [0, 1, 100]]
```

从第 3 行的输出结果看，似乎 b 是一个 3×3 的二维列表（矩阵）。但实际上它不是。因为 b[0]，b[1]，b[2]都和 a 指向同一个地方。修改了 a[2]，则 b[0][2]，b[1][2]，b[2][2]都跟着变；修改了 b[0][1]，则 a[1]，b[1][1]，b[2][1]也跟着变。正如第 6 行输出结果所示。这显然不符合 b 是一个 3×3 的矩阵的预期。如果 b 是一个 3×3 的矩阵，b[0][1]和 b[1][1]不应该是同一个东西。

生成一个二维列表的方法可以像 prg0610.py 第 6、8 行那么花哨，也可以很朴实，即将每一行作为一个元素 append 到空表上面：

```
lst = []
for i in range(3):
    lst.append([0] * 4)
```

上面的 lst 就是一个 3 行 4 列的矩阵，元素都是 0。

如果矩阵的元素不需要修改，那么定义二维元组来当矩阵用，也是可以的：

```
matrix = ((1, 2, 3), (4, 5, 6), (7, 8, 9))
print(matrix)           #>>((1, 2, 3), (4, 5, 6), (7, 8, 9))
matrix = tuple(tuple(0 for i in range(3)) for i in range(3))
print(matrix)           #>>((0, 0, 0), (0, 0, 0), (0, 0, 0))
```

例题 7.4.6.1：图像模糊处理（P061）

例题：图像模糊处理

一个灰度图像（即黑白图像），可以用一个整数矩阵表示，矩阵中的每个元素表示图像上一个像素的灰度（即颜色深浅）。将图像进行模糊化处理，可以得到一张新的图像。模糊化的规则是：

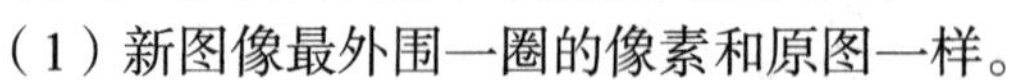

（1）新图像最外围一圈的像素和原图一样。

（2）除了最外围一圈的像素，新图像第 i 行第 j 列的像素的灰度值，等于原图像第 i 行第 j 列及其上下左右共 5 个像素灰度值的平均值（四舍五入到整数）。

给定一个灰度图，求经过模糊处理后的新图。

输入：第一行是两个整数 n 和 m，表示原图是一个 n 行 m 列的像素值矩阵。接下来有

n 行，每行 m 个整数，表示整个图像。

输出：n 行，每行 m 个整数，表示模糊处理后的图像。

输入样例

```
4 5
100 0 100 0 50
50 100 200 0 0
50 50 100 100 200
100 100 50 50 100
```

输出样例

```
100 0 100 0 50
50 80 100 60 0
50 80 100 90 200
100 100 50 50 100
```

解题思路：用二维列表存放原图。将原图复制一份作为新图，然后在新图上修改像素的灰度值。

解题程序：

```
#prg0620.py
1.   n,m = map(int,input().split())
2.   a = []
3.   b = []
4.   for i in range(n):
5.       lst = list(map(int,input().split()))
6.       a.append(lst)
7.       b.append(lst.copy())  #写b.append(lst[:]) 也可以
8.   for i in range(1,n-1):
9.       for j in range(1,m-1):
10.          b[i][j] = round((a[i][j] + a[i-1][j] +
11.                        a[i+1][j] + a[i][j-1] + a[i][j+1])/5)
12.  for i in range(0,n):
13.      for j in range(0,m):
14.          print(b[i][j],end = " ")
15.      print("")
```

第 2 行：开始将 a 设置为空表，然后如第 6 行所示，每次将矩阵的一行（列表 lst）作为一个元素添加进去，一共添加 n 次，a 就成了一个 n 行 m 列的矩阵。注意，虽然 b 也初始化成空表，但是不可以写 b=a=[]，这样写的话，a 和 b 就都指向相同的矩阵了。

第7行：b应该是a的复制。因此b的每一行都是a每一行的复制。注意如果写b.append(lst)就错了，因为这么写的话，b 的每一行，即每个元素 b[i]，都和 a[i]指向相同的地方，那么以后修改了 b[i][j]也就是修改了 a[i][j]——而 a 矩阵不应该被修改。

★7.4.7 列表的复制

当我们说列表 b 是列表 a 的复制时，我们希望的是，a 和 b 的内容相同，但是它们存放在不同的地方，是完全分开的，两者之间没有任何联系，不会发生修改了一个，另一个也跟着变的情况。那么，b=a 显然做不到让 b 成为 a 的复制，因为 b=a 使得 a，b 指向同一张列表。正确的复制列表的方法是使用切片，或者用列表的 copy 函数：

```
1.  a = [1,2,3,4]
2.  b = a[:]        #b是a的复制，b没有和a指向同一个列表。与b=a.copy()等价
3.  print(b)        #>>[1, 2, 3, 4]
4.  b[0] = 5
5.  print(a)        #>>[1, 2, 3, 4]
6.  b += [10]
7.  print(a)        #>>[1, 2, 3, 4]
8.  print(b)        #>>[5, 2, 3, 4, 10]
```

第2行：a[:]是一张新的列表，因此，b和a指向不同的列表，虽然这两张列表的内容是一样的，但它们存放在不同的地方，算不同的列表。因此，第4行修改了b[0]，a不会受影响，如第5行所示。第6行的b+=[10]在b后面添加元素10，自然也不会影响到a，如第7行所示。本行如果写b=a.copy()，效果也是一样的。

有的时候，即便使用切片，也不能达到复制列表的目的。例如：

```
#prg0630.py
1.  a = [1,[2]]
2.  b = a[:]
3.  b.append(4)         #不会改变a
4.  print(b)            #>>[1, [2], 4]
5.  a[1].append(3)
6.  print(a)            #>> [1, [2, 3]]
7.  print(b)            #>> [1, [2, 3], 4]
```

第2行的本意是让b成为a的复制。复制后b应该和a没有任何联系。第3行往b末尾添加了元素，的确不会影响到a。但是，第5行往a[1]末尾添加元素3后，再输出b，发现b[1]也被添加了元素3。这不符合b应该和a没有任何联系的想法。

之所以会发生这样的事情，是因为a[1]是个指针，指向列表[2]。b是a的复制，所以b[1]也是个指针，也指向同一个列表[2]。既然a[1]和b[1]指向同样的地方，那么在a[1]末尾添加元素，也等于在b[1]末尾添加元素。

可见，要做到让b和a真的完全没有联系，应该把列表[2]也复制一份，然后让b[1]指向该复制。**不但复制指针，还要复制指针指向的东西，这种复制方式，就称为深复制。**b=a[:]这种方式，只复制指针（a的元素），没有复制指针指向的东西，因此称为浅复制。列表的函数copy就返回自身的一个浅复制。

可以自己编写一个对列表进行深复制的函数，能够应对列表里面的元素是列表的情况：

```
#prg0640.py 非计算机专业读者不需要掌握
1.  def deepCopy(lst):
2.      a = lst[:]
3.      for i in range(len(a)):
4.          if isinstance(a[i],list):
5.              a[i] = deepCopy(a[i])
6.      return a
7.  a = [1,[2,[3,[6]]],[4],5]
8.  b = deepCopy(a)
9.  a[1][1][1].append(100)
10. print(a)        #>>[1, [2, [3, [6, 100]]], [4], 5]
11. print(b)        #>>[1, [2, [3, [6]]], [4], 5]
```

搞懂上面这个程序是对计算机专业学生的要求。不懂也没关系，Python 提供了 copy 库，调用其中的 deepcopy 函数即可实现深复制：

```
1.  import copy                #引入 copy 库
2.  a = [1,[2]]
3.  b = copy.deepcopy(a)       #b 是 a 的深复制
4.  b.append(4)
5.  print(b)                   #>>[1, [2], 4]
6.  a[1].append(3)
7.  print(a)                   #>>[1, [2, 3]]
8.  print(b)                   #>>[1, [2], 4]
```

可以看到第 3 行使 b 成为 a 的一个深复制，此后 b 和 a 不会互相影响。

7.4.8 列表、元组和字符串的互相转换

列表和元组可以互相转换，如下所示：

```
a=[1,2,3]
b=tuple(a)          #b:  (1,2,3)
c=list(b)           #c:  [1,2,3]
t = (1, 3, 2)
(a, b, c) = t       # a = 1, b = 3, c = 2
s = [1,2,3]
[a,b,c] = s         # a = 1, b = 2, c = 3
```

列表、元组和字符串也可以互相转换，如下所示：

```
print(list("hello"))              #>>['h', 'e', 'l', 'l', 'o']
print("".join(['a','44','c']))    #>>a44c
print(tuple("hello"))             #>>('h', 'e', 'l', 'l', 'o')
print("".join(('a','44','c')))    #>>a44c
```

7.5 字典

7.5.1 字典的基本概念

字典（dict）是用于快速查找的一种数据类型。字典的每个元素是由“键:值”（key:value）两部分组成，可以根据键快速查找到值。在字典里进行查找，速度比在列表里查找快得多。在未排序的列表里查找元素，所需时间和列表元素个数成正比；在字典里进行查找，所需时间基本是个固定值，和字典里元素个数无关。在排好序的列表里查找元素虽然有办法做到速度很快，但是若要删除或者添加元素，所需时间依然和列表元素个数成正比。而在字典里增删元素，都能做到固定时间内完成。想要记录数百万居民的信息，并希望通过居民的身份证号快速查找到居民，就可以使用字典存放居民信息，每个元素代表一个居民，身份证号是键，其余信息是值。值可以是任何形式，包括但不限于元组、列表、字典、集合等。

字典的形式如下：

```
{键1 : 值1, 键2 : 值2,...... }
```

元素之间用“,”隔开，每个元素分为两部分，用“:”隔开，“:”左边是键，右边是值。没有元素的空字典，就是“{}”。如果在上面的定义方式中，有两个元素的键相同，则只保留后面的那个元素。

字典的构造方式除了上述形式，还支持以下两种形式：

```
dict([(键1,值1), (键2,值2),……])
```

生成的字典相当于{ 键1:值1,键2:值2,……}

```
dict(键名1 = 值1, 键名2 = 值2 , ……)
```

此处键名的形式和变量名一样，生成的字典是：{ '键名1':值1, '键名2':值2,......}。键都是字符串。

程序示例：

```
1.  items = [('name','Gumby'),('age',42)]
2.  d = dict(items)
3.  print(d)      #>>{'name': 'Gumby', 'age': 42}
4.  d = dict(name='Gumby',age=42,height=1.76)
5.  print(d)      #>>{'height': 1.76, 'name': 'Gumby', 'age': 42}
```

请注意，第5行输出的元素的顺序，和第4行它们构造时的顺序不一样。在Python 3.5及以前的版本中，字典中的元素是完全没有顺序之说的，输出一个字典时，输出的元素顺序可能是任意的。但是在Python 3.6及以后的版本中，字典虽然还是不支持“取第i个元素”这样的操作，但是字典的元素是有序的，顺序和元素被加入字典的先后一致。输出一个字典，或者用for循环遍历一个字典，都会遵循这个顺序。OpenJudge上的Python目前是3.5版的，在上面做字典相关题目的时候，要注意不可认为字典元素有序。

字典具有以下特点。

（1）所有元素的键都不相同。

（2）键必须是不可变的数据类型，比如字符串、整数、小数、元组等。列表、集合、字典等可变的数据类型，不可作为字典元素的键。

（3）不同元素的键的数据类型可以不一致，值的数据类型也可以不一致。

（4）元素的值是可赋值的，因此也是指针。

（5）不能修改元素的键。

（6）字典可以增删元素。

（7）两个字典不能比大小，但是可以用“==”比较元素是否相同。

如果dt是字典，则可以用dt[x]的方式访问dt中键为x的元素的值。还可以用x in dt判断dt中有没有元素的键是x。

如果dt中没有键值为x的元素，则dt[x]这个表达式会引发异常。

dt[x]=y将dt中键为x的元素的值修改为y，如果dt中没有键为x的元素，则会往dt中添加键为x，值为y的元素。

用del dt[x]可以删除键为x的元素。

需要注意的是，字典元素并没有序号。如果n是整数，则dt[n]不是表示字典dt中的第n个元素，而是表示字典中键值为n的元素。

两个字典a，b，如果内容相同，则a==b为True。

```
#prg0650.py
1.  dt = {'Jack':18,'Mike':19, 128:37, (1,2):[4,5] }
```

```
2.  print(dt['Jack'])           #>>18     键为'Jack'的元素值是18
3.  print(dt[128])              #>>37  键为128的元素值是37
4.  print(dt[(1,2)])            #>>[4, 5]
5.  print(dt['c'])              #不存在键为'c'的元素，产生异常，导致运行时错误
6.  dt['Mike'] = 'ok'           #将键为 'Mike' 的元素的值改为 'ok'
7.  dt['School'] = "Pku"        #添加键为 'School'的元素，其值为'Pku'
8.  print(dt)
9.  #>>{128: 37, (1, 2): [4, 5], 'Jack': 18, 'Mike': 'ok', 'School': 'Pku'}
10. del dt['Mike']              #删除键为'Mike'的元素
11. print(dt)
12. #>>{128: 37, (1, 2): [4, 5], 'Jack': 18, 'School': 'Pku'}
13. scope={}                    #空字典
14. scope['a'] = 3              #添加元素 'a':3
15. scope['b'] = 4              #添加元素 'b':4
16. print(scope)                #>>{'a': 3, 'b': 4}
17. print('b' in scope)         #>>True  判断是否有元素键为'b'
18. scope['k'] = scope.get('k',0) + 1
19. print(scope['k'])           #>>1
20. scope['k'] = scope.get('k',0) + 1
21. print(scope['k'])           #>>2
```

第1行：定义了一个包含4个元素的字典，赋值给dt。其中，键为 'Jack' 的元素值为19,键为128的元素值为37，键为元组(1,2)的元素值为列表[4,5]。

第5行：若dt是字典，且没有元素键为x，那么dt[x]这个表达式试图读取dt中键为x的元素的值时会导致异常。但是，如果对dt[x]进行赋值，则没有问题。正如第7行所示，dt中没有键为 'School' 的元素，dt['School']="Pku" 导致往dt中添加了一个键为 'School'，值为 'Pku' 的元素。

第10行：删除dt中键为 'Mike' 的元素。如果dt中没有这样的元素，则会导致异常。

第18行：字典的get函数十分方便，其格式为get(key,value)。如果字典中存在键为key的元素，则返回该元素的值，否则就返回value。本句的意思是：如果scope中有键为 'k' 的元素，则将该元素的值加1，如果没有，则get函数返回0，本句的效果是往scope中添加一个键为 'k'，值为1的元素。

第20行：此时scope中已经有了键为 'k' 的元素，故执行完本句，该元素的值变为2。

7.5.2 字典的函数

字典的函数见表7.5.1。

表7.5.1 字典的函数

函数名	功能
clear()	清空字典
copy()	返回自身的浅复制
get(key,value)	如果字典中存在键为key的元素，则返回该元素的值，否则就返回value
items()	取字典的元素序列，可用于遍历字典
keys()	取字典的键的序列
pop(key)	删除键为key的元素，返回该元素的值。如果没有这样的元素，则引发异常

keys()，items()，values()返回的序列，既不是 list，也不是 tuple，但是可以用 for 循环遍历，也可以转换成 list 或者 tuple。另外，如果字典 x 的键互相都可以比大小，则可以用 a=sorted(x)来得到列表 a，其内容是由字典 x 中的键组成，且经过排序后的列表。字典的函数用法示例如下：

```
#prg0660.py
1.  d={'name': 'Gumby', 'age': 42, 'GPA':3.5}
2.  if 'age' in d.keys():
3.      print(d['age'])          #>>42
4.  for x in d.items():          #>>('name', 'Gumby'),('age', 42),('GPA', 3.5),
5.      print(x,end = ",")       #x 是一个元组
6.  print("")
7.  print(sorted(d))             #>>['GPA', 'age', 'name']
8.  for k,v in  d.items():       #>>name Gumby,age 42,GPA 3.5,
9.      print (k,v,end = ",")
10. print("")
11. for x in d.keys():           #>>name,age,GPA,
12.      print(x,end=",")
13. print("")
14. print(list(d.values()))      #>>['Gumby', 42, 3.5]
15. d.pop('name')
16. print(d)                     #>>{'age': 42, 'GPA': 3.5}
```

第 4 行：遍历字典 d。d.items()的返回值是一个序列，里面每个元素 x 都是元组，对应于字典中的一个元素。其中，x[0]就是键，x[1]就是值。按此种方法遍历字典时，在 Python 3.5 及以前，访问元素的先后顺序不确定，在 Python 3.6 及以后的版本中，访问元素的先后顺序和定义字典时元素的顺序一样，即和元素被加入字典的先后顺序一致。

第 11 行：遍历字典的键序列。如果写 for x in d: 效果也一样，也是在遍历字典的键序列。

字典元素的值是可赋值的，因此也是指针。因此做字典复制的时候，也会牵涉到深复制和浅复制的问题。字典本身的函数 copy，执行的是浅复制，即不会复制元素的值所指向的内容。如果要做字典的深复制，同样是使用 copy 库，如下所示：

```
1.  import copy
2.  x = {'username':'admin', 1978:[1, 20, 3]}
3.  y = copy.deepcopy(x)
4.  y['username'] = 'mlh'
5.  y[1978].remove(20)
6.  print(y)          #>>{'username': 'mlh', 1978: [1, 3]}
7.  print(x)          #>>{'username': 'admin', 1978: [1, 20, 3]}
```

7.5.3 字典例题：单词出现频率统计

字典一个典型用途就是统计单词出现的频率。

例题 7.5.3.1：单词出现频率统计（P062）

输入： 最多 60000 个单词，每个一行。单词由小写字母构成，不超过 30 个字符。

输出： 按单词出现次数从高到低输出所有单词。次数相同的，按照词典序从小到大排。

例题单词出现频率统计

输入样例

```
about
send
about
me
```

输出样例

```
2 about
1 me
1 send
```

解题思路：使用一个字典，元素的键是单词，值是单词的出现次数。第一次碰到某单词 x，就新建一个元素加入到字典里，该元素键为 x，值为 1。下一次再碰到单词 x，就将键为 x 的元素的值加 1。最后遍历字典，将元素存入一个列表，然后排序输出。

解题程序：

```
#prg0680.py
1.  dt = {}
2.  while True:
3.      try:
4.          wd = input()
5.          if wd in dt:          #如果有元素键为 wd
6.              dt[wd] += 1
7.          else:
8.              dt[wd] = 1        #加入键为 wd 的元素，其值是 1
9.      except:
10.         break                 #输入结束后的 input()引发异常，跳到这里，再跳出循环
11. result = []
12. for x in dt.items():
13.     result.append(x)          #x 是个元组，x[0]是单词，x[1]是出现次数
14. result.sort(key = lambda x:(-x[1],x[0]))
15. for x in result:
16.     print(x[1],x[0])
```

第 5 行到第 8 行可以用下面的一行替代，更为简洁：

```
dt[wd] = dt.get(wd, 0) + 1
```

用列表，而不是用字典来解决上面的问题，也未尝不可。但是，程序写起来会相对麻烦，而且，针对本题，由于单词数量较大，花费时间是用字典的数百倍，在 OJ 上会超时无法通过。

7.6 集合

Python 中集合（set）的概念等同数学上的集合，它具有以下特点。

（1）元素类型可以不同。

（2）不会有重复元素。

（3）可以增删元素。

（4）整数、小数、复数、字符串、元组都可以作为集合的元素。但是列表、字典和集合等可变的数据类型不可作为集合的元素。

集合的作用是快速判断某个东西是否在一堆东西里面。用 in 查询一个元素是否在一个列表中，所需时间和列表元素成正比。查询一个元素是否在集合中，所需时间基本上是固定值，和集合元素个数无关。

集合的定义形式如下：

```
{元素 1,元素 2,......}
```

如果上面的元素有重复，会自动去重。

如果两个集合 a，b 内容相同，则 a==b 为 True。

集合可以由元组、列表、字符串以及字典转换而来。set()可以表示空集合：

```
#prg0690.py
1.  print(set())                      #>>set()      空集合
2.  a = {1,2,2,"ok",(1,3)}            #集合会自动去重
3.  print(a)                          #>>{2, 1, 'ok', (1, 3)}
4.  b = (3,4)
5.  c = (3,4)
6.  a = set((1,2,"ok",2,b,c))
7.  for x in a:                       #>>ok 1 2 (3, 4)
8.      print(x,end = " ")
9.  print("")
10. a = set("abc")                    #>>字符串转集合
11. print(a)                          #>>{'b', 'c', 'a'}
12. a = set({1:2,'ok':3,(3,4):4})     #字典转集合
13. print(a)                          #>>{1, 'ok', (3, 4)}
14. print(a[2])                       #错误，集合元素没有顺序，不能用下标访问
```

集合的元素是无序的，不能通过下标访问。遍历集合时，访问元素的顺序和元素加入集合的先后顺序无关。所以上面程序用 print 输出集合时，或像第 7 行那样遍历集合时，元素输出的顺序没有规律且不具有确定性，未必每次运行都得到相同结果。

第 6 行：看上去 b，c 是不同的变量，但是由于他们的值相同，因此字典 a 里面只留下一个(1,2)。

第 12 行：集合由字典转换而来时，只取字典的键的部分。

集合常用函数见表 7.6.1。

表 7.6.1　集合常用函数

函数名	功能
add(x)	添加元素 x。如果 x 已经存在，则不添加
clear()	清空集合
copy()	返回自身的浅复制
remove(x)	删除元素 x。如果不存在元素 x，则引发异常
update(x)	将序列 x 中的元素加入到集合

还有一些函数，请自行探索。

可以用 in 来判断一个元素是否在集合中，可以用 a=sorted(x)来得到集合 x 中的元素经过排序以后的列表 a。

两个集合 a，b 还支持以下运算：

```
a|b      求 a 和 b 的并
a&b      求 a 和 b 的交
a-b      求 a 和 b 的差，即在 a 中而不在 b 中的元素
a^b      求 a 和 b 的对称差，等价于(a|b)-(a&b)
```

相应地，集合也支持 a|=b、a&=b、a-=b、a^=b 这 4 个运算，它们都是对 a 进行原地修改，没有生成新的集合，即 a|=b 不等价于 a=a|b。

集合还支持以下关系运算：

```
a==b     a 是否元素和 b 一样
a!=b     a 是否元素和 b 不一样
a<=b     a 是否是 b 的子集（a 有的元素，b 都有）
a<b      a 是否是 b 的真子集（a 有的元素，b 都有，且 b 还包含 a 中没有的元素）
a>=b     b 是否是 a 的子集
a>b      b 是否是 a 的真子集
```

集合综合示例程序如下：

```
#prg0700.py
1.  a = set()                 #a 是空集合
2.  b = set()
3.  a.add(1)                  #添加元素 1
4.  a.update([2,3,4])         #将列表元素添加进 a
5.  b.update(['ok',2,3,100])
6.  print(a)                  #>>{1, 2, 3, 4}
7.  print(b)                  #>>{2, 3, 100, 'ok'}
8.  print( a | b)             #>>{1, 2, 3, 4, 100, 'ok'} 求并
9.  print( a & b )            #>>{2, 3} 求交
10. print( a - b)             #>>{1, 4} 求差
11. a -= b                    #在 a 中删除 b 中有的元素
12. print(a)                  #>>{1, 4}
13. a ^= {3,4,544}            #对称差
14. print(a)                  #>>{544, 1, 3}
15. a.update("take")
16. print(a)                  #>>{544, 1, 3, 'e', 'k', 't', 'a'}
17. print(544 in a)           #>>True
18. a.remove(544)             #删除元素，若元素不存在，会出错
19. print(a)                  #>> {1, 3, 'a', 'k', 't', 'e'}
20. a = {1,2,3}
21. b = {2,3}
22. print( a > b)             #>>True  b 是 a 的真子集
23. print( a >= b)            #>>True  b 是 a 的子集
24. print( b < a)             #>>True  b 是 a 的真子集
```

例题 7.6.1：统计不重复的单词个数（P063）

输入不超过 60,000 个单词，每行一个，统计不重复的单词一共有多少个。单词由小写字母构成，长度不超过 30。

输入样例

```
about
take
about
zoo
take
```

输出样例

```
3
```

解题思路：设置一个集合，读到一个单词，如果集合里没有，就加入集合。如果集合里有，就不管它。最后统计集合有多少个元素。

解题程序：

```
#prg0710.py
1.  words = set()
2.  while True:
3.      try:
4.          wd = input()
5.          if not wd in words:
6.              words.add(wd)
7.      except:
8.          break
9.  print(len(words))
```

实际上，去掉第 5 行，不用判断 wd 是否在 words 中，直接将 wd 加入 words 也可以。因为如果 wd 在 words 中，那么 add 函数就什么都不做。

不用字典而用列表的做法似乎也可以：

```
words = []
while True:
    try:
        wd = input()
        if not wd in words:
            words.append(wd)
    except:
        break
print(len(words))
```

因为本题数据单词的数量接近 6 万，且重复单词不多，列表的做法会超时不通过。而集合的做法，瞬间就能完成。经实测，在作者的计算机上，字典做法完成本题需要 0.07 秒，列表做法需要 12.39 秒。问题的关键在于，用 in 判断元素是否在列表中，所需时间和列表元素个数成正比，元素多就会慢；而用 in 判断元素是否在集合中，所需时间基本就是常数，所需时间和集合元素个数无关。

7.7 自定义数据类型：类

一个学生的信息包含姓名、学号、绩点、出生日期等多项。可以用一个元组或列表来表示一个学生，例如：

```
student = ["张三",20001807,3.4,"1988-01-24"]
```

这种方式的不便之处在于，当要访问 student 的某个属性，比如绩点时，需要记住绩点是下标为 2 的那个元素。如果学生有很多项属性，要记住每个属性对应的下标，对程序员来说是个沉重的心理负担，因为很容易记错导致莫名的 bug。对阅读程序的人来说，看到 student[i]=4 这样的表达式，想搞清楚到底是在对哪项属性赋值，是要骂人的。

为了程序员的心理健康，Python 提供自定义数据类型，即“类”，来解决这个问题。

可以用类来代表一类事物。类是面向对象程序设计的概念，在第 14 章详细讲述。但是，如果不编写规模较大的程序，并不是很需要学会第 14 章的内容。因此，在这里对类的用法作最简单的介绍，能解决上述问题即可。

类的最简单写法如下：

```
class 类名:
    def __init__(self,参数1,参数2,......):
        self.属性1 = 参数1
        self.属性2 = 参数2
    ......
```

类中必须要有__init__函数（前后都是两个下画线），该函数称为“构造函数”，其第一个参数一定名为 self。

由类生成的变量称为“对象”。由类生成一个对象，也称为类的实例化。生成一个对象的写法是：

```
类名(实参1,实参2,......)
```

该表达式会返回一个对象。这个表达式看上去像一个函数调用，实际上也确实调用了类中的__init__函数。但是，此处的实参个数，比__init__中的形参个数少 1 个，即 self 形参不需要对应实参，self 参数就是对象本身。一定要分清“类”和“对象”这两个不同的概念。**“类”是对一种事物共同特点的概括，“对象”就是该种事物的一个个体（实例）。**

类的用法示例程序如下：

```
#prg0720.py
1.  class Student:                          #定义 Student 类
2.      def __init__(self, n,i,g,b):        #一定要有 self
3.          self.name = n                   #添加名为 name 的属性
4.          self.id = i                     #添加名为 id 的属性
5.          self.gpa = g
6.          self.birthDate = b
7.  student1 = Student("Jack",1877,3.4,"1988-01-02") #生成 student1 对象
8.  print(student1.name, student1.id, student1.gpa, student1.birthDate)
9.  #>>Jack 1877 3.4 1988-01-02
10. student1.name = "Big Jack"              #修改对象属性的值
11. print(student1.name)                    #>>Big Jack
12. student2 = Student("Big Jack",1877,3.4,"1988-01-02")
13. print(student1 == student2)             #>>False  等价于 student1 is student2
14. students = [student1, Student("Mary",1876,3.4,"1988-12-02"),
15.             Student("Tom",1782,3.8,"1988-11-02"),
16.             Student("Jane",1762,3.1,"1989-04-02")]
17. student1.gender = "Female"              #为 student1 添加 gender 属性
18. students.sort(key=lambda x:(-x.gpa,x.id))
19. for x in students:
20.     print(x.name,x.id,x.gpa,x.birthDate)
21. students.sort()                         #Runtime Error,  因对象本身不能比较大小
```

第 1 行至第 6 行：定义一个 Student 类，概括了学生这类事物的特性，即有 name，id，gpa，birthDate 四种属性。

第 7 行：由 Student 类生成一个“对象”student1。由本行进入 Student 的__init__函数

时，n 等于"Jack"，i 等于 1877，g 等于 3.4，b 等于"1988-01-02"，而 self 参数不对应实参，它就是对象 student1。

第 8 行：可以用“对象名.属性名”的方式来访问对象的属性。

第 10 行：可以对对象的属性赋值。对象的属性也是指针。

第 13 行：默认的情况下，**对象之间不能比较大小且若** a，b 是两个同类的对象，a==b 等价于 a is b。至于非默认的情况，第 14 章有详细讲述，此处不必深究。如果想要比较两个对象内容是否相等，以目前所学，只能专门写一个函数来逐个比较它们的每个属性。

第 17 行：**可以随时为一个对象添加属性**。此处让 student1 对象有了 gender 属性，但是其他 Student 对象，如 student2，并没有 gender 属性。所以，是为对象添加属性，而不是为类添加属性。

第 18 行：将 students 数组按照 gpa 从高到低排序，gpa 相同的，按 id 从小到大排序。

第 19、20 行的输出是：

```
Tom 1782 3.8 1988-11-02
Mary 1876 3.4 1988-12-02
Big Jack 1877 3.4 1988-01-02
Jane 1762 3.1 1989-04-02
```

如果要实现对象之间的复制，则不妨在定义类的时候，实现一个 copy 函数：

```
class point:
    def __init__(self,x,y):
        self.x,self.y = x,y
    def copy(self):
        return point(self.x,self.y)
a = point(3,4)
b = a.copy()
```

类名可以赋值给变量，如下（非计算机专业读者不需理解）：

```
class A:
    def __init__(self,x):
        self.x = x
b = A           #从此 b 就代表类名 A
c = b(5)        #生成一个 A 对象
print(c.x)      #>>5
```

除非学习了第 14 章，对类的概念和用法有深入的了解，不要试图用对象作为字典的键或集合的元素。

7.8 习题

1. 过滤多余的空格（P064）：一个句子中也许有多个连续空格，过滤掉多余的空格，只留下一个空格。

2. 统计数字字符个数（P065）：输入一行字符，统计出其中数字字符的个数。

3. 大小写字母互换（P066）：把一个字符串中所有出现的大写字母都替换成小写字母，同时把小写字母替换成大写字母。

4. 找第一个只出现一次的字符（P067）：给定一个只包含小写字母的字符串，请你找到第一个仅出现一次的字符。

5. 判断字符串是否为回文（P068）：输入一个字符串，输出该字符串是否是回文串。回文串是指顺读和倒读都一样的字符串。比如：abba，cccdeedccc 都是回文字符串。

6. 字符串最大跨距（P069）：有 3 个字符串 S，S1，S2，想检测 S1 和 S2 是否同时在 S 中出现，且 S1 位于 S2 的左边，并 S1 和 S2 不重叠。计算满足上述条件的最右边的 S2 的起始点与最左边的 S1 的终止点之间的字符数目。

7. 找出全部子串位置（P070）：两个字符串 s1，s2，找出 s2 在 s1 中所有出现的位置。

8. 石头剪刀布（P071）：已知两人有不同的周期性出拳序列，比如一人总是“石头-布-石头-剪刀-石头-布-石头-剪刀……”循环。问出拳 N 次后，谁赢得多。

石头剪刀布

9. 向量点积计算（P072）：给定两个 n 维向量 $a=(a_1,a_2,\ldots,a_n)$ 和 $b=(b_1,b_2,\ldots,b_n)$，求点积 $a\cdot b=a_1b_1+a_2b_2+\ldots+a_nb_n$。

★★10. 万年历（P073)：给定年月日，求星期几。已知 2020 年 11 月 18 日是星期三。本题不但有公元前年份，还有公元 0 年，这个和真实的纪年不一样。

11. 成绩排序（P093）：给出一些学生的姓名和成绩，将学生按从高到低排序。成绩相同的学生，按照姓名拼音从小到大排序。

成绩排序

12. 病人排队（P075）：请将登记的病人按照以下原则排出看病的先后顺序：①老年人（年龄>=60 岁）比非老年人优先看病；②老年人按年龄从大到小的顺序看病，年龄相同的按登记的先后顺序排序；③非老年人按登记的先后顺序看病。

13. 扑克排序（P094）：一副扑克有 52 张牌，红桃、黑桃、方片、梅花各 13 张，不包含大小王，现在 Alex 抽到了 n 张牌，请将抽到的 n 张牌按照牌面从大到小排序。

14. 回文子串（P076）：给定一个字符串，输出所有长度至少为 2 的回文子串。子串长度小的优先输出，若长度相等，则出现位置靠左的优先输出。

★15. 矩阵乘法（P077）：给定两个矩阵，计算其乘积。

★16. 矩阵转置（P078）：给定一个矩阵，求其转置矩阵。

★17. 计算鞍点（P079）：寻找一个矩阵的鞍点。鞍点指的是矩阵中的一个元素，它是所在行的最大值，并且是所在列的最小值。

18. 最简单的单词（P080）：现有数量巨大的单词，每个人都对 10 个单词进行评难度分，不同的人可能对同一个单词评分，如果单词被多个人评分，它的综合评分是这些评分的平均数，求综合评分最小的单词。

19. 校园食宿预订系统（P081）：某校园为方便学生订餐，推出食堂预订系统。食宿平台会在前一天提供菜单，学生在开饭时间前可订餐。食堂每天会推出 m 个菜，每个菜有固定的菜价和总份数，售卖份数不能超过总份数。假设共有 n 个学生点餐，每个学生固定点 3 个菜，当点的菜售罄时，学生就买不到这个菜了。请根据学生预订记录，给出食堂总的预订收入。

★★20. 更强的卷王查询系统（P082）：“卷王”的定义是：给定一组课程，这组课程全部上过的学生中，这组课程平均分最高的学生。小明已经通过复杂的数据挖掘手段得到了要分析的课程组所有学生的成绩，现在需要你按照上述定义，在每组课程中找出那个真正的“卷王”。学生有 100,000 人。

第8章 计算思维

穷人思维是用时间换金钱。

富人思维是用金钱换时间。

计算思维，就是用智慧换时间。

——作者

“计算思维”这个词现在很流行，许多培训机构都在宣扬要从小培养计算思维，似乎没点计算思维，就没法应对未来的挑战。计算思维是像计算机一样思维吗？当然不是，计算机不会思维，计算机做的事，都是人的思维的结果。计算思维是人的思维方式，按照这个名词的提出者周以真的说法，就是运用计算机科学的思维方式进行问题求解、系统设计，以及人类行为理解等一系列的思维活动。按照周的说法，计算思维有四大步骤。

（1）问题分解。将大问题分解成容易解决的小问题。

（2）模式识别。寻找待解决问题和已解决问题之间的相似之处，以及解决某类问题的普遍规律。

（3）抽象。提取最重要的需要关注的信息，忽略不相关的细节。

（4）制定算法。建立解决问题的流程或者规则，并使之能够解决其他类似问题。

在作者看来，如果用这四个步骤来描述编程解决问题的过程，那很容易理解。如果说要用这种思维方式去解决生活中的各种和编程无关的问题，那实在太牵强和费解。作为长期从事软件开发和编程教学的专业人员，作者自认为是不缺乏计算思维的，但是如何将上述计算思维运用到生活中和非计算机相关的工作中，作者基本完全没有头绪。也许期末按学号把考卷排个序，会用到一点计算思维——基数排序算法。

非计算机专业人员通过计算思维获得成功的典型例子，是 Thomas Petrofi（托马斯 彼得菲）。他是来自匈牙利的美国第一代移民，本专业是土木工程设计，后来又转行到证券公司炒股票、期货。Petrofi 自学过编程，有点计算思维。他发现纳斯达克股票市场波动起伏很大，机会可能稍纵即逝。而交易员都是手动操作，在屏幕上读取股价，终端键盘输入买卖的股票及报价。有时交易员多啃了口汉堡，可能就失去了一次低买或高卖的机会。Petrofi 设计了一个系统，接上了纳斯达克的股票终端机，自动获取股票数据，经过分析后自动下单，交易速度远超交易员，自然也就能把握更多的机会。Petrofi 凭借他的系统，在 1986 年到 1987 年间，赚了 5000 万美元。直到今天，通过计算机系统进行高频交易，仍然是金融高科技公司在股票市场获利的重要手段。其基本思路就是，哪怕每股只赚一分钱的交易也要做，但是这样的交易一天可以做几万次，通过积少成多获取大额利润。

由于作者并不从事非计算机专业的工作，因此对其他专业如何应用计算思维并无切身体验。在作者看来，对非计算机专业的人士来说，实实在在的计算思维，就是以下三条。

（1）知道现在计算机都能做些什么。

（2）能敏感地发现某个问题适合用计算机解决，并能积极主动地寻求相应的软件来解决。在找不到合适软件的情况下，如果问题很简单，那就自己写个程序来解决。

（3）如果请专业程序员解决问题，应该对问题的复杂性和程序员解决问题的质量略有评估能力，或能装作内行的样子，让程序员不敢忽悠。

第（1）条基本上只要多关注 IT 界新闻就能做到。而（2）（3）两条，倘若没有学过编程，就不可能做到。只学一点粗浅的编程，也还不够，必须对计算机科学的一些基本常识有所了解才行。这些基本常识，不是如何使用计算机、计算机都有哪些部件、怎么防计算机病毒之类的实践技巧，而是关于计算机科学基本理论的常识。掌握了这些常识，作者认为就有了计算思维的基础。作者能做到的，也就是帮读者打下基础。至于能否在这基础上发扬出计算思维，当属只可意会不可言传，得靠读者自己去悟。

8.1 计算机的本质

计算机科学的奠基人之一，英国数学家阿兰·图灵在 1936 年提出了一种称为“图灵机”的计算机器模型，所有现代计算机的计算过程本质上都和图灵机类似，且计算能力不超过图灵机。即：现代计算机能解决的问题，图灵机都能解决。实际上，以目前的物理学理论来看，不可能造出能解决图灵机无法解决的问题的机器——因为解决那样的问题，需要无限多的能量。用图灵机解决问题的严格描述过于抽象，可以通俗地用图 8.1.1 表示。

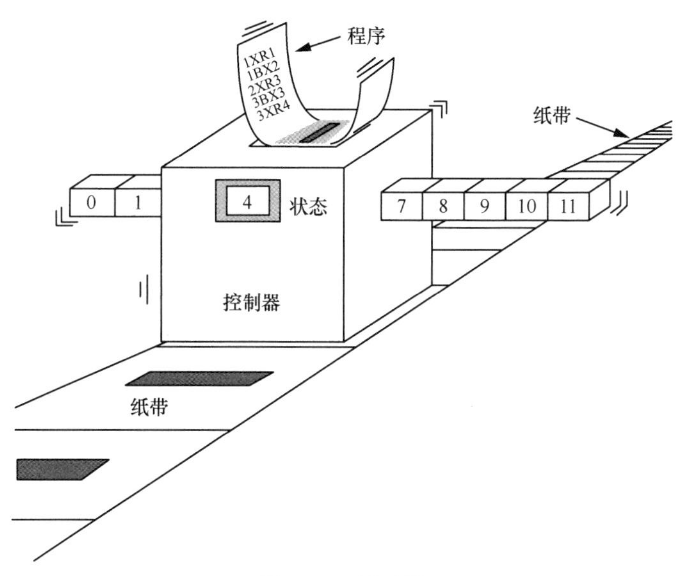

图 8.1.1　图灵机

图灵机有一个无限长的纸带，纸带上有一个个格子，每个格子可以写一个符号。还有一个可以在纸带上左右移动的控制器，控制器带读写头，可以读取或者改写纸带上格子里的符号。控制器里面还有一个状态存储器，记录图灵机当前的状态。有一个特殊状态，叫

“停机”，计算任务完成，就进入“停机”状态。可以用卡片给控制器输入一段程序，程序会根据当前状态以及当前读写头所在的格子上的符号来确定读写头下一步的动作（左移、右移、不动、读取、改写），并令机器进入一个新的状态或保持状态不变。后来，图灵又改进了图灵机，指出程序不需要通过另外的卡片输入给控制器，可以放在纸带上由控制器读取，这样图灵机模型就和现代电子计算机一样了——纸带相当于内存，控制器相当于CPU，计算机处理问题时，程序和程序要处理的数据，都存储在内存。数据从硬盘等外存读取到内存，算是处理问题前的准备，相当于往纸带上事先写好符号。

现代计算机本质上和图灵机一样，是信息处理装置。计算机所解决的一切问题，不论是文字编辑、视频播放、网络游戏、语音识别、下棋还是自动驾驶，本质上都是一台图灵机读入纸带上面代表问题的一些符号，然后把代表解的符号写到纸带上而已。我们看到的计算机呈现出来的纷繁复杂的视听效果，自动驾驶、无人机舞蹈等各种机器人的炫酷动作，只不过是代表解的符号的外在表现形式。

图灵机的控制器完全可以由齿轮等机械装置构成，纸带上的符号可以通过打孔来表示。如果有人给这个机械上发条，或者不停地摇动手柄提供动力，这个机器就能解决目前计算机所能解决的一切问题。那么，读者觉得这样的一个由纸带和齿轮构成的机械，会产生意识吗?

我们所说的“信息”，都是可以用0，1串表示的。**计算机只能处理信息，计算机所能解决的问题，必须可以被表示成一个0，1串；计算机寻求的那个解，也是一个0，1串。**比如下围棋，问题就是能表示当前棋局的0，1串，解就是代表最佳落子位置的0，1串。人类的意识和情感，是否是信息，没有人知道。所以，我们不知道从理论上来讲，人类自身能解决的问题，是否一定都能交给计算机解决，因为有些问题也许无法用信息表示，解也不是信息。

8.2 计算机解决问题的基本方法——穷举

用数学的方法解决问题，就是要找定理，推公式。有了定理和公式，就可以计算出答案。然而许多问题是没有定理和公式的，比如给定正整数 n，求小于 n 的最大质数——这个问题找不到可以算出解的公式。

非常常见的情况是：一个问题，直接找它的解很困难，然而验证一个可能的解，是否的确是该问题的解，却比较容易。这种情况下，就可以用“穷举”，也叫“枚举”的方法来求解。**所谓穷举，就是一个不漏地试，即对每个可能的解 *X*，都去判断 *X* 是否真的是问题的解。**当然如果已经试出问题的解，那么还没判断的可能解就不必再去判断。以求小于 n 的最大质数为例，验证任何一个小于 n 的整数是否是质数，可以从 $n-1$，$n-2$，到2依次判断每个整数是否是质数，找到的第一个质数，就是问题的解。

再举一个奥数题的例子：已知ABCD+ABCD=BCAD，问ABCD各代表什么数字（0～9）。解法就是对ABCD 4个字母代表数字的所有可能情况都试一遍，看哪种组合能满足等式。

计算机下围棋，用的也是穷举法，即判断一下如果下在这里，后面会怎样，下在那里，后面会怎样……然后挑一个看起来最好的点落子。

回顾一下前面用穷举法解决的例题：

例题 4.3.2：输入正整数 n 和 m，在 1 至 n 这 n 个整数中，取出两个不同的数，使得其和是 m 的因子，问有多少种不同的取法。解法：穷举取两个数的所有不同的取法，对每个取法判断其和是否是 m 的因子。

例题 4.4.1：输入 3 个整数，求它们的最小公倍数。解法：从小到大试每个整数，看是不是 3 个数的公倍数。

例题 5.1.1：八皇后问题。解法：八重循环穷举所有摆法，对每种摆法判断是否符合要求。

计算机的特点就是不知疲倦，不惧重复。**穷举是用计算机解决问题的基本方法之一，也许是最重要的基本方法。**

穷举法，从字面上看是要验证所有可能的解。但是，验证一个可能解是否正确，是需要花时间的。因此**改进穷举法的一个重要思路，就是不去验证显然不可能是答案的可能解。**以求 3 个数的最小公倍数为例，不需要验证每个数，只需要验证最大数的倍数即可；发现了最大数和另一个数的公倍数以后，就只需要验证该公倍数的倍数即可。以八皇后问题为例，如果一个摆放方案的前两行已经造成了冲突，那么前两行和该方案相同的所有摆放方案，都不必考查。

一个问题的所有可能解构成了一个“解空间”，解决问题就是要在这个解空间中通过验证可能解，来寻找真正的解。这个过程也称为“搜索”。减少需要验证的可能解的数量，称为“剪枝”，是提高搜索效率的关键。不进行剪枝的盲目搜索，即盲目的穷举，俗称“暴力”算法。如果计算机的运算速度无限快，即一秒钟能执行无穷多条指令，那么算法这门学科就基本没有研究的价值了，因为几乎任何问题都可以用暴力来解决——反正要枚举的可能解就算再多，也不是问题。

有的情况下，我们不但要找一个问题的解，还要找最优解，这常常也需要通过“搜索”来完成。比如将一个打乱的魔方用最少的步骤复原，就是一个通过搜索求最优解的问题。求最优解的基本思想是找到所有解，在里面挑最优的。具体到魔方问题，假定用不超过 100 步转动一定可以复原魔方，那么这个问题的解空间就是所有步数不超过 100 的转动的序列。这个解空间中可能解的数量无比巨大，是不可能验证完的，必须剪枝。一种重要的剪枝的技巧是记录到目前为止发现的最优解，在寻求一个可能的新解的过程中，如果发现该可能新解花费的代价已经大于等于目前最优解的代价，则该可能的新解就不用考虑了。以魔方问题为例，如果已经找到了一个 n 步复原的方案，那么所有步数大于等于 n 的其他方案，就都不需要去验证了。

★8.3 程序或算法的时间复杂度

时间复杂度

同样是编写程序解决问题，采用的方法（即算法）不一样，程序解决问题所花的时间，会有天壤之别。以求斐波那契数列第 n 项为例，理论上下面两个函数都可以解决：

解法 1：

```
def fib(n):
    a1 = a2 = 1
    for i in range(n-2):
        a2,a1 = a1+a2,a2
    return a2
```

解法 2：

```
def fib(n):
    if n <= 2:
        return 1
    else:
        return fib(n-1) + fib(n-2)
```

用解法 1 求第 10000 项，可以瞬间出结果。读者可以试试用解法 2 求第 100 项，多长时间出结果……别真的傻傻地等，用现在的个人计算机，十万年也算不出结果，原因是解法 2 存在大量重复计算，例如算 fib(5)时会把 fib(4)从头到尾递归算一遍，算 fib(6)时又要把 fib(4)从头到尾算一遍……

既然程序或者算法的时间效率有巨大区别，那么就需要用一个指标来衡量。一个程序或算法的时间效率，也称为“时间复杂度”，往往简称“复杂度”。复杂度常用大的字母 O 和小写字母 n 来表示，比如 $O(n)$，$O(n^2)$等。n 代表问题的规模，例如要排序的成绩单里学生的人数，要模糊处理的图像的像素个数等。可以不专业地认为，$O(x)$就是和 x 成正比的意思，至于到底是 x 的多少倍，并不重要。时间复杂度是用程序或算法运行过程中，某种时间固定的操作需要被执行的次数和 n 的关系来度量的。例如，在有 n 个元素的无序数列 a 中查找某个数 x，复杂度是 $O(n)$，因为查找时只能从头到尾将 a 看一遍——这叫顺序查找。如果 x 不在 a 中，则需要看完整个 a，“查看一个元素”这样的操作就会进行 n 次；如果 x 在 a 中，x 可能是第一个，也可能是最后一个，平均需要看 $n/2$ 个元素才能找到 x。不妨就按最坏的情况看，“查看一个元素”这样的操作需要进行 n 次，因此复杂度就是 $O(n)$。哪怕操作需要做 $2n$ 次、$3n$ 次，甚至 $10000n$ 次，我们都说复杂度是 $O(n)$，不关心前面的系数。

谈一个程序或算法的复杂度时，有“平均情况的复杂度”和“最坏情况的复杂度”这两个概念。有的时候这两种复杂度是不一致的。默认情况下，复杂度说的是前者。

计算复杂度的时候，只统计在问题规模足够大时，执行次数最多的那种时间固定操作的次数。比如某个算法需要执行加法 n^2 次，除法 $1000n$ 次，由于 n 足够大时，n^2 会大于 $1000n$，于是就记其复杂度是 $O(n^2)$。

如果操作次数是多个 n 的函数之和，则只关心随 n 的增长，增长得最快的那个函数，例如：$O(n^3+n^2)$等价于 $O(n^3)$，$O(2^n+n^3)$等价于 $O(2^n)$，$O(n!+3^n)$等价于 $O(n!)$。

如何计算程序或算法的复杂度，简单的例子有 7.4.3 小节所述的选择排序。上面求斐波纳契数列第 n 项的解法 1 的复杂度更是极好算，a2,a1=a1+a2,a2 这条语句的执行时间是固定的，它一共执行了 n-2 次，因此，解法 1 的复杂度就是 $O(n)$。但是复杂度的计算常常也会很困难，例如上面求斐波那契数列第 n 项的解法 2 的复杂度，就不好算。粗看会觉得是 $O(2^n)$，但更精确的答案是 $O(1.618^n)$。

有时候我们会提到一个问题的复杂度。一个问题的复杂度指的是能解决该问题的最快的算法的复杂度。比如排序这个问题，我们说其复杂度是 $O(n\times\log(n))$，因为目前最快的排序算法的复杂度就是 $O(n\times\log(n))$，而且已经证明，不存在复杂度更低的排序算法。

常见的问题有以下几种复杂度，从低到高为：

常数复杂度 $O(1)$　　时间(操作次数)和问题的规模无关

对数复杂度 $O(\log(n))$　对数的底是多少不重要

线性复杂度 O(n)

排序复杂度 O($n\times\log(n)$)

多项式复杂度 O(n^k)　　　　k 是常数

指数复杂度 O(a^n)　　　　a 是常数

阶乘复杂度 O($n!$)

在一个排好序的序列中找出最大值或最小值，复杂度是 O(1)。因为只要看第一个或最后一个元素即可，所花时间和序列元素个数无关。

在排好序的列表上查找某个元素，可以使用二分查找的办法，复杂度是 O($\log(n)$)。二分查找类似于在英文词典中查单词。假设词典有 n 页，那么要看几页，才能找到单词所在页面呢？高效的方法是，翻到词典正中间那页看一眼，就知道要查的单词在词典前一半还是后一半，于是半本词典就可以撕下来扔掉，查找范围缩小到原来的一半。再到剩下的半本词典正中的页面看一眼，就又能缩小一半查找范围。每看一页都能缩小查找范围一半，因此叫作二分查找。二分查找的查找范围以对数形式迅速下降，一本 1024 页的词典，只要看不超过 $\log_2 1024$ 页，即 10 页，查找范围就能缩小到只有 1 页，于是就能找到该单词，或确定单词不在词典里。庄子所说的“一尺之棰，日取其半，万世不竭”，是对“对数减少”（其反义词是“指数增长”）的惊人速度没有概念。日取其半，取个几十天，棰就只剩下一个原子了。如果算法能做到对数复杂度，那么问题规模哪怕大到全宇宙的原子数目那么多也不用担心。

在一个从小到大排好序的列表 a 中二分查找元素 x 的函数如下：

```
#prg0722.py
def binarySearch(a,x):
        L,R = 0, len(a) - 1            #查找区间起点和终点(含)
        while L <= R:                  #只要查找区间不为空
                mid = (L + R)//2
                if a[mid] == x:
                        return mid     #返回元素下标
                elif x < a[mid]:
                        R = mid - 1
                else:
                        L = mid + 1
    return -1                   #找不到x
```

在无序的列表中顺序查找元素的复杂度是 O(n)。

排序的复杂度是 O（$n\times\log(n)$）。

笨拙的排序算法，如插入排序、选择排序、冒泡排序等，复杂度是 O(n^2)。

汉诺塔问题的复杂度是 O(2^n)。指数增长的速度是惊人的，64 个盘子的汉诺塔问题，如果一秒移动一个盘子，到宇宙毁灭也做不完。

如果一个问题的复杂度到达指数级别，那么这个问题的规模稍大，就变得无法解决。整数的质因数分解，若将问题的规模视为整数二进制表示形式的位数，则在目前看来就是一个指数复杂度的问题，虽然还没有证明的确如此。随便找两个很大的质数 p，q，通过 $p\times q$ 可以得到整数 z。然而要将 z 分解质因数得到 p 和 q，目前还没找到多项式复杂度的算法，但也没有证明不存在这样的算法。在 z 很大，比如说其二进制表示形式有 2048 位的情况下，

想找到 p 和 q，目前就是不可能完成的任务。世界上最流行的加密算法——RSA 公开密钥算法，其难以破解的原因，就是“大整数的质因数分解很困难”。

计算机科学的核心，就是研究怎样才能快速地解决问题。因此，**计算思维，就是用智慧换时间。**

即便是非计算机专业的人士，使用 Python 时也有必要知道一些 Python 中操作的时间复杂度。否则设计的程序在处理大规模数据时，就有可能慢得无法忍受，甚至根本算不出结果。

Python 中常见的 O(1)复杂度的操作有：

（1）根据下标访问列表、字符串、元组中的元素；

（2）在集合、字典中增删元素；

（3）调用列表的 append 函数在列表末尾添加元素以及用 pop()函数删除列表末尾元素；

（4）用 in 判断元素是否在集合中或某关键字是否在字典中；

（5）以关键字为下标访问字典中的元素的值。

O(n)复杂度的操作有：

（1）用 in 判断元素是否在字符串、元组、列表中；

（2）用 insert 在列表中插入元素；

（3）用 remove 或 del 删除列表中的元素；

（4）字符串、元组或列表的 find、rfind、index 等执行顺序查找的函数；

（5）用字符串、元组或列表的 count 函数计算元素出现次数；

（6）用 max、min 函数求列表的最大值、最小值。

O(n×log(n))的操作有：Python 自带的排序函数。

☹ **常见错误：本该用字典或者集合进行查找的场合，却使用 in 或 index 在列表中进行查找，导致程序运行很慢。**在 OJ 系统上做某些题目，就可能导致超时的错误。初学者还常常没有时间观念，意识不到 sort、find、index 等操作需要的时间并非是可以忽略的常数，从而导致恣意浪费，比如下面的代码：

```
lst = []
for i in range(n):
    lst.append(int(input()))
    lst.sort()
```

对列表 lst 的排序，在添加完全部元素以后 sort 一次即可。每添加一个元素就 sort 一次，是严重的浪费。即便数据规模不大不在乎效率，如果被别人看见你写了这样的程序，那也是大失面子的。

还有初学者常写类似下面的程序：

```
print(max(lst)*max(lst))    #假设 lst 是个列表
```

max 函数的复杂度是 O(n)，这里无端地多用了一次 max 函数，非常铺张。**如果某个费时操作的结果要多次使用，那么就应该将该操作的结果存到变量里以后再用，而不是重复做该操作。**所以上面程序应该写成如下形式：

```
a = max(lst)
print(a*a)
```

用 Python 编程，有时不同的写法，尽管复杂度相同，速度可能也会相差数十倍甚至一百倍。假设 string 是个长字符串，下面的写法 1 就比写法 2 快约一百倍：

写法 1：

```
n = string.count('a')  #count 也要从头到尾把 string 看一遍，复杂度 O(n)
```

写法 2：

```
n = 0
for c in string:
        if c == 'a':
                n += 1
```

两种写法虽然复杂度一样，但是写法 1 只解释执行一条语句，count 函数的内部实现是机器指令，速度很快，而写法 2 要反复解释执行每条语句，所以明显更慢。

8.4 有序就能找得快

在生活中，如果东西分门别类有序摆放，要找到就会比较容易。图书馆的书，如果不分类，不按书名或书号排序，要找到一本书，就会非常困难。

让数据变得有序，是加快解决问题速度的一个重要方法。上节的 O（log(n)）复杂度的二分查找对比顺序查找，就是典型的例子。所以，如果经常需要在一堆元素里进行查找，那么不妨先将这堆元素放在列表里，排好序，然后就可以使用二分查找法。但是，如果还要频繁对这堆元素做添加和删除的操作，这个办法就不好使了。因为每次添加元素时，为了保持有序，需要将新元素插入到合适位置。寻找合适的插入位置可以用二分查找法，花费时间 O(log(n))，然而插入操作会导致其后面的元素都要后移，后移要花费 O(n)的时间。删除元素导致后面元素前移，一样要花费 O(n)的时间。有没有办法做到查找、插入、删除都很快呢？

有。计算机科学有一个领域叫作**“数据结构”，研究的就是如何有组织地存放数据，使得数据的添加、删除、更新、查找、统计都尽可能快。**如果我们用“平衡二叉树”这种数据结构存放一堆元素，就能使得在这堆元素上的添加、删除、更新、查找都可以用 O(log(n))的复杂度来完成。Python 的集合和字典，用到了“哈希表”这种数据结构来存放元素，因此增删、更新、查找基本都能在 O(1)时间内完成。

计算机科学还有一个领域叫“数据库”，研究的就是如何将海量的数据以合理的组织结构存放在外存，使得数据的添加、删除、更新、查找、统计都尽可能快。搜索引擎、网购平台、网上银行、论坛、选课系统……任何数据略有规模的软件系统，都离不开数据库技术的支持。

各种数据结构都体现了一种思想，即**多花费存储空间，往往就能节约时间**。因为各种数据结构，除了存储数据本身，还要存储许多辅助信息。例如用字典存储数据，比用列表存储数据查找速度快，但是代价就是字典比列表需要更多的存储空间。空间换时间，有时还体现在，**把计算结果保存起来重复利用以避免重复的计算**。

本书中第 7 章例题 7.4.1 校门外的树可以体现利用有序以提高解题效率的思想。那一章中的解题程序，复杂度是 O(M×L)。如果将 M 个区域按照起点坐标从小到大排序后依次处理，则可以做到复杂度是 O（$M \times \log(M)$）。请读者自行参阅读配书资源包中的程序 prg0721.py。

8.5 习题

1. 计算机解决问题，本质就是将内存中存放的一个 0，1 串，处理成内存中存放的另一个 0，1 串。

2. 穷举是用计算机解决问题的基本方法之一，穷举时不要去验证显然不可能是答案的可能解。

3. 同样是编写程序解决问题，采用的方法（即算法）不一样，程序解决问题所花的时间会有天壤之别，因此要有时间复杂度的概念。

4. 有序就能找得快。“数据结构”研究的就是如何有组织地存放数据，使得数据的添加、删除、更新、查找、统计都尽可能快。

5. 多花费存储空间，往往就能节约时间。把计算结果保存起来重复利用以避免重复的计算。

第9章 文件读写

9.1 概述

在计算机系统中，断电以后还能保存的数据都是以文件的形式存放在外存（硬盘、U盘、SD卡等）的。许多要分析和处理的数据都是以文件形式存在的，对数据分析处理的结果往往也要保存为文件的形式。因此，各种程序设计语言都提供进行文件读写的手段。

虽然所有的文件归根到底都是二进制0，1串，但是通常人们还是把文件分为文本文件和二进制文件两大类。文本文件的内容就是由某种通用编码（ASCII、UTF-8、GBK 等）表示的文字，各种语言的文字都可以，可以看作一个字符串。文本文件在记事本里打开能够阅读，文件名通常以“.txt”“.html”“.csv”作为扩展名。二进制文件的内容则并非文字，在记事本中打开，看到的是乱七八糟看不懂的东西，俗称乱码。大部分文件都是二进制文件，如可执行程序文件（扩展名为“.exe”）、图像文件（扩展名为“.jpg”“.png”等）、视频文件（扩展名为“.avi”“.mp4”“.mpeg”等）、音频文件(扩展名为“.mp3”“.wav”等)。Word文件、PDF文件虽然内容基本都是文字，但是这些文字在文件内部并不是用某种通用编码表示的，而是用一些特殊的格式表示的，因此只能用相应的软件才能打开看，在只能处理通用编码的记事本里打开看，则也是乱码。

在Python中对文件进行读写，都需要先打开文件，然后读写，最后关闭文件。

Python中的open函数可以用来打开文件：

```
open(file,mode='r',buffering=-1,encoding=None,errors=None,newline=None,closefd
=True)
```

可以看到，open函数有很多参数，除了第一个参数file代表文件名，不能缺省以外，其他参数都有默认值。除了file外一般我们只会用到mode和encoding两个参数。

mode参数表示打开文件的模式，是个字符串，可以有表9.1.1所示的几种取值。

表 9.1.1 mode 参数取值

打开模式	含义
r	以读的方式打开文件，只能读取文件内容，不能写入。如果文件不存在，则引发 Runtime Error
w	以写的方式打开文件。目的是创建一个文件，并往里面写入数据。文件打开后不能读取其数据，只能写入。如果文件本来就存在，则原文件会被覆盖
a	以添加的方式打开文件。打开后不可读取文件内容，只能写入数据。如果文件本来不存在，则创建之。如果文件本来就存在，则写入的数据被添加到原文件末尾

续表

打开模式	含义
r+	以读写方式打开文件。如果文件本来不存在，则引发 Runtime Error。如果文件本来存在，则可以读取其内容，也可以向其中写入数据
w+	以读写方式打开文件。创建文件，如果文件本来存在，则原文件会被覆盖。可以往文件里写入数据，也可以从文件里读取数据
a+	以添加和读方式打开文件。如果文件本来不存在，则创建之。如果文件本来就存在，则写入的数据被添加到原文件末尾，且可以读取文件的数据

另外，还可以在打开模式字符串里加上字符“b”，表示打开的是二进制文件。如“rb”“wb”“r+b”“w+b”等。不带字符“b”，就认为打开的是文本文件。

encoding 参数是个字符串，表示文本文件的编码，一般只在处理文本文件的时候有用。调用 open 函数时如果不给出这个参数，则使用操作系统默认的编码。同一操作系统也可能由于系统设置的原因导致默认编码不同。因此打开文本文件时，还是明确指定编码为好。文本文件的编码通常有 UTF-8 和 GBK 两种，关于编码的详细解释在下一节。

open 函数会返回一个值，称作“文件对象”。文件打开之后，对文件的各种操作都是通过文件对象来进行的。

如果是以文本方式打开文件，那么读取和写入的数据都是字符串。每次读写操作至少读写一个字符（一个字符可能是由多个字节表示的）。如果是以二进制方式打开文件，那么读取和写入的数据都是字节流，每次读写操作至少读写一个字节。字节流是 Python 中的一种数据类型，名为 bytes，任意多个字节的数据都可以算一个字节流。比如一个图像文件大小是 234445 字节，那么用二进制方法打开该文件后，就可以将整个图像文件的内容都读取到一个长度为 234445 字节的字节流中去。

文件打开后，不论有没有进行读写操作，记得一定要关闭。文件对象有 close()成员函数用于关闭文件。

文件对象的读写函数见表 9.1.2。读写的是字符还是字节，取决于文件的打开方式是文本方式还是二进制方式。

表 9.1.2　文件对象的读写函数

函数	功能
readall()	读取整个文件的内容到一个字符串或一个字节流
read(x)	读取长度为 x 的内容到字符串或字节流。不写参数则读取整个文件的内容
readline(x)	读取文件当前行中的前 x 个字符或字节。不写参数则读取一整行
readlines(x)	读取文件中的 x 行内容到字符串列表或字节流列表。不写参数则读取所有行
write(x)	将字符串 x 或字节流 x 写入文件
writelines(x)	将一个字符串列表 x 或字节流列表 x 的元素写入文件

9.2 文本文件的编码

文本文件的内容都是文字。这些文字当然也都是用 0，1 串来表示的。用 0，1 串表示文字，可以有不同的方案。比如，用 00000000 表示 'a'，用 00000001 表示 'b'，用 00000010 表

示 'c'……是一种方案，用 01100001 表示 'a'，用 01100010 表示 'b'……则是另一种方案。这两种方案都用 8 个比特表示一个字母。在有的方案中，甚至可以用不同的比特数来表示不同字母，常用的字母比特数少，不常用的字母比特数多，这样可以节省文章的存储空间。用 0，1 串表示文字的一套方案，就称为“编码”。常见的编码有 ASCII 编码、GBK 编码、Unicode 编码、UTF-8 编码等。

文本文件的编码

ASCII 编码是一套表示英文字母、数字、常用标点符号的方案，它用 8 个比特表示一个字符。8 比特二进制数的取值范围是 0 到 255，因此 ASCII 编码最多只能表示 256 个字符，但足以覆盖能通过计算机键盘输入的那些符号。在 ASCII 编码中，'a' 用 01100001 表示，我们就说 'a' 的 ASCII 编码是 01100001。“编码”这个词，有时指的是一整套方案，有时指的是一个字符的二进制表示形式，请读者自行分辨。键盘上的字符，其 ASCII 编码的范围在 0 到 127 之间，即它们的二进制表示形式的最高位（最左位，亦即第 7 位，因最右位称为第 0 位）都是 0。不妨把这些字符称为常规字符。常规字符以外的 ASCII 编码字符往往不可显示，或显示为奇怪的字符，比如一张笑脸之类，因此也有说法认为有效的 ASCII 编码范围就是从 0 到 127。

显然，用 ASCII 编码无法表示汉字。GB2312 编码是我国颁布的一套能表示汉字和常规字符的编码，称为国标码。在这套编码中，常规字符的编码和 ASCII 编码相同，但是每个汉字则用 2 个字节，即 16 个比特表示。每个汉字所对应的两个字节，最高位都是 1，这样就能够和常规字符区分开来。解读 GB2312 编码信息时，碰到最高位为 0 的字节，则认为其是一个常规字符，碰到连续两个最高位为 1 的字节，就将其当作一个汉字看待。落单的最高位为 1 的字节，还是看作 ASCII 编码字符，只不过这些字符往往显示为乱码。GB2312 编码有一种修订方案称为 GBK 编码，能表示的汉字更多。我国台湾地区则用单独规定的一套 BIG5 编码表示繁体汉字。

Unicode 编码是国际通用的文字编码，用 2 个字节表示一个字符，共能表示 65536 个字符。由于世界上大部分语言都是使用字母的拼音语言，没有几个字符，因此 Unicode 可以表示全球常用语言中的常用字符。常规字符在 Unicode 编码中也是用 2 个字节表示，其中低字节和 ASCII 编码一样，高字节就是 0。一篇由常规字符构成的文章，用 ASCII 编码表示，显然比用 Unicode 表示节省空间。由于互联网上绝大部分信息，比如各种网页，都是用常规字符表示的，这些信息存储或者传输的时候如果用 Unicode 编码，就会比用 ASCII 编码多费一倍的空间或时间，因此就有了更节约存储空间和传输时间的 UTF-8 编码。

UTF-8 编码不是定长编码，即不同字符在 UTF-8 编码中的字节数是不一样的。常规字符在 UTF-8 编码中都是用 1 个字节表示，且和 ASCII 编码相同。某些语言的字符在 UTF-8 编码中用 2 个字节表示。常用的约 2 万汉字，在 UTF-8 编码中用 3 个字节表示。还有一些字符用 4 个字节甚至更多字节表示。一篇中英文混合的网页，用 ASCII 编码无法表示，用 Unicode 编码和 UTF-8 编码都能表示。如果该网页以英文为主，用 UTF-8 编码表示就比用 Unicode 编码节省空间；如果以中文为主，结果就相反。由于互联网和大多数常用操作系统都是美国人发明的，且事实上网络上的大部分信息都是常规字符组成的，因此文字信息在传输和存储在外存时通常都是用 UTF-8 编码。

内存中的字符串如果用 UTF-8 编码表示，处理起来会比较麻烦。比如要找字符串中下标为 i 的字符，由于 UTF-8 编码不定长，没法迅速算出这下标为 i 的字符在字符串中位于第几个字节的位置，因此很可能得把前 i 个字符都看一遍才能找到下标为 i 的字符，这样效率就会低得不可接受。因此，**内存中的字符串，都采用 Unicode 编码，即所有字符，包括常规字符，都是用 2 个字节表示**。ord(x)就是求字符 x 的 Unicode 编码，chr(x)就是求 Unicode 编码为 x 的字符。Python 程序中的字符串都是 Unicode 编码，当字符串被写入文件的时候(例如用文件对象的 write 函数往文件里写入字符串)，会将其转为文件打开时指定的编码，然后再写入；从文件里读取字符串到内存的时候(例如用文件对象的 readline 读取一行)，读到的字符串是将文件里的字符串转换成 Unicode 编码以后的样子。

文本文件常见的编码有 GBK 和 UTF-8 两种。在 Windows 中用记事本新建一个文本文件，保存或另存为的时候，在对话框下方有一个编码选择下拉框，有 UTF-8 和 ANSI 等编码可选。如果选 ANSI，就表明要存成 GBK 编码。以中文为主的文件，存成 GBK 编码比 UTF-8 编码节省空间。

用“r”或“r+”模式打开已有的文本文件的时候要指定文件的编码。如果不指定，就使用默认的编码。如果文件的实际编码和打开文件时使用的编码不一致，那么很可能在打开或读取文件的过程中，会产生无法识别编码的 Unicode Decode Error 类型异常，或者读取的字符串是乱码。可以引入异常处理机制，如果发现编码异常，就换一个编码再读取。

用“w”“a”“w+”“a+”模式打开文件，也要指定编码。如果不指定，同样使用默认编码写入文件。默认编码到底是什么编码，很难说。所以打开文件最好都指明编码。

一般来说，Python 程序的.py 文件必须存成 UTF-8 编码才能运行。如果存成 ANSI（GBK）编码，则应该在文件开头写一句：

```
#coding=gbk
```

如果读取文本文件的时候，不知道到底是什么编码，可以用第三方库 Chardet 来判断文件编码。执行 pip install chardet 可以安装 Chardet 库（如何安装库参见 11.1 节）。用法如下（现阶段不需要理解，照抄就行）：

```
#prg0723.py
1.  import chardet
2.  def getEncoding(filename): #返回值是个字符串，代表文件的编码
3.      f = open(filename, 'rb') #注意一定要用'rb'，代表二进制读方式打开文件
4.      data = f.read()
5.      f.close()
6.      return chardet.detect(data)['encoding']
7.  encoding = getEncoding('三国演义 utf8.txt')
8.  print(type(encoding),encoding) #>><class 'str'> UTF-8-SIG
```

第 4 行：如果觉得读入整个文件来判断编码有点浪费，想少读一点，也可以写 data=read(2000)，只读取 2000 个字节来判断，一般也够了。

需要注意的是，用 Chardet 判断文件编码，不是绝对可靠的，有较小概率出现误判。

有一些 UTF-8 编码的文件，开头带三个字节的标记，俗称 BOM，其十六进制形式为 EFBBBF，用以表明这是一个 UTF-8 编码的文件。对这种文件，用 readlines 或 readline 读入时，第一行会在行首多出一个输出时不会显示出来的字符，那就是这个 BOM 标记。输出第一行的头一个字符，看有没有显示，就知道文件是否带 BOM 标记。

9.3 读写文本文件

读写文本文件

要读写文本文件，首先用 open 函数打开文件，将 open 的返回值，即文

件对象赋值给一个变量，例如 f，以后就可以用 f 的成员函数对文件进行读写。下面的程序创建一个编码为 UTF-8 的文本文件并往里面写入字符串，这个文件是 C 盘的 tmp 文件夹下的 t.txt：

```
1.  a = open("c:\\tmp\\t.txt","w",encoding="utf-8")
2.  #注意若文件本来存在，就会被覆盖
3.  a.write("good\n")
4.  a.write("好啊\n")
5.  a.close()
```

需要注意，文件夹 c:\tmp 必须本来就存在，创建文件才可能成功。open 函数不会新建文件夹。运行后文件 c:\tmp\t.txt 内容：

```
good
好啊
```

如果要生成 GBK 编码的文件，则调用 open 函数时可以指定 encoding="gbk"。

下面程序从刚才生成的文件中读取数据：

```
1.  f = open("c:\\tmp\\t.txt","r", encoding="utf-8")  #"r"方式表示读取
2.  lines = f.readlines()      #lines 是个字符串列表，每个元素是一行
3.  f.close()
4.  for x in lines:
5.      print(x,end="")
```

输出：

```
good
好啊
```

第 2 行：读取全部文件内容到字符串列表 lines。lines 里的每个元素就是一行，每一行包括行末的换行字符"\n"，因此空行也会对应一个元素，就是"\n"。

如果文件特别巨大，比如数百兆或更多，用 readlines 一下子把整个文件读入内存然后再处理，可能会比较慢。下面两种方式都可以逐行读入文件内容并逐行处理，输出结果都与前面的程序相同：

```
1.  f = open("c:\\tmp\\t.txt","r",encoding="utf-8")
2.  for x in f:  #x 就是一行，包括结尾的"\n"
3.      print(x,end="")
4.  f.close()
```

或

```
1.  f = open("c:\\tmp\\t.txt","r", encoding="utf-8")
2.  while True:
3.      data = f.readline()     #带结尾的换行符 "\n"。空行也有一个字符，就是"\n"
4.      if data == "":          #此条件满足就代表文件结束
5.          break
6.      print(data,end="")
7.  f.close()
```

第 3 行：readline 读入的字符串，是包含行末的"\n"的。读入空行时，data 的值就是"\n"。如果不想要换行字符，可以用 data=data.rstrip() 去掉。

第 4 行：readline 返回空串就代表文件已经读完。

以读的方式打开文件，如果文件不存在，或者指定的编码有误，则会引发异常。可靠的程序应当在打开文件时进行异常处理，以免程序难看地中止：

```
1.  try:
2.      f = open("c:\\tmp\\ts.txt","r", encoding="utf-8")
3.      #若文件不存在，会产生异常，跳到except后面执行
4.      lines = f.readlines()
5.      f.close()
6.      for x in lines:
7.          print(x,end="")
8.  except Exception as e:
9.      print(e)
```

第 9 行：如果文件不存在，则输出有可能是如下内容。

```
[Errno 2] No such file or directory: 'c:\\tmp\\ts.txt'
```

可以在已有的文本文件后面添加内容，写法如下：

```
f = open("c:\\tmp\\t.txt","a",encoding="utf-8")
#"a"要打开文件添加内容。若文件本来不存在，就创建文件
f.write("新增行\n")
f.write("ok\n")
f.close()
```

9.4 文件的相对路径和绝对路径

在用 open 函数打开文件的时候，文件名可以写绝对路径，也可以写相对路径。路径也叫文件夹，或者目录(path、folder 或 directory)。绝对路径就是文件名包含磁盘的盘符，能够看出这个文件到底放在哪里，如“c:/tmp/me/test.txt”，指明文件 test.txt 在 C 盘上的 tmp 文件夹的 me 子文件夹下面。相对路径则没有盘符，仅从文件名无法看出这个文件到底存放在哪里，还需要知道“当前文件夹”（也叫当前路径或当前目录）是什么才能准确定位该文件。程序运行时，会有一个“当前文件夹”，打开文件时，如果文件名不是绝对路径形式，则都是相对于当前文件夹的。下面是一些文件名的相对路径的写法。

```
"readme.txt"                  文件在当前文件夹下
"tmp/readme.txt"              文件在当前文件夹下的 tmp 文件夹里面
"tmp/test/readme.txt"         文件在当前文件夹下的 tmp 文件夹下的 test 文件夹里面
"../readme.txt"               文件在当前文件夹的上一层文件夹里面
"../../readme.txt"            文件在当前文件夹的上两层文件夹里面
"../tmp2/test/readme.txt"     文件在当前文件夹的上一层文件夹的 tmp2 文件夹的 test 文件夹里面。
                              tmp2 和当前文件夹是平级的，在同一个文件夹里面
"/tmp3/test/readme.txt"       文件在当前盘符的根文件夹下的 tmp3/test/里面
```

“..”表示上一层文件夹。文件路径中的“/”也可以写成“\”。比如“c:/tmp/test.txt”和“c:\\tmp\\test.txt”以及 r“c:\tmp\test.txt”三者是等价的。

一般情况下，程序运行时的当前文件夹，就是程序的.py 文件所在的文件夹。在 PyCharm 里面运行程序，就是如此。

程序可以获取当前文件夹，以及改变当前文件夹：

```
1.  import os
```

```
2.  print(os.getcwd())                     #os.getcwd 返回程序的当前文件夹
3.  os.chdir('/Users/guo_w/Desktop/')      #os.chdir 改变程序的当前文件夹
4.  print(os.getcwd())
```

将上面的程序放在 c:\tmp5\test 文件夹下，从 PyCharm 里运行程序，得到以下输出：

```
c:\tmp5\test
c:\Users\guo_w\Desktop
```

在以命令行方式运行程序时，cmd 窗口的当前文件夹就是程序的当前文件夹，不论程序存在哪里。假设 c:\tmp\test 文件夹下有如下程序 t1.py：

```
import os
print(os.getcwd())
```

进入 cmd 窗口，进入 c:\music\violin 文件夹，以如下命令行方式运行 t1.py：

```
C:\WINDOWS\system32\cmd.exe

C:\music\violin>python c:\tmp5\test\t1.py
C:\music\violin

C:\music\violin>
```

可以看到，输出结果是：

```
c:\music\violin
```

调用 open 函数时，通过绝对路径能指明文件的位置，通过相对路径再结合当前路径，也能说明文件的具体位置。如果以读的方式打开文件，而具体位置的那个文件并不存在，则会引发异常。

★9.5 文件夹的操作

文件夹的操作

Python 自带的 os 库和 shutil 库中有函数可以用来操作文件和文件夹（目录），文件夹操作函数见表 9.5.1。

表 9.5.1 文件夹操作函数

函数名	功能
os.chdir(x)	将程序的当前文件夹设置为 x
os.getcwd()	求程序的当前文件夹
os.listdir(x)	返回一个列表，包含文件夹 x 中的所有文件和子文件夹的名字
os.mkdir(x)	创建文件夹 x
os.path.exists(x)	判断文件或文件夹 x 是否存在
os.path.getsize(x)	获取文件 x 的大小（单位：字节）
os.path.isfile(x)	判断 x 是不是文件
os.remove(x)	删除文件 x
os.rmdir(x)	删除文件夹 x。x 必须是空文件夹才能删除成功
os.rename(x,y)	将文件或文件夹 x 改名为 y。不但可以改名，还可以起到移动文件或文件夹的作用。例如，os.rename("c:/tmp/a","c:/tmp2/b") 可以将文件夹或文件"c:/tmp/a"移动到"c:/tmp2/"文件夹下面，并改名为 b。前提是 tmp2 必须存在
shutil.copyfile(x,y)	复制文件 x 到文件 y。若 y 本来就存在，会被覆盖

要列出当前文件夹下所有的文件，可以用 os 库的函数 os.listdir()，其返回一个列表，

元素是当前文件夹下所有文件和文件夹的名字。

假设 c:\tmp 文件夹下有文件 t.py、a.txt、b.txt 和文件夹 hello，程序 t.py 如下：

```
import os
for x in os.listdir():
    if os.path.isfile(x):  #判断 x 是不是文件
        print("file:", x, end= ", " )
    else:
        print("folder:", x, end = ", " )
```

则运行 t.py 输出结果为：

```
folder: hello, file: a.txt, file: b.txt, file: t.py
```

可见 listdir 列出来的文件或文件夹名字是不带路径的。

os.rmdir 删除文件夹时要求文件夹为空。如果要删除一个并不为空的文件夹，就要自己写下面的递归函数:

```
#prg0730.py
1.  import os
2.  def powerRmDir(path):                          #删除文件夹 path
3.      lst = os.listdir(path)
4.      for x in lst:
5.          actualFileName = path + "/" + x
6.          if os.path.isfile(actualFileName):     #判断 actualFileName 是不是文件
7.              os.remove(actualFileName)
8.          else:
9.              powerRmDir(actualFileName)         #actualFileName 是文件夹
10.     os.rmdir(path)
11.
12. powerRmDir(r"C:\tmp\tmpphoto")
```

调用 powerRmDir 函数时给的参数可以是绝对路径，也可以是相对路径。**读者若想在自己的计算机上测试一下这个函数，一定要小心，删除的文件夹是不能从回收站恢复的。**

文件夹 path 必须为空以后才可以用 os.rmdir(path)删除，因此先要将 path 里面的所有文件和子文件夹删掉。第 4 行到第 9 行遍历 path 中的所有文件和文件夹，并逐个删除。

第 5 行：x 是一个文件夹或者文件的名字，是不带路径的，因此要对文件或文件夹 x 进行处理，需要在其名字前面加上路径 path。否则一直都在当前文件夹下找 x，而在这个程序中，当前文件夹一直不变，那么只要 x 不在当前文件夹下，就会找不到 x。

类似地，可以编写如下一个函数获取指定文件夹下所有文件的总大小：

```
#prg0740.py
1.  def getTotalSize(path):
2.      total = 0
3.      lst = os.listdir(path)
4.      for x in lst:
5.          actualFileName = path + "/" + x
6.          if os.path.isfile(actualFileName):
7.              total += os.path.getsize(actualFileName)
8.          else:
9.              total += getTotalSize(actualFileName)
10.     return total
```

需要编程对文件夹进行操作的时候，都可以模仿上面两个函数的写法。

★9.6 命令行参数

设想编写一个 Python 程序 count.py，功能是统计一个英文文本文件里单词出现的次数，那么必然会用它来处理不同的文件。如果每次运行都要启动 PyCharm，在程序里修改要处理的文件名，显然非常麻烦。简便的办法是用命令行方式运行该程序。比如，在命令行窗口输入 python count.py c:/tmp/a1.txt，就能统计 c:/tmp/a1.txt 里的单词频率；输入 python count.py a2.txt，就能统计 a2.txt 里单词的频率，不需要修改 count.py。

在命令行窗口输入 python count.py a1.txt 运行 count.py 时，count.py 程序如何知道需要对文件 a1.txt 进行处理呢？程序员编写 count.py 时并不知道用户要运行它来处理 a1.txt。命令行参数就是用来解决这个问题的。

如图 9.6.1 所示，在命令行输入以下内容：

```
python hello.py a1.txt a2.txt "hello world"
```

来运行程序 hello.py，则“hello.py”“a1.txt”“a2.txt”“hello world”都是命令行参数。命令行参数之间用空格分隔，如果命令行参数本身就有空格，则应该用双引号将其括起来，如“hello world”。在程序中执行 import sys，然后通过 sys.argv 就可以获得命令行参数。若 hello.py 如下：

```
1.  import sys
2.  print(len(sys.argv))
3.  for x in sys.argv:
4.      print(x)
```

则输出结果是：

```
4
hello.py
this
is
hello world
```

程序输出命令行参数的个数，以及所有命令行参数。

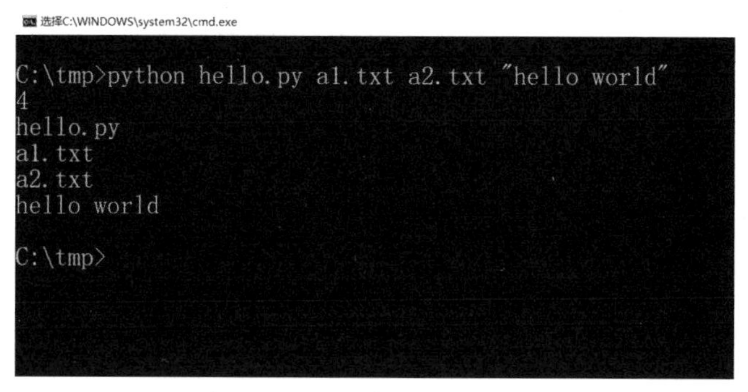

图 9.6.1 命令行参数示例

可见，sys.argv 是个列表，每个元素都是字符串，对应一个命令行参数。sys.argv[0]就是程序的文件名“hello.py”，sys.argv[1]就是“a1.txt”，sys.argv[2]就是“a2.txt”，sys.argv[3]就是“hello world”。Python 启动 hello.py 的时候自动将命令行参数放到 sys.argv 里面。

如果在 PyCharm 中运行程序，可以单击“Run→Edit Configurations”菜单，在设置界面右边的“Parameters”编辑框中输入命令行参数。

★9.7 文本文件处理综合实例

给定若干篇英文文章，一个大学英语四级词汇表，一个单词原型和变化形式的对照表，要求统计四级词汇表中哪些单词在这些文章中出现过，以及出现的总次数。统计结果存在一个文件里，按单词出现次数多少降序排列。一个单词的变化形式，统计的时候要看作原型统计。例如，“did”和“done”都当作“do”统计。另外，所有单词都转成小写统计。

每篇英文文章是一个文本文件，扩展名是“.txt”，格式如下：

```
    When many couples decide to expand their family, they often take into consideration
the different genetic traits that they may pass on to their children. For example, if
someone has a history of heart problems, they might be concerned about passing that on
to their children as well.
    They asked:"What are you doing here?" I didn't answer.
    ……
```

大学英语四级词汇表存在文本文件 cet4words.txt 中，格式是每行一个单词：

```
a
about
above
……
```

单词的原型和变化形式对照表存在文本文件 word_varys.txt 中，格式如下:

```
act
    acted|acting|acts
action
    actions
active
    actively|activeness
```

每两行对应一个单词，第一行是单词原型，第二行是单词的变化形式，用“|”隔开。

假设这个程序名为 prg0750.py，希望用命令行方式运行它，可以指定将结果写入不同的文件。比如 python prg0750.py result.txt 就可对当前文件夹下的所有.txt 文件(cet4words.txt 和 words_varys.txt 除外)进行统计，并将统计结果写入 result.txt 文件。

存放统计结果的文件格式如下：

```
the  60
a    48
be   40
and  20
```

每行一个单词，单词和出现总次数之间用制表符分隔。

这是一个很真实的数据处理案例，是作者开发英语软件过程中用到的。这个任务涉及字符串处理、函数、字典、集合、排序、正则表达式、命令行参数，基本上把前面所学的内容都用到了。处理过程如下。

（1）构造一个字典 resultDict，用于存放统计结果。元素的键是单词，值是出现总次数。

resultDict 开始是个空字典。

（2）读入 word_varys.txt，将单词的原型和变化形式的关系存入一个字典 varyWordsDict，以便碰到文章中的单词时，可以查到它的原型。varyWordsDict 的每个元素中，键是单词的变化形式，值是单词的原型，如 {"done":"do", "did":"do", "does":"do", "are":"be", "is":"be" ......}。

（3）读入 cet4words.txt，将其中的单词放入一个集合 cet4Set 中。

（4）对当前文件夹下面的每个文本文件，将其所有内容读入一个字符串 s。将 s 从头到尾看一遍，找出所有非英文字母的字符，放到集合 splitChars 中。

（5）将 splitChars 中的所有字符取出来拼接成一个正则表达式 splitStr，用 re.split(splitStr,s) 对 s 进行分割，得到一个所有文章中的单词构成的列表 listWords。

（6）遍历 listWords。对其中的每个单词，到字典 varyWordsDict 中查其原型。如果查不到，就认为该单词本身就是原型。该单词的原型如果不在集合 cet4Set 中，则忽略；如果在 cet4Set 中，则用字典 resultDict 记录其出现次数。

（7）统计完所有文件后，将 resultDict 中的元素全部取出放入列表，并将该列表排序后输出。

步骤（2）、（3），以及生成 splitChars 和 splitStr 的过程都可以写成函数。对单个文件的处理过程也写成一个函数。

整个单词处理程序如下：

```
#prg0750.py
1.  import sys
2.  import re
3.  import os
4.  resultDict = { } #用于存放统计结果的字典
5.  def makeVaryWordsDict(): #构造字典 vary_words
6.      vary_words = { }
7.      #元素为“变化形式:原型”，如 {"acts":"act","acting":"act"…}
8.      f = open( "word_varys.txt","r",encoding="utf-8")
9.      lines = f.readlines()
10.     f.close()
11.     L = len(lines)
12.     for i in range(0,L,2): #每两行是一个单词的原型及变化形式
13.         word = lines[i].strip()     #单词原型
14.         varys = lines[i+1].strip().split("|")   #变化形式
15.         for w in varys:
16.             vary_words[w] = word  #加入“变化形式:原型”，w 的原型是 word
17.     return vary_words
18.
19. def makeCet4Set():    #构造集合 cet4words
20.     cet4words = set()
21.     f = open( "cet4words.txt","r",encoding="utf-8")
22.     lines = f.readlines()
23.     f.close()
24.     for line in lines:
25.         cet4words.add(line.strip())  #将四级单词加入集合
26.     return cet4words
27.
```

```
28. def makeSplitStr(txt):  #构造 splitStr，txt 是整个文件的内容
29.     splitChars = set()
30.     #下面找出所有文件中非字母的字符，作为分隔符
31.     for c in txt:
32.         if not ( c >= 'a' and c <= 'z' or c >= 'A' and c <= 'Z'):
33.             splitChars.add(c) #非字母的字符都是分隔字符
34.     splitStr = ""
35.     #下面生成用于 re.split 的分隔符字符串
36.     for c in splitChars:
37.         if c in ['.','?','!','"',"'",'(',')',
38.                  '|','*','$','\\','[',']','^','{','}']:
39.             splitStr += "\\" + c + "|"
40.         else:
41.             splitStr +=  c + "|"
42.     splitStr+=" "
43.     return splitStr
```

re.split 的用法见 7.2.5 小节。第 36 行到第 41 行是将所有分隔字符用“|”拼接起来，形成一个能在 re.split 中用的正则表达式，样子类似于",|:|\.|\?|"。在正则表达式中，一些特殊字符，如“.”“?”等，前面要加“\”，体现在第 39 行。

```
44. def countFile(filename,varyWordDict,cet4Set): #统计一个文件
45.     try:
46.         f = open(filename,"r",encoding="utf-8")
47.     except Exception as e:
48.         print(e)
49.         return
50.     txt = f.read()  #将文章全部内容读入字符串 txt
51.     f.close()
52.     splitStr = makeSplitStr(txt)
53.     lst = re.split(splitStr,txt)  #分割出所有单词
54.     for wd in lst:
55.         wd = wd.lower()
56.         if wd  in cet4Set:
57.             wd = varyWordDict.get(wd,wd)  #将单词变为原型
58.             resultDict[wd] = resultDict.get(wd,0) + 1
59.
60. def main():
61.     if len(sys.argv) != 2:  #如果在命令行没有给出结果文件名
62.         print("Result file name missing.")
63.         return
64.     varyWordsDict = makeVaryWordsDict()
65.     cet4Set = makeCet4Set()
66.     lst = os.listdir()  # 列出当前文件夹下所有文件和文件夹的名字
67.     for x in lst: #lst 是字符串列表，x 是字符串，表示一个文件或文件夹的名字
68.         if os.path.isfile(x):  #如果 x 是文件而不是文件夹
69.             x = x.lower()
70.             if x.endswith(".txt") and \
71.                     not x in ["cet4words.txt","word_varys.txt"]:
72.                 countFile(x, varyWordsDict,cet4Set)
73.     lst = list(resultDict.items())
74.     lst.sort(key = lambda x : x[1],reverse=True)  # 单词按出现次数降序排序
```

```
75.     f = open(sys.argv[1], "w",encoding="utf-8") # sys.argv[1]是结果文件名
76.     for x in lst:
77.         f.write("%s\t%d\n" % (x[0], x[1]))
78.     f.close()
79.
80. main()
```

第 61 行：命令行参数应该有两个，一个是程序文件名，一个是结果文件名。

这个程序能够运行的前提是程序的.py 文件必须和待统计的所有.txt 文件，以及 cet4words.txt 和 word_varys.txt 都放在同一个文件夹下，且程序启动时当前文件夹就是.py 文件所在的文件夹。

9.8 数据交换文件格式 csv

有时候，希望用 Python 生成的数据文件可以被除了记事本以外的其他软件读取，这就要求数据文件遵循一定的格式。

如果希望生成的文件可以被 Excel 打开成为电子表格，那么数据可以为多行，每行各项数据之间用制表符“\t”分隔。即便某项数据没有，也要留出分隔的制表符。例如：

```
#prg0760.py
1.   f = open("c:/tmp/tmp.txt","w",encoding="utf-8")
2.   f.write("城市\tGDP(亿元)\t人口(万)\n")
3.   f.write("冰 城\t1234.5\t230\n")
4.   f.write("长安\t2234\t130\n")
5.   f.write("于阗\t134\t30\n")
6.   f.write("西凉\t\t30\n")
7.   f.close()
```

上面这个程序生成的文件，不论用 Excel 直接打开，或者复制其内容粘贴到 Excel 中，都可以得到图 9.8.1 所示效果。

	A	B	C	D
1	城市	GDP(亿元	人口(万)	
2	冰 城	1234.5	230	
3	长安	2234	130	
4	于阗	134	30	
5	西凉		30	
6				

图 9.8.1 程序执行效果

请注意，表格最后一行的 GDP 数值缺失。程序第 6 行连着写入两个“\t”，确保 30 这个数位于第 3 列。

有一种比较通用的文件，叫 csv 文件，其扩展名是“.csv”，文件格式是每行用“,”(英文的逗号)分隔各项数据。如果数据本身就有“,”，则用“""”括起数据。例如：

```
#prg0770.py
1.   f = open("c:/tmp/tmp.csv","w",encoding="gbk")
2.   f.write("城市,GDP(亿元),人口(万)\n")
3.   f.write("冰 城,1234.5,230\n")
4.   f.write("长安,2234,130\n")
5.   f.write("于阗,134,30\n")
6.   f.write('"西,凉",,30\n')  #城市名是“西,凉”
7.   f.close()
```

上面程序生成的 tmp.csv 文件，可以用 Excel 直接打开。效果和图 9.8.1 一样，除了最后一行城市名变为“西,凉”。注意，如果 csv 文件中有中文，为避免 Excel 显示乱码，则

文件编码必须是 GBK 或 GB2312，因为 Excel 打开.csv 文件时，默认其编码是国标编码而不是 UTF-8。如果一定要存成 UTF-8 编码且还希望 Excel 正确显示，那么要将上面程序的第 1 行用以下几行替代：

```
f = open("c:/tmp/tmp.csv","wb")        #二进制写方式打开文件
f.write(b"\xEF\xBB\xBF")               #写入 UTF-8 文件的三字节开头标记 BOM
f.close()
f = open("c:/tmp/tmp.csv","a",encoding="utf-8") #以添加方式打开文件方式
```

这样生成的.csv 文件，开头会带三个字节的特殊 UTF-8 标记(俗称 BOM)，Excel 打开的时候就知道那是 UTF-8 编码的。

用 Python 程序读取并处理 csv 文件，只要读取每一行到字符串 x，然后用 x.split(",") 就可以分割出一行的各项数据。但是要注意，每行的最后一项会包含换行符“\n”。

★★9.9 数据交换字符串格式 JSON

本节的内容，可以记个标题，等真正用到了再仔细看不迟。

一种称为 JSON 的字符串格式，常用于网络数据传输。JSON 格式的字符串有两种形式，分别和 Python 中的字典及列表输出的形式相同。Python 内置了 json 库，可以将字典、列表或元组转换成 JSON 格式的字符串或输出到文件，也可以将 JSON 格式的字符串或者文件装入 Python 的字典或列表中。json 库常用函数有两个。

json.loads(x)：将 JSON 字符串 x 转换成一个对象返回，转换出的对象可能是字典，也可能是列表，取决于 x 的格式。

json.dumps(x)：将对象 x 转换成 JSON 格式的字符串，x 可以是列表、字典、元组。

并不是随便什么样的字典、列表和元组都可以用 json.dumps 转换成字符串。比如字典的键不能是元组，字典的值、列表以及元组的元素都不能是集合，也许还有其他限制。转换不成功就会导致 Runtime Error。

下面程序演示了 json 库的用法：

```
#prg0780.py
1.  import json
2.  dt = {1:(10,20),2:200,'ok':[1,2,None],3.5:'jack'}
3.  jsonStr = json.dumps(dt)  #jsonStr 是个字符串
4.  print(jsonStr)
5.  #>>{"3.5": "jack", "1": [10, 20], "2": 200, "ok": [1, 2, null]}
6.  print(json.loads(jsonStr))      #将 jsonStr 转换成一个字典
7.  #>>{'ok': [1, 2, None], '1': [10, 20], '2': 200, '3.5': 'jack'}
8.  obj = json.loads('[1,2,"3",4]') #JSON 字符串转列表
9.  print(type(obj), obj)      #>><class 'list'> [1, 2, '3', 4]
10. jsonStr = """{
11.     "animals": {
12.         "dogs": [
13.             { "name": "Jack", "age":2 },
14.             { "name": "Mary", "age": 10}
15.         ],
16.         "cats": [
17.             { "name": "Bili", "price": 21 }
```

```
18.         ]
19.     },
20.     "trees": ["apple tree","pear tree"]
21. }"""
22. obj = json.loads(jsonStr)
23. print(type(obj))  #>><class 'dict'>
24. print(obj)
25. #>>{'animals': {'dogs': [{'name': 'Jack', 'age': 2}, {'name': 'Mary', 'age': 10}],
'cats': [{'name': 'Bili', 'price': 21}]}, 'trees': ['apple tree', 'pear tree']}
26. print(json.dumps(dt,indent = 4))  #生成带缩进的 JSON 字符串
```

从第 4 行的输出结果可以看到，json.dumps 的返回值 jsonStr 是个字符串。print(dt)输出：{1: (10, 20), 2: 200, 3.5: 'jack', 'ok': [1, 2, None]}。而 print(jsonStr)输出：{"3.5": "jack", "1": [10, 20], "2": 200, "ok": [1, 2, null]}。

jsonStr 和 print(dt)结果的差别是：

（1）jsonStr 中字典的键都变成了字符串。因为 JSON 格式中，字典的键必须是字符串；

（2）jsonStr 中元组都变成了列表的形式，None 变成了 null，且字符串都是双引号括起来的。

第 6 行：json.loads 由 jsonStr 转换出一个字典，该字典和原来的 dt 有所不同。主要是字典的键都变成字符串，原先是元组的值变成了列表。

第 10 行到第 21 行：这个 jsonStr 的格式是常见的 JSON 文件或从网络收到的 JSON 字符串的格式，多行且带缩进，层次清晰易懂。

第 26 行：如果想生成多行带缩进的 JSON 字符串，调用 dumps 函数时加 indent 参数，表明要缩进的空格数即可。请读者自己运行程序查看本行输出结果。

★★★9.10 字节流和字符串的互相转换

字节流就是原始的二进制 0，1 串，长度以字节为单位。Python 中的 bytes 数据类型表示字节流。bytes()可以生成一个空字节流。

字节流类型的数据的表示形式是 b 后面跟一个字符串，字符串里面用“\x”再加上两个（必须是两个）十六进制数字（0～9 和 A～F，大小写均可）来表示一个字节。

```
#prg0782.py
1.  a = b"\xe4\x00\x11\x08"                #a 是一个包含 4 个字节的字节流
2.  print(a)                               #>>b"\xe4\x00\x11\x08"
3.  print(len(a))                          #>>4
4.  print(a[0],a[1],a[2]+5,type(a[1]))     #>>228 0 22 <class 'int'>
5.  #十六进制的 e4 就是十进制的 228，十六进制的 11 就是十进制的 17
6.  print("%x" % a[0])                     #>>e4     以十六进制形式输出 a[0]
7.  a[0] = 0x12                            #Runtime Error
8.  a = b'ab\xc0d'
9.  print(a,len(a),a[0])                   #>>b'ab\xc0d' 4 97
```

第 1 行：a 就是一个 bytes 类型的变量。其长度为 4 个字节。这 4 个字节用十六进制表示依次是：e4 00 11 08。每个字节一定要用两个十六进制数字表示，如必须写“\x00”，而不可写“\x0”。

第 4 行：bytes 类型的变量和字符串类似，可以用下标来访问其中的任一字节。每个字

节被看作一个[0,255]内的整数。

第 7 行：和字符串类似，bytes 类型的数据是不可修改的，不能对其中的某个字节进行赋值。

第 8 行：如果某个字节恰好是常规字符的 ASCII 编码，也可以直接写常规字符。本行的字节流 a 里面有 3 个常规字符 'a'、'b' 和 'd'。

字符串可以和字节流互相转换。字符串的 encode 成员函数可以将字符串转换为字节流，字节流的 decode 成员函数可以将字节流转换成字符串。不论是 encode 还是 decode，都应该指定编码：

```
#prg0783.py
1.  bs = 'ABC好的'.encode('utf-8')            #字符串转为 UTF-8 编码的字节流
2.  print(bs)                                #>>b'ABC\xe5\xa5\xbd\xe7\x9a\x84'
3.  print(len(bs))                           #>>9 UTF-8 编码用 3 个字节表示一个汉字
4.  bs = 'ABC好的'.encode('gbk')              #字符串转为 GBK 编码的字节流
5.  print(bs)                                #>>b'ABC\xba\xc3\xb5\xc4'
6.  print(len(bs))                           #>>7 GBK 编码用 2 个字节表示一个汉字
7.  bs2 = bytes()                            #生成一个空字节流
8.  bs2 += bs                                #字节流支持+和+=操作
9.  s = bs2.decode("gbk",errors="ignore")    #字节流转字符串
10. print(s)                                 #>>ABC好的
```

第 1 行：如果 encode 函数不指定编码，比如写 'ABC 好的' .encode()，则默认用 UTF-8 编码。本行按下面写法，效果也是一样的：

```
bs = bytes('ABC好的','utf-8')
```

第 9 行：errors 参数也可以不写。如果不写的话，转换失败时就会引发 Runtime Error。bs2 里如果有一个或几个字节并不对应于任何字符的 GBK 编码，转换就会失败。设置 errors="ignore"可以忽略转换失败的那些字节，能转换多少就转换多少。

从上面程序可以看出，UTF-8 编码的字符串，用 3 个字节表示一个汉字。而 GBK 编码的字符串，用 2 个字节表示一个汉字。这两种编码都是用 1 个字节表示常规字符。Python 程序中的字符串都是 Unicode 编码的，即用 2 个字节表示任何字符。

如果想要将 GBK 编码的字节流转换成 UTF-8 编码的字节流，可以先用 decode 以 GBK 编码将其转换成字符串，然后将字符串用 encode 以 UTF-8 编码再转成字节流。反之亦然。

★★★9.11 二进制文件的读写

信息可以用文本文件存储，也可以用二进制文件存储。大多数情况下，用二进制文件存储比文本文件要节省空间，而且可以组织成有序的形式，便于快速检索。

设想下面这个应用场景：某个环境噪声检测设备，从 1980 年 1 月 1 日 0 时 0 分 0 秒起，每隔 0.1 秒就检测一下环境噪声大小，并把结果记录下来。假设噪声大小用 0～50000 的整数表示，那么就需要存储大量整数。如果用文本文件的方式，存成 UTF-8 编码，每个数字('0'～'9')需要一个字节，则存整数 789 需要 3 个字节，存 36638 需要 5 个字节，而且每个整

数后面应该跟一个换行符用来和下一个整数隔开，比较浪费存储空间。如果想要查询2020年2月1日的第987秒那个时刻的噪声值，则应该算出这个噪声值位于文件中的第n行，然后直接跳到文件中的第n行进行读取即可，不应浪费时间去读前n-1行的内容。然而，虽然读写文件时确实可以指定从文件的某个位置开始读写，但这个位置指的必须是距离文件开头多少字节，而不是多少行。由于每行一个整数，每个整数字节数不一样，所以第n行到底距离文件开头多少字节，不把前n-1行都读取出来是无法得知的。解决这个问题的办法，可以是每个整数都用5个字节存储，比如12存成00012，这么做还可以省掉换行符，但如果10000以下的数据占大多数的话，会导致空间的浪费更加严重。

用二进制文件进行存储，则可以做到既节约空间，又方便快速检索。0～50000的整数，用长度为2个字节的字节流就可以表示（2个字节能表示的整数的范围是0～65535，即0～$2^{16}-1$），那么每个整数用2个字节来存储即可。第n个整数的位置，就在距离文件开头$2×(n-1)$字节处（n从1开始算）。

处理文本文件时，读写的都是字符串。处理二进制文件时，读写的都是字节流。如果以文本方式打开文件，则文件对象的read()函数的返回值是一个字符串，write函数的参数也必须是个字符串。**以二进制方式打开文件，则read()函数返回值是一个字节流，write函数的参数也必须是一个字节流。**用二进制方式打开文件的时候，是不需要指定编码的。

不但字符串可以和字节流互相转换，整数、小数和字节流也可以互相转换。整数、小数和字节流的互相转换需要用到Python的struct库。struct库的pack和unpack函数可以用来做转换。

下面这个程序，输入若干个0～5000的整数，将其存入二进制文件sound.dat中。输入-1表示程序应当结束：

```
#prg0784.py
1.  import struct
2.  print("请每行输入一个0-5000的整数，输入-1表示结束")
3.  f = open("sound.dat","wb")  #二进制写入方式打开文件
4.  while True:
5.      n = int(input())
6.      if n == -1:
7.          break
8.      f.write(struct.pack("H",n))
9.  f.close()
```

第8行：struct.pack("H",n)将n转换(也称打包)为一个表示非负整数的2字节的字节流，即非负整数n的2字节二进制表示形式。比如，n=10，则为0x000A，n为1000，则为0x03e8。二进制写来太长，这里简写为十六进制。然后该字节流被写入文件。用二进制方式打开文件后，write函数的参数必须是字节流。

程序运行后，如果输入n个整数（-1不算），最后会发现sound.dat文件的大小就是2n个字节。

函数struct.pack用法如下：

```
struct.pack(format,v1,v2...)
```

其将v1,v2,...等任意多个值，按照格式字符串format描述的格式，打包成一个字节流。

要打包的数据有几项，format 里就有几个格式描述符与之一一对应。表 9.11.1 列举了一些格式描述符。

表 9.11.1 struct.pack 的格式描述符

格式描述符	对应 C 语言类型	数据类型	大小（单位：字节）
?	bool	bool	1
h	short	短整数（可正可负可 0）	2
H	unsigned short	非负短整数	2
i	int	整数（可正可负可 0）	4
I	unsigned int	非负整数	4
f	float	小数	4
d	double	高精度小数	8
ns（如 4s,25s）	char[]	字节流	n

没有学过 C 语言的读者恐怕难以理解表 9.11.1。只需要记住：

struct.pack("H",n)将区间[0,65535]中的整数 n 打包成 2 字节的字节流；

struct.pack("h",n)将[−32768,32767]中的 n 打包成 2 字节的字节流；

struct.pack("I",n)将[0,2^{32}−1]中的 n 打包成 4 字节的字节流；

struct.pack("i",n)将区间[−2^{31},2^{31}−1]中的 n 打包成 4 字节的字节流；

struct.pack("d",n)将小数 n 打包成 8 字节的字节流；

struct.pack("?",n)将 n 看作 True 或 False 后打包成 1 字节的字节流；

struct.pack("id",123, 10.5)　将 123 和 10.5 打包成一个 12 字节的字节流，其中 123 占 4 字节，10.5 占 8 字节；

struct.pack("H",n)中的整数 n 必须在区间[0,65535]内，否则会导致 Runtime Error。其他也类似。

和打包函数 struct.pack 函数对应的是解包函数 struct.unpack，可以将打包到字节流中的数据解包出来。其用法如下：

```
struct.unpack(format,bs)
```

format 是和 pack 中一样的格式字符串，bs 是字节流，里面可以有多项数据。struct.unpack 的返回值是由解包出来的多项数据构成的元组。

考虑一个对上面程序生成的 sound.dat 进行读写的程序。它可以处理多行输入。如果输入的是单个整数 n(n>=1)，则输出 sound.dat 中存放的第 n 个整数。如果输入“C n x”，比如"C 245 37"，则将文件中存放的第 n 个整数修改为 x，如果输入的是"A n"，如"A 234"，则将整数 n 添加到文件末尾，输入 0 则表示程序应该结束。

此程序需要直接跳到文件的第 n 个整数所在的位置，即距文件开头 2(n-1)字节处读写。每个打开的文件都有“当前位置”这个概念，读操作 read 和写操作 write 都是在文件的当前位置进行的，读写了 n 个字节，当前位置就加上 n。文件刚打开时，当前位置就位于文件开头，即当前位置为 0。以“a”或“a+”方式打开文件，则当前位置位于文件的末尾。文件对象的 seek(x)函数可以将当前位置设定为 x，tell()函数可以返回文件的当前位置。程序如下：

```
#prg0785.py
1.  import struct
2.  print("请输入命令。每个命令一行")
3.  print("输入单个整数 n 表示要显示第 n 个整数(n>=1)")
4.  print("C n x 表示要将第 n 个整数修改为 x")
5.  print("A n 表示要将 n 添加到文件末尾")
6.  print("输入 0 表示结束")
7.  f = open("sound.dat","rb+")     #以二进制读写方式打开文件
8.  while True:
9.      lst = input().split()
10.     L = len(lst)
11.     if L == 1:                  #输出第 n 个整数
12.         n = int(lst[0])
13.         if n == 0:
14.             break
15.         f.seek(2*(n-1))         #将文件的当前位置设置为 2*(n-1)
16.         bs = f.read(2)          #读取 2 个字节到字节流 bs
17.         print(struct.unpack("H",bs)[0]) #从字节流 bs 中解包出一个非负整数
18.     elif L == 2:                #添加整数 n 到文件末尾
19.         n = int(lst[1])
20.         f.seek(0,2)             #将文件的当前位置设置为文件末尾
21.         f.write(struct.pack("H", n))  #将 n 打包成字节流写入文件
22.     else:                       #将第 n 个整数改为 x
23.         n,x = int(lst[1]),int(lst[2])
24.         f.seek(2*(n-1))
25.         f.write(struct.pack("H",x))
26. f.close()
```

第 16 行：以二进制方式打开文件的情况下，read 函数必须有一个非负整数参数 n，表示要从文件的当前位置读入 n 个字节。其返回值自然就是一个 n 字节的字节流。

第 17 行：struct.unpack("H",bs)的返回值是一个元组，包含从 bs 中解包出来的那一项，即一个非负整数。

第 20 行：文件对象的 seek 函数有第二个参数，取值可以是 0,1,2，默认是 0。详细用法如下。

seek(n)或 seek(n,0)	n 必须为非负整数。将文件当前位置设置为 n
seek(n,1)	将文件当前位置移动 n 个字节。n 为负数则朝文件开头方向移，n 为正数则朝文件尾部方向移
seek(n,2)	n 为 0 或负整数。将文件当前位置设置为距离文件尾部|n|字节处。即，若文件长度为 S 字节，则将文件当前位置设置为 S+n(显然 S+n<=S)

可以用二进制文件来存储学生的信息。假设一个学生的记录用一个元组 x 表示，x[0]是整数，代表学号，x[1]是字符串，代表姓名，x[2]是小数，代表 GPA（绩点），如：(8911047, "小明", 3.84)。希望存入文件时，将学生按学号排序，且每个学生的字节数都是一样的，这样就便于定位到第 n 个学生，而且还可以用二分查找的方式迅速根据学号查到学生。那么，将学生信息写入文件时，应该将其打包成一个固定长度的字节流。用 20 个字节来存储学生

的姓名应该足够。下面程序演示将学生记录打包和解包的过程：

```
#prg0786.py
1.  import struct
2.  student = (8911047,"小明",3.84)
3.  bs = struct.pack("I20sf",student[0],student[1].encode("gbk"),student[2])
4.  print(len(bs))  #>>28
5.  id,name,gpa = struct.unpack("I20sf",bs)
6.  print(id,name.decode("gbk").rstrip("\x00"),"%.2f" % gpa)
7.  #>> 8911047 小明 3.84
```

第 3 行：struct.pack 函数的格式字符串参数"I20sf"表明要打包的数据有 3 项，"I"对应第一项，"20s"对应第二项，"f"对应第三项。“20s”表示长度为 20 的字节流，因此第二项被打包数据必须是字节流。student[1].encode("gbk")即是一个字节流，但是长度可能不足 20 字节。如果长度不足 20 字节，则打包时用 0 补足（是二进制形式为 00000000 的整数 0，而不是字符 '0'）。

第 5 行：将字节流 bs 解包。解出来的 id 是个整数，name 是个长度为 20 字节的字节流，gpa 是个小数。

第 6 行：要将字节流 name 中存放的字符串还原出来，就要用字节流的成员函数 decode 将其转换为字符串。由于 name 字节流中可能有多余的 0，转换出来的字符串也会有多余的编码为 0 的字符，即"\x00"，因此要用字符串的 rstrip 成员函数去除。

9.12 习题

1. 有一个文本文件包含所有学生的学号和姓名，还有一个文本文件包含某次 OpenJudge 作业学生的提交排名记录。排名记录中包含学生的昵称和通过的题目数。昵称可能包含姓名，可能包含学号，也可能都包含。给定一个算分规则，请根据这两个文件生成一个学生分数的文件。本题详情及用到的两个文本文件请见配书资源包。

★2. 编写一个能在指定文件夹的指定扩展名的文本文件中寻找指定字符串的程序 findtext.py，用法如下：

```
python findtext.py 文件夹  要找的字符串  扩展名1 扩展名2 扩展名3......
```

用法示例：

```
python findtext.py "c:\tmp\files" "XXXXX" txt html csv
```

程序在 c:\tmp\files 文件夹下的所有扩展名为“.txt”“.html”或“.csv”的文件中寻找字符串 "XXXXX"，还要递归查找所有子文件夹、子子文件夹下的文件，如果找到哪个文件包含 " XXXXX"，则输出该文件带路径的文件名。注意，由于这些文件编码可能为 UTF-8，也可能为 GBK，所以要求程序对两种编码都能处理。对实在处理不了的文件，就跳过它，不能让程序 RE 中止。

★第 10 章 正则表达式

正则表达式是一个符合某种语法规则的字符串，它能够用来描述一种字符串的模式（也可以理解为格式）。普通字符串，如"a 好 c"，是一个正则表达式，它描述的模式，就是“值为 'a 好 c' 的字符串”。"a.c" 也是一个正则表达式，其中的“.”表示“此处需有一个字符，任意字符均可”，因此"a.c" 描述的模式就是“以 a 打头，c 结尾的任意长度为 3 的字符串”。符合该模式的字符串，称为能“匹配”该正则表达式，例如"abc"、"adc"、"a(c"、"a.c"......都能匹配正则表达式 "a.b"。

正则表达式能描述的模式，自然可以比"a.b"这样的还要复杂得多。比如，正则表达式可以用来描述手机号的格式、电子邮箱的格式、网址的格式、身份证号的格式，等等。下面是正则表达式的一些应用场景。

（1）验证数据的合法性。比如程序要求用户输入邮箱或手机号，就可以用正则表达式判断用户的输入是否符合邮箱或手机号的格式。

（2）从文本中提取符合一定格式的字符串。比如 Word 支持按正则表达式查找，通过指定合适的正则表达式，就可以做到在 Word 文档里查找数值、查找手机号、邮箱等。通过编写 Python 程序也可以从文本文件里提取符合一定格式的字符串。

（3）批量文本替换。将符合某种格式的文本，替换成想要的格式。比如 Word 有正则表达式替换功能，可以实现类似“在文档中所有整数前后都加圆括号”这样的功能。当然也可以编写 Python 程序对文本文件做类似的处理。

（4）文本分析。比如本章最后的例子：找出三国演义中，所有孔明提到曹操的话。

正则表达式不是 Python 语言独有的。许多语言都支持，而且规则基本相同。

本章内容比较难，许多内容是初学者不需要掌握的。所以对于难以理解的部分，读者尽量放心跳过，真的需要深入应用时，回头来学也不迟。

10.1 功能字符和字符组合

正则表达式的概念

在正则表达式中，一些字符不是代表该字符本身，而是有特殊的含义。比如，“.”在正则表达式中，并不是代表字符“.”，而是表示“任意一个字符”。同样，“+”在正则表达式中也有特殊含义，它表示“左边的那个字符需出现一次或更多次”。例如：正则表达式"cba+k"中的“+”左边是“a”，因此，它描述的模式就是“以 cb 打头，k 结尾，两者中间还有 1 个或更多个 a 的字符串”。那么，"cbak"，"cbaak"，"cbaaaaaak" 都能匹配该正则表达式，"cbamk" 不行，因为没说 'm' 能出现。还有其他一些字符和字符组合，在正则表达式中有特殊的含义。

Python 中有函数用于判断一个字符串的全部或者一部分是否能够匹配某个正则表达式。正则表达式的主要用途，就是从文本中抽取符合某种模式的字符串。例如：

```
import re
print(re.findall("bla.k","This is a black goat.")[0])
```

程序输出：

```
black
```

上面程序中，re.findall 使用正则表达式"bla.k"找出后面那个字符串中"bla"打头，"k"结尾，长度为 5 的字符串。

re 是 Python 自带的正则表达式库，使用正则表达式必须执行 import re。

在正则表达式中有特殊含义的功能字符和字符组合，部分列举见表 10.1.1。

表 10.1.1　正则表达式的功能字符和字符组合

字符/组合	匹配的模式	正则表达式	匹配的字符串
.	除'\n'外的任意一个字符，包括汉字（多行匹配方式下也能匹配'\n'）	'a.b'	'acb' 'adb' 'a(b' ……
*	量词。表示左边的字符可出现 0 次或任意多次	'a*b'	'b' 'ab' 'aaaab' ……
?	量词。表示左边的字符必须出现 0 次或 1 次	'ka?b'	'kb' 'kab'
+	量词。表示左边的字符必须出现 1 次或更多次	'ka+b'	'kab' 'kaaab' ……
{m}	量词。m 是整数。表示左边的字符必须且只能出现 m 次	'ka{3}d'	'kaaad'
{m,n}	量词。m，n 是整数。表示左边的字符必须出现至少 m 次，最多 n 次。n 也可以不写，表示出现次数没有上限	'ka{1,3}b'	'kab' 'kaab' 'kaaab'
\d	一个数字字符，等价于[0-9]	'a\db'	'a2b' 'a3b' ……
\D	一个非数字的字符，等价于[^\d]，[^0-9]	'a\Db'	'acb' ……
\s	一个空白字符，如空格，\t，\r，\n 等	'a\sb'	'a b' 'a\nb' ……
\S	一个非空白字符	'a\Sb'	'akb' ……
\w	一个单词字符：包括汉字或大小写英文字母、数字、下画线，或其他语言的文字	'a\wb'	'a_b' 'a 中 b' ……
\W	一个不是单词字符的字符	'a\Wb'	'a?b' ……
\m	分组引用符号。m 是正整数，如\1，\2 表示 m 号分组在本次匹配中匹配的子串		
|	A|B 表示能匹配 A 或能匹配 B 均算能匹配	'ab|c'	'ab' 'c'

表 10.1.1 中，'*'，'+'，'?'，{n}，{m,n}用来表示出现次数，所以叫量词。“匹配的字符串”一栏，如果有“……”，则表示还有能匹配的字符串没有列出。如果没有，则表示所有能匹配的字符串都列出了。后面的表格也一样。

正则表达式中常见的功能字符有以下几个：

```
* $ . [ ] ( ) ? ^ { } \
```

如果要在正则表达式中表示这几个字符本身，就应该在其前面加“\”，见表 10.1.2。

表 10.1.2　正则表达式功能字符处理

正则表达式	匹配的字符串
'a\$b'	'a$b'
'a*b'	'a*b'
'a\[\]b'	'a[]b'
'a\.*b'	'ab' 'a.b' 'a..b' ……
'a\\\\b'	'a\\b'（注意：此字符串长度为 3，中间那个字符是'\'）
r'a\\b'	r'a\b'（r'a\b'等价于'a\\b'）

'a\.*b' 描述的模式，就是“'a' 开头，'b' 结尾，中间有 0 个或任意多个 '.'”。因为 '\.' 在正则表达式中代表普通字符 '.'。

要在正则表达式中表示普通字符 '\'，是比较麻烦的，要写四遍，或者写两遍，前面加 'r'，如表 10.1.2 最后两行所示。因为正则表达式的语法规定，作为正则表达式的字符串，其值中必须有两个连续的 '\'，才能表示一个普通字符 '\'。“值”和“写法”是不同的，比如写法为 "a\\k" 的字符串，其值里的字符 '\' 只有一个。按照 Python 字符串的写法，一个 '\' 在字符串里面需要写两次，因此在正则表达式里面表示普通字符 '\'，要连写四遍。

在 Python 的字符串的写法中，以下字符都不会和前面的 '\' 一起构成转义字符：

```
s S w W d D . + ? * $ [ ] ( ) ^ { }
```

即 '\s'，'\S'，'\w' 等都是两个字符，而不是像 '\n'，'\t' 那样的一个字符。Python 字符串的写法 '\\s' 和写法 '\s' 的值是一样的，都是一个 '\' 后面接一个 's'，都是两个字符。例如：

```
print("\\s\s\S\w\W\d\D\.\+\?\*\$\[\]\(\)\^\{\}")
```

输出结果是：

```
\s\s\S\w\W\d\D\.\+\?\*\$\[\]\(\)\^\{\}
```

所以，在正则表达式里面，'\s' 中的 '\' 就用不着写两次。当然愿意写两次也可以。**各种正则表达式相关函数处理正则表达式时，看到的是其值，而不是其写法。**

如果要表示“此处必须出现一个某某范围内的字符”，或者“此处必须出现一个字符，但不可以是某某范围内的字符”，可以在正则表达式中使用“[XXX]”，见表 10.1.3。

如表 10.1.3 最后两行所示，'^' 出现在 '[]' 中第一个字符的位置，有特殊含义，表示“此处不能出现后面的那些字符”。如果想要在 '[]' 中表示普通字符 '^'，则前面加 '\'。如[^\^]就表示：此处有一个字符，但不能是 '^'。

表 10.1.3　正则表达式范围表示

字符组合	匹配的模式	正则表达式	匹配的字符串
[a2c]	匹配'a'，'2'，'c'之一	's[a2c]k'	'sak' 's2k' 'sck'
[a-zA-Z]	匹配任一英文字母	'b[a-zA-Z]k'	'bak' 'bUk' ……
[\da-z\?]	匹配一个数字或小写英文字母或'?'	'b[\da-z\?]k'	'b0k' 'bck' 'b?k' ……
[^abc]	匹配一个非'a'，'b'，'c'之一的字符	'b[^abc]k'	所有能匹配'b.k'的字符串，除了： 'bak' 'bbk' 'bck'
[^a-f0-3]	匹配一个非英文字母'a'～'f'，且非数字'0'～'3'的字符	略	略

汉字的 Unicode 编码范围是 4e00～9fa5 (十六进制）。例如：

```
print('\u4e00\u4e01\u4e88\u9fa5')        #>>一丁予龥
```

所以，[**\u4e00**-**\u9fa5**]即表示一个汉字。

在正则表达式中，'*'，'?'，'+' 和 '{m}'，'{m,n}' 这些量词还可以用在 '.'，'[XXX]'，'\d'，'\s'，......的后面，见表 10.1.4。

表 10.1.4　正则表达式量词

正则表达式	匹配的模式
.+	任意长度不为 0 且不含'\n'的字符串。'+'表示左边的'.'代表的任意字符出现 1 次或更多次，不要求出现的字符都必须一样
.*	匹配任意不含'\n'的字符串，包括空串
[\dac]+	匹配长度不为 0 的由数字或'a'，'c'构成的串，如'451a'，'a21c78ca'
\w{5}	匹配长度为 5 的由单词字符构成的串，如'高大 abc'，'33 我 a1'，'ab_cd'

表 10.1.5 所示是更多例子。

表 10.1.5　更多量词用法

正则表达式	匹配的模式
[1-9]\d*	以 1 到 9 打头，接下来跟着 0 个或任意多个数字，即正整数
-[1-9]\d*	负整数
-?[1-9]\d*|0	'-?'表示'-'可以出现也可以不出现，'|'是“或”的意思，'|0'表明单个'0'也能匹配，故匹配所有整数
[1-9]\d*|0	非负整数

re 库中有一些函数用于正则表达式的匹配。如 re.match、re.search、re.findall 等。比如：

```
re.match(pattern,string, flags = 0)
```

此函数看字符串 string 的起始位置是否有能匹配正则表达式 pattern 的子串。re.match

允许匹配的子串后面还有多余的字符。flags 是匹配选项，以后再解释，可以不写。如果匹配成功，则返回一个“匹配对象”，如果匹配失败，则返回 None。

有几个常用的 re 库的函数，都以“匹配对象”作为返回值。匹配对象中包含匹配上的子串的各种信息，并提供各种函数来获取这些信息。例如，其 span()函数能返回一个元组(m,n)，指明子串的起始位置是下标 m，终止位置是下标 n（下标 n 的那个字符不在子串内）；group()函数则能返回匹配的子串。

```
#prg0790.py
1.  import re
2.  def match(pattern,string):
3.      x = re.match(pattern,string)
4.      if x != None:
5.          print(x.group())            #输出匹配的子串
6.      else:
7.          print("None")
8.  match("a c","a cdkgh")              #>>a c
9.  match("abc","kabc")                 #>>None   虽然有 abc，但不是在起始位置
10. match("a\tb*c","a\tbbcde")          #>>a      bbc       b 出现 0 次或任意多次，然后跟 c
11. match("ab*c","ac")                  #>>ac
12. match("a\d+c","ac")                 #>>None
13. match("a\d{2}c","a34c")             #>>a34c
14. match("a\d{2,}c","a3474884c")       #>>a3474884c
15. match(".{2}bc","cbcd")              #>>None             bc 前面要有 2 个字符
16. match(".{2}bc","bcbcdbc")           #>>bcbc
17. match("ab.*","ab")                  #>>ab               b 后面可以没字符或任意字符
18. match("ab.*","abcd")                #>>abcd
19. match("\d?b.*","1bcd")              #>>1bcd
20. match("\d?b.*","bbcd")              #>>bbcd
21. match("a?bc.*","abbbcd")            #>>None             b 太多了
22. match("a.b.*","abcd")               #>>None             a 和 b 之间必须要有一个字符
23. match("a.b.*","aeb")                #>>aeb
24. match("a.?b.*","aebcdf")            #>>aebcdf
25. #a 和 b 之间没字符或有任意一个字符均可
26. match("a.+b.*","aegsfb")            #>>aegsfb
27. match("a.+b.*","abc")               #>>None             a 和 b 之间至少要有一个字符
28. match("a 高.+k","a 高大 kcd")       #>>a 高大 k
```

10.2 查找匹配的子串

re 库中，除了 re.match，还有 3 个函数可以用于在字符串中查找匹配正则表达式的子串，它们是 re.search、re.findall 和 re.finditer。下面逐个讲解。

1. re.search(pattern, string, flags=0)

查找字符串 string 中第一个匹配正则表达式 pattern 的子串。若匹配成功，该函数返回一个“匹配对象”，若失败，则返回 None：

```
#prg0800.py
1.  import re
```

```
2.  def search(pattern,string):
3.      x = re.search(pattern,string)                #x是匹配对象
4.      if x != None:
5.          print(x.group(),x.span())                #输出子串及起止位置
6.      else:
7.          print("None")
8.  search("a.+bc*","dbaegsfbcef")                   #>>aegsfbc (2, 9)
9.  search("a.+bc*","bcdbaegsfbccc")                 #>>aegsfbccc (4, 13)
10. search("a.?高兴*d","dab高兴dc")                   #>>ab高兴d (1, 6)
11. search("aa","baaaa")                             #>>aa (1, 3)
12. search("\([1-9]+\)","ab123(0456)(789)45ab")      #>>(789) (11, 16)
13. search("[1-9]\d+","ab01203d45")                  #>>1203 (3, 7)
14. search("[\u4e00-\u9fa5]+","hello小明123")        #>>小明 (5, 7)   找汉语言词汇
```

第12行："\([1-9]+\)"表示在一对"()"及其里面的由 '1'～'9' 构成的数字串。'('和')' 在正则表达式中有特殊含义，所以要表示这两个字符本身时，要在前面加'\'。

第13行："[1-9]\d+" 表示一个 '1'～'9' 打头，后面有0个或任意多个数字的字符串，即一个正整数。

2. re.findall (pattern,string,flags=0)

查找字符串string中所有和正则表达式pattern匹配的子串放入列表。这些子串不可重叠。一个子串都找不到就返回空表[]。

```
#prg0810.py
1.  import re
2.  print(re.findall('\d+',"this is 334 what me 774gw")) #>>['334','774']
3.  print(re.findall('[a-zA-Z]+',"A dog has 4 legs.这是true"))
4.  #>>['A', 'dog', 'has', 'legs', 'true']
5.  print(re.findall('\d+',"this is good."))    #>>[]
6.  print(re.findall("aaa","baaaa"))             #>>['aaa']
```

最后一行，只能找到一个 'aaa' 而不是两个，因为匹配的子串之间不能重叠。

3. re.finditer (pattern,string,flags =0)

查找字符串string中所有和正则表达式pattern匹配的子串(不重叠)。该函数的返回值是个"可调用迭代器"。"可调用迭代器"这个概念太复杂，此处不妨近似地理解为一个序列。该序列由匹配对象构成，每个匹配对象对应于一个匹配的子串，且可以用for循环遍历该序列。然而，不可以用len函数判断该序列的长度，因为其并非真正的序列。假设该函数返回值为r，则用list(r)!=[]是否成立可以判断r中是否包含匹配对象。

```
#prg0820.py
1.  import re
2.  s = '233[32]88ab<433>(21)'
3.  m = '\[\d+\]|<\d+>'                #|表示"或"
4.  for x in re.finditer(m,s):         #x是匹配对象
5.      print(x.group(),x.span())
6.  i = 0
7.  y = re.finditer(m,"aaaaa")
8.  print(list(y))
```

程序输出:

```
[32] (3, 7)
<433> (11, 16)
[]
```

第 3 行的正则表达式描述的是“[]及其里面的数或<>及其里面的数”。因此匹配的子串有两个，'[32]' 和 '<433>'，分别对应于 re.finditer()返回值里的两个匹配对象。

10.3 边界符号

正则表达式中，某些符号可以用来代表“边界”。例如:

```
\A   表示字符串的左边界，即要求从此往左不能有任何字符
\Z   表示字符串的右边界，即要求从此往右不能有任何字符
^    表示字符串的左边界。多行匹配模式下还可以表示一行文字的左边界
$    表示字符串的右边界。多行匹配模式下还可以表示一行文字的右边界
```

边界符号本身不会和任何字符匹配。'A' 和 'Z' 都不会和前面的 '\' 合在一起构成转义字符，因此 '\A' 是 '\' 和 'A' 两个字符，'\Z' 也一样，它们不是像 '\n' 那样的一个字符。

```
#prg0830.py
1.  import re
2.  def search(pattern,string):
3.      x = re.search(pattern,string)
4.      if x != None:
5.          print(x.group())
6.      else:
7.          print("None")
8.  m = "\Ahow are"                          #h 的左边不能有任何字符
9.  search(m,"ahow are you")                 #>>None
10. search(m,"how are you")                  #>>how are
11. m = "are you\Z"                          #u 的右边不能有任何字符
12. search(m,"how are you?")                 #>>None
13. search(m,"how are you")                  #>>are you
14. search("a.+bc*","dbaegsfbcef")           #>>aegsfbc
15. search("a.+bc*\Z","dbaegsfbcef")         #>>None
16. search("a.+bc*\Z","dbaegsfbccc")         #>>aegsfbccc
17. pt = "\\b高兴"
18. search(pt,"我高兴")                       #None
19. search(pt,"我 高兴")                      #高兴
```

第 9 行：匹配失败，因为要求 'h' 左边不能再有任何字符。第 10 行符合此要求。

第 12 行：匹配失败，因为要求 'u' 右边不能在有任何字符。第 13 行符合此要求。

第 15 行：字符串里面匹配 'a.+bc*' 的子串是 'aegsfbc'，但是 '\Z' 要求该子串右边不能有任何字符，故匹配失败。请注意汉字也算单词的一部分。

如果不在多行匹配模式下（默认情况就是这样），那么 '\A' 和 '^' 没区别，'\Z' 和 '$'没区别。将上面程序中所有 '\A' 换成 '^'，'\Z' 换成 '$'，结果是一样的。多行匹配模式后面会讲解。

除了字符串的边界，还有单词的边界。不过这部分内容比较难，非计算机专业读者可以跳过。

```
\b          表示此处须是单词的左边界或右边界
\B          表示此处不允许是单词的左边界或右边界
```

单词边界同样不匹配任何字符。

边界符号 '\b' 是两个字符，即一个 '\' 和一个 'b'。'\B' 也是如此，和前面提到的 '\A' 和 '\Z' 一样。但是，在 Python 字符串的**写法**中，'\b' 是一个字符，对应键盘上的 Backspace，是一个性质和 '\n', '\t' 一样的转义字符，因此，想要让正则表达式的**值**中连续出现'\'和'b'，写正则表达式的时候，**写法**就应该是 '\\b'。正如，print("\\b")输出结果是："\b" 。

在正则表达式中，边界符号 '\b' 如果出现在单词字符 x 的左边，则表示 x 的左边那个字符不可以是单词字符；'\b' 如果出现在单词字符 x 的右边，则表示 x 的右边那个字符不可以是单词字符（单词字符就是 '\w' 所匹配的字符）。请注意：边界符号 '\b' 本身不会去匹配任何字符。

Python 中 '\B' 不是转义字符，它就是两个字符：'\' 和 'B'。在正则表达式中，'\B' 如果出现在单词字符 x 的左边，则表明 x 左边必须有一个单词字符；'\B' 如果出现在单词字符 x 的右边，则表明 x 右边必须有一个单词字符。但是 '\B' 本身也不会去匹配任何字符。

```
#prg0840.py
1.  import re
2.  def search(pattern,string):
3.      x = re.search(pattern,string)
4.      if x != None:
5.          print(x.group())
6.      else:
7.          print("None")
8.  pt = "ka\\b.*"
9.  search(pt,"ka")                     #>>ka
10. search(pt,"kax")                    #>>None 因 a 右边不可出现单词字符
11. search(pt,"ka?d")                   #>>ka?d
12. pt = ".*\\bka\\b"
13. search(pt,"ka")                     #>>ka
14. search(pt,"ska?")                   #>>None，因 k 左边不可出现单词字符
15. search(pt,"b?ka?")                  #>>b?ka
16. m = r"\bA.*N\b T"                   #等价于 m = "\\bA.*N\\b T"
17. search(m,"Ass$NC TK")               #>>None
18. search(m,"this Ass$N TK")           #>>Ass$N T
19. m = "\BA.*N\B\w T"
20. search(m,"this Ass$N TK")           #>>None
21. search(m,"thisAss$NM TK")           #>>Ass$NM T
22. search(m,"Ass$NM TK")               #>>None
23. search(m,"xAss$NM TK")              #>>Ass$NM T
```

第 11 行：匹配成功是因为 'a'后面的 '?' 不是单词字符，符合 '\b' 的要求。不可认为 '\b' 匹配了 '?'。'\b' 不匹配任何字符。是 '.*' 匹配了 '?d'。

第 22 行：匹配失败是因为 'A' 的左边没有字符。第 23 行相比第 22 行，解决了这个问题，因此能匹配成功，请注意 '\B' 并没有去匹配 'x'。

10.4 匹配选项

re.match,re.findall,re.search 等函数，都有一个参数 flags,不写的话其值就是 0。该参数代表“匹配选项”。常用的匹配选项有以下三种：

```
re.I      匹配时不区分字母大小写
re.M      让'^'能匹配一行文字的左边界，'$'能匹配一行文字的右边界。也可写为 re.MULTILEINE，称为
          多行匹配模式
re.S      让'.'能匹配'\n'。也可写为 re.DOTALL
```

这三种选项可以同时使用。同时使用时用“|”连接，如 re.I|re.M。

```
#prg0850.py
1.  import re
2.  def search(pattern,string ,flags = 0):
3.      x = re.search(pattern,string,flags)
4.      if x != None:
5.          print(x.group())
6.      else:
7.          print("None")
8.  search("a.+b.*","acBc")                #>>None
9.  search("a.+b.*","acBc",re.I)           #>>acBc         不区分大小写
10. m = "^h[a-z]w are"
11. g = re.findall(m,"how are you\nhew are me")
12. print(g)                               #>>['how are']
13. g = re.findall(m,"how are you\nhew ARE me",re.M|re.I)
14. #多行匹配模式且不分大小写
15. print(g)                               #>>['how are', 'hew ARE']
16. m = "are you$"
17. search(m,"how are you\nThis")          #>>None
18. search(m,"how are you\nThis",re.M) #>>are you
19. search("a.+b","a\ncdb")                #>>None
20. search("a.+b","a\ncdbe",re.S)
```

第 20 行匹配的子串就是 'a\ncdb'，因此输出时会换行，本行输出是：

```
a
cdb
```

10.5 分组

在正则表达式中，一对 '()' 及中间的子表达式叫作一个“分组”。因为 '()' 可以嵌套使用，所以分组也是可以嵌套的，即一个分组里可以包含另一个分组。但是分组不会交叉。一个正则表达式中的分组是有编号的。从左到右看，第一个左括号所属分组就是 1 号分组，第二个左括号所属的分组就是 2 号分组……以此类推。要注意的是，'('和')' 只用来标记分组起止，它们都不会匹配任何字符。

分组的概念

分组是正则表达式中非常重要的概念。分组的作用是提取匹配正则表达式的子串中重点关心的局部。例如正则表达式 '[a-z]+\d+[a-z]+' 描述的模式是“两个小写英文单词中间夹着一串数字”。'abc3234def', 'hello553world' 都能匹配该表达式。如果我们只关心中间这串数字是啥，不关心两边的单词是什么，那么自然希望能方便地将中间的数字串提取出来，而不是取得匹配子串后还要自己去写几行程序去抽取这串数字。如果将正则表达式写为 '[a-z]+(\d+)[a-z]+'，即将数字串部分写为一个分组，则很容易就能提取出数字串。匹配对象的 group(n)函数，就能提取匹配子串中的第 n 个分组（n 从 1 开始）。

```
#prg0860.py
1.   import re
2.   x = re.search('[a-z]+(\d+)[a-z]+',"ab 123d hello553world47")
3.   print(x.group(1))          #>>553
4.   m = "(((ab*)c)d)e"
5.   r = re.match(m,"abcdefg")
6.   print(r.group(0))          #>>abcde
7.   print(r.group(1))          #>>abcd
8.   print(r.group(2))          #>>abc
9.   print(r.group(3))          #>>ab
10.  print(r.groups())          #>>('abcd', 'abc', 'ab')
```

第 2 行：匹配上的子串是 ' hello553world'，正则表达式里面只有 1 个分组，就是 1 号分组。因此 group(1)就是 1 号分组的内容 '553'。'(' 和 ')' 是表示分组起止位置的特殊字符，不会去匹配任何字符。如果想要表示“一对()中的数字串”，就应该写 '\(\d+\)'。

第 4 行：1 号分组是第一个左括号到最后一个右括号；2 号分组是第二个左括号到 'c' 后面那个右括号；3 号分组就是第三个左括号到 '*' 后面那个右括号。

第 6 行：匹配对象的 group(0)等价于 group()，返回整个正则表达式匹配的子串。

第 7 行到第 9 行依次输出 1 号分组、2 号分组、3 号分组匹配的子串。在正则表达式中，1 号分组内容是 'ab*cd'，因此它匹配子串 'abcd'。3 号分组内容是 'ab*'，因此它匹配子串 'ab'。

第 10 行：匹配对象的 groups 函数返回值是一个元组，元素依次是各个分组匹配的子串。

请看下面程序来进一步加深对分组的理解：

```
#prg0870.py
1.   import re
2.   m = "(ab*)(c(d))e"
3.   r = re.match(m,"abcdefg")
4.   print(r.groups())      #>>('ab', 'cd', 'd')
5.   print(r.group(0))      #>>abcde
6.   print(r.group(1))      #>>ab
7.   print(r.group(2))      #>>cd
8.   print(r.group(3))      #>>d
```

1．分组的引用

在分组的右边可以通过分组的编号引用该分组所匹配的子串。在正则表达式的值中，'\' 后面跟整数 i，如 '\2'，'\3'这种字符组合，就是分组引用符号，表示第 i 号分组在本次匹配中匹配的子串：

```
#prg0880.py
1.   import re
2.   m = r'(((ab*)c)d)e\3'                  #等价于 m = '(((ab*)c)d)e\\3'
3.   #要求 ab*cde 后面跟着 3 号分组在本次匹配中匹配上的子串
4.   r = re.match(m,"abbbcdeabbbkfg")      #第二组 bbb 若少一个 b 就不能匹配
5.   print(r.group(3))                      #>>abbb
6.   print(r.group())                       #>>abbbcdeabbb
```

在 Python 的字符串中，'0'～'7' 这八个数字，会和前面的 '\' 构成一个转义字符，即：

```
print("\1\2\3\4\5\6\7\0\8\9")
```

输出结果是：

```
\8\9
```

'\1'～'\7' 都是不能正常显示的转义字符，'\0'显示为空格，因此，在第 2 行想要让正则表达式的值中出现连续两个字符 '\3'，就要在正则表达式的写法中把 '\' 写两遍，或只写一遍但在整个正则表达式前面加 'r'。本行的 '\3'，就代表 3 号分组在本次匹配中匹配上的子串。3 号分组是 'ab*'，在本次匹配中，匹配上的子串是 'abbb'，因此 'e' 后面必须跟着 'abbb' 才能匹配整个正则表达式。整个正则表达式匹配的子串就是 'abbbcdeabbb'。

我们知道 'a.+b' 表示一个 'a' 打头，'b' 结尾的字符串，中间可以有不少于 1 个的任意字符。中间的任意字符可以不一样。如果要求中间的这些任意字符必须相同，比如 'acccb'，'akkkkkkb'，则可以使用分组引用符号，写为 'a(.)\\1*b' 或 r'a(.)\1*b'，因为 '\\1*' 表示 1 号分组在本次匹配中匹配的子串出现 0 次或任意多次：

```
#prg0890.py
1.  import re
2.  pt = 'a(.)\\1*b'
3.  print(re.search(pt,'kacccccb').group())        #>>acccccb
4.  print(re.search(pt,'kaxxxxb').group())         #>>axxxxb
5.  print(re.search(pt,'kaxb').group())            #>>axb
6.  x = re.search(pt,'kaxyb')
7.  print(x)                                       #>>None
```

分组作为一个整体，后面可以跟量词：

```
#prg0900.py
1.  import re
2.  m = "(((ab*)+c)d)e"          #(ab*)可以出现 1 次或更多次
3.  r = re.match(m,"ababcdefg")
4.  print(r.groups())            #>>('ababcd', 'ababc', 'ab')
5.  r = re.match(m,"abacdefg")
6.  print(r.groups())            #>>('abacd', 'abac', 'a')
```

分组的多次出现，不要求都匹配相同的字符串。所以在第 5 行，3 号分组 'ab*' 的连续两次出现，第一次匹配 'ab'，第二次匹配 'a'，在第 6 行输出 3 号分组匹配的子串时，以分组最后一次出现时匹配的子串 'a' 为准。

2. re.findall 和分组

在正则表达式中没有分组时，re.findall 返回所有匹配子串构成的列表。有且只有一个分组时，re.findall 返回的是一个子串的列表，每个元素是一个匹配子串中分组对应的内容：

```
#prg0910.py
1.  import re
2.  m = '[a-z]+(\d+)[a-z]+'
3.  x = re.findall(m,"13 bc12de ab11 cd320ef")
4.  print(x)      #>>['12', '320']  匹配的两个子串是'bc12de'和'cd320de'，取其分组
```

在正则表达式中有超过一个分组时，re.findall 返回的是一个元组的列表，每个元组对应于一个匹配的子串。元组里的元素，依次是 1 号分组、2 号分组、3 号分组……匹配的内容，即相当于子串对应的匹配对象的 groups()函数的返回值，即：

```
#prg0920.py
1.  import re
2.  m = '(\w+) (\w+)'
3.  r = re.match(m,"hello world")
4.  print(r.group())         #>> hello world
5.  print(r.groups())        #>>('hello', 'world')
6.  print(r.group(1))        #>>hello
7.  print(r.group(2))        #>>world
8.  r = re.findall(m,"hello world, this is very good bro.")
9.  #找出由所有能匹配的子串对应的groups()返回值构成的元组
10. print(r)
11. #>>[('hello', 'world'), ('this', 'is'), ('very', 'good')]
```

第 8 行：一共有 3 个子串可以匹配，'hello world'，'this is' 和 'very good'。它们分别对应于列表 r 中的三个元素。每个元素都是个元组，里面是两个字符串，即两个分组匹配上的子串。

如果觉得 re.findall 只能取得每个分组的内容，不能取得整个匹配的子串不太好，那么可以将整个正则表达式放在一个分组里面，比如写 m='((\w+) (\w+))'，这样 1 号分组的内容就是整个匹配的子串。

10.6 '|' 的用法

'|' 用在正则表达式中，表示“或”。例如正则表达式 'X|Y|Z'，如果一个字符串能匹配 X、Y 或 Z，就算能匹配整个正则表达式。'|' 如果没有放在 "()" 中，其作用范围是直到整个正则表达式开头或结尾或碰到另一个 "|"。例如，'a.b|c\de|ba+d' 可以匹配 'acb'、'c2e' 和 'baaad'。

正则表达式中，几个用 '|' 隔开的子表达式，匹配的优先级是从左到右。一旦匹配上某一个，就不再看右边的还是否能匹配：

```
#prg0930.py
1.  import re
2.  pt = "\d+\.\d+|\d+"
3.  print(re.findall(pt,"12.34 this is 125")) #>>['12.34', '125']
4.  pt = "a.|aab"
5.  print(re.findall(pt,"aabcdeaa12aab"))  #>>['aa', 'aa', 'aa']
```

第 3 行："12.34"可以匹配 '\d+\.\d+'，因此就不会再认为 '12' 和 '34' 能匹配后面那个'\d+'。

第 5 行：由于 pt 中 'a.' 总是优先于 'aab'，因此 'aab' 就没有机会得到匹配。

'|' 也可以用于分组中，那么其起作用的范围就仅限于分组内部：

```
#prg0940.py
1.  import re
2.  m ="(((ab*)+c|12)d)e"
3.  print(re.findall(m,'ababcdefgKK12deK'))
4.  #>>[('ababcd', 'ababc', 'ab'), ('12d', '12', '')]
5.  for x in re.finditer(m,'ababcdefgKK12deK'):
6.      print(x.groups())
7.  m = '\[(\d+)\]|<(\d+)>'
8.  for x in re.finditer(m,'233[32]88ab<433>'):
9.      print(x.group(),x.groups())
```

第 2 行：2 号分组内部的 '(ab*)+c' 和 '12' 是“或”的关系，即 2 号分组这一部分，可

以去匹配 'abb'，也可以去匹配'12'。

第 3 行：一共有 2 个子串能够匹配，分别是 'ababcde' 和 '12de'。第一个子串中，2 号分组中的 '(ab*)+c' 匹配 'ababc'。第二个子串中，2 号分组中的 '12' 匹配 '12'，而 3 号分组('ab*')没有匹配任何东西，findall 规定这种情况就算匹配了空串。

因此第 5、6 行的输出是：

```
('ababcd', 'ababc', 'ab')
('12d', '12', None)
```

在匹配对象的 groups()函数返回的记录每个分组匹配的子串的元组中，没有匹配任何东西的 3 号元组，被记为匹配了 None。

第 7 行：'\[(\d+)\]|<(\d+)>' 描述的模式就是“[]及其中的数字串或<>及其中的数字串”。因此在第 8 行的 '233[32]88ab<433>' 中共有两个子串能够匹配，'[32]' 和 '<433>'。在第一个子串中，2 号分组没有匹配任何东西，在第二个子串中，1 号分组没有匹配任何东西。因此第 8、9 行的输出是：

```
[32] ('32', None)
<433> (None, '433')
```

★★10.7 替换匹配的子串

re.sub(pattern,repl,string,count = 0, flags = 0)

此函数将 string 中所有匹配正则表达式 pattern 的子串，都替换成 repl。在 repl 中可以用 '\1','\2',......引用 pattern 中的 1 号分组，2 号分组，......匹配的子串。count 表示替换前几个，默认值 0 表示全部都替换。

```
#prg0950.py
1.  import re
2.  str =  re.sub('\d+',"...","abc13de4fg")
3.  print(str)                                        #>>abc...de...fg
4.  print(re.sub('\d+',"","abc13de4fg"))              #>>abcdefg
5.  print(re.sub('gone','go',"I gone hegone me"))     #>>I go hego me
6.  s = 'abc.xyz'
7.  print(re.sub('(.*)\.(.*)', r'\2.\1', s))          #>>xyz.abc
```

第 4 行：用""替换数字串，相当于删除了数字串。

第 7 行：r'\2.\1' 表示要用 2 号分组匹配的子串加上 '.' 再加上 1 号分组匹配的子串，去替换 s 中整个正则表达式匹配的子串。

re.sub 的参数 repl 还可以是个函数或 lambda 表达式。对于匹配的子串 x，假设其对应的匹配对象是 y，就用 repl(y)的返回值去替换 x：

```
#prg0960.py
1.  import re
2.  def add100(x):        #x 必须是个匹配对象
3.      return str(int(x.group()) + 100)
4.  str =  re.sub('\d+',add100,"abc13de4fg")
5.  print(str)          #>> abc113de104fg
```

第 4 行所做的替换是把所有整数都加 100。'\d+' 能匹配两个子串，'13' 和 '4'，因此会产生两个匹配对象。以 '13' 所对应的匹配对象 x 为参数调用 add100，返回值就是 '113'，'113' 替换了 '13'。同理 '104' 替换了 '4'。

10.8 贪婪匹配和懒惰匹配

量词 +、*、?、{m,n} 在默认情况下，总是匹配尽可能长的子串，此即所谓的“贪婪匹配”。例如：

```
#prg0970.py
1.  import re
2.  print(re.match("ab*", "abbbbk").group())    #>>abbbb
3.  print(re.findall("<h3>(.*)</h3>", "<h3>abd</h3><h3>bcd</h3>"))
4.  #>>['abd</h3><h3>bcd']
5.  print(re.findall('\(.+\)',"A dog has(have a).这(哈哈)true()me"))
6.  #>>['(have a).这(哈哈)true(r)']
```

第 2 行：按理说子串 'a'，'ab'，'abb'......都能匹配 'ab*'，但匹配的结果却是 'abbbb'，就是因为要匹配尽可能长的子串。这种规定有时会导致我们不想要的结果。例如，第 3 行中类似"<h3>abd</h3><h3>bcd</h3>" 这种形式的字符串，在每个网页中都会大量出现。'<h3>XXX</h3>' 代表 XXX 是 3 号标题。我们的本意是想要把所有 3 号标题都提取出来。3 号标题的特征，就是位于 '<h3>' 和 '</h3>' 之间的字符串，看上去用 '<h3>.*</h3>' 描述没有什么问题。这里有两个 3 号标题，'abd' 和 'bcd'，因此我们期望的输出结果是:

```
['abd', 'bcd']
```

但是实际上，由于 '.*' 是尽可能长地匹配，所以会匹配到最远的 '</h3>' 为止，因此 1 号分组匹配的子串就变成第一个 '<h3>' 和最后一个 '</h3>' 之间的全部内容——这不是我们想要的结果。第 5 行的本意是要提取 '()' 及其内部的字符串，结果也没有达到目的。

纠正上述这个错误的办法，就是让量词做尽可能短的匹配，这就是所谓的“懒惰匹配”。在量词+，*，?，{m,n}后面加'?'，就能使得量词做懒惰匹配，把上面第 2、5 行分别改成下面两行即可：

```
print(re.findall("<h3>(.*?)</h3>", "<h3>abd</h3><h3>bcd</h3>"))
print(re.findall('\(.+?\)',"A dog has(have a).这(哈哈)true()me"))
```

'.*?' 表示让 '.*' 匹配尽可能短的子串，因此匹配了 'abd' 就会收工。'.+?'也是一样。修改后就能得到我们想要的输出结果：

```
['abd', 'bcd']
['(have a)', '(哈哈)']
```

再看一个例子以加深理解：

```
1.  import re
2.  print(re.findall('\d+',"this is 34 what me 75 gw"))
3.  #>>['34', '75']
4.  print(re.findall('\d+?',"this is 34 what me 75 gw"))
5.  #>>['3', '4', '7', '5']
```

```
6.  print(re.findall('[a-zA-Z]+',"A dog head"))
7.  #>>['A', 'dog', 'head']
8.  print(re.findall('[a-zA-Z]+?',"A dog head"))
9.  #>>['A', 'd', 'o', 'g', 'h', 'e', 'a', 'd']
10. for k in re.finditer("a.*?b","aabab"):
11.     print(k.group())
12. #>>aab
13. #>>ab
14. m = "<h3>.*?[M|K]</h3>"
15. print(re.match(m,"<h3>abd</h3><h3>bcK</h3>").group())
16. #>><h3>abd</h3><h3>bcK</h3>
```

第 15 行：由于要求 '</h3>' 之前必须有 'M' 或 'K'，因此 '.*?' 要一直匹配到 'c'。

★★★10.9 条件匹配

正则表达式中可以指明，某些部分只有在另一部分被匹配了，或没被匹配的时候，才应该被匹配，这叫条件匹配。许多资料中也称之为“嵌入条件”。

条件匹配有两种写法，第一种是：

```
(?(backreference)true_exp)
```

backreference 是前面的分组编号或分组名。若分组 backreference 在前面已被匹配，则需匹配 true_exp。此时若无法匹配 true_exp，则取消对前面分组 backreference 的匹配，且不去试图匹配 true_exp。这么做的前提是，分组 backreference 匹配或者不匹配都可以，比如该分组后面有量词 '?' 或者 '*'。如果分组 backreference 一开始就无法被匹配，则也不去匹配 true_exp。

条件匹配的写法看上去是一个分组，但其实不是，因此它也不会占用分组编号。

```
#prg0980.py
1.  import re
2.  def search(pt,s):
3.      x = re.search(pt,s)
4.      if x == None:
5.          print("None")
6.      else:
7.          print(x.group())
8.  m = '(<a>)?\[img.*?\](?(1)</a>)d'
9.  #等价于 m ='(?P<G1><a>)?\[img.*?](?(G1)</a>)d'  G1 是分组名
10. search(m,"[img aaa]</a>dd")          #>>None
11. search(m,"<a>[img aaa]</a>dd")       #>><a>[img aaa]</a>d
12. search(m,"<a>[img aaa]dd")           #>>[img aaa]d
13. m = '(<a>)\[img.*?\](?(1)</a>)'
14. search(m,"<a>[img aaa]dd")           #>>None
```

第 8 行：'(<a>)?' 说明 1 号分组 '(<a>)' 可以出现 0 次或 1 次，也就是说可以被匹配，也可以不被匹配。'(?(1)</a>)' 的意思是，匹配到此处时，如果前面的 1 号分组被匹配了，那么就应该让 '</a>' 得到匹配。如果 '</a>' 无法得到匹配，就要撤销前面对 1 号分组 '(<a>)' 的匹配，并不再试图匹配 '</a>'。如果 '<a>' 一开始就无法得到匹配，则不应匹配 '</a>'。

第 10 行：1 号分组 '(<a>)' 无法被匹配，因此 '</a>' 也不应匹配，即 ']' 后面应该跟着'd'。所以匹配失败。

第 11 行：1 号分组 '(<a>)' 被匹配了，所以后面的'</a>'也应被匹配。

第 12 行：1 号分组 '(<a>)' 本来是被匹配上的，但是后来发现 '</a>' 无法被匹配，因此就让 1 号分组不要被匹配，同时 '</a>' 也不匹配。

第 13 行的 1 号分组是必须要被匹配的。因此第 14 行匹配到 '</a>' 发现配不上，也不能撤销对 1 号分组的匹配，所以匹配失败。

条件匹配的第二种写法是：

```
(?(backreference)true_exp|false_exp)
```

若分组 backreference 在前面已被匹配，则需匹配 true_exp。此时若无法匹配 true_exp，则取消对前面分组 backreference 的匹配(前提是该分组的确匹配或者不匹配都可以，比如分组后面有量词 '?' 或者 '*')，且放弃 true_exp，去匹配 false_exp。如果分组 backreference 一开始就无法被匹配，则放弃 true_exp，但须匹配 false_exp。

```
#prg0990.py
1.  import re
2.  def search(pt,s):
3.      x = re.search(pt,s)
4.      if x == None:  print("None")
5.      else: print(x.group())
6.  m = '(<a>)?\[img.*?\](?(1)</a>|d)'
7.  search(m,"<a>[img aaa]dd")           #>>[img aaa]d
8.  search(m,"[img aaa]dd")              #>>[img aaa]d
9.  m = '(\()?\d{3}(?(1)\)|-)(\d{3}-\d{4})'
10. for x in  re.finditer(m,
11.                        "123-456-7890 tome jack (123)911-1357 af"):
12.     print(x.groups(),x.group())
13. #>>(None, '456-7890') 123-456-7890
14. #>>('(', '911-1357') (123)911-1357
```

第 9 行的 m 描述了美国电话号码的格式。美国电话号码格式有两种：

(123)456-7890 或 123-456-7890

第 9 行 m 中的 1 号分组是 '(\()'，里面只有一个字符 '('。'(?(1)\)|-)' 描述的是，匹配进行到此处时，如果 1 号分组前面被匹配了，那么就还需匹配 ')'。如果 1 号分组开始就没被匹配，或者虽然匹配了，但是由于此时无法匹配 ')' 而被撤销，那么就匹配 '–'。

多用一些 '|' 基本就能替代条件匹配。

★★★10.10 断言

如果一个分组的开头是 '?=', '?!', '?<=' 或 '?<!'，则分组成为一个“断言”。断言声明了某个条件，匹配包含断言的正则表达式时，该条件必须被满足。断言是分组，因此会占用分组编号，但是断言不匹配任何字符。母串里一个字符被匹配，就相当于该字符被“消耗”掉了，因为它不可能再和正则表达式的后续部分匹配。所以，通俗地说，断言不消耗母串里的任何字符，它只是表达一个条件或要求。断言功能说明见表 10.10.1。

表 10.10.1　断言功能说明

断言	功能说明
Y(?=X)	若子串 S 能满足模式 Y，且 S 右侧也能满足模式 X，S 才匹配 Y。例如，'[a-z]+(?=\d)', Y 是 '[a-z]+', X 是 '\d'，因此该正则表达式只与后面跟数字的小写英文单词匹配
(?<=X)Y	若子串 S 能满足模式 Y，且 S 左侧满足模式 X，S 才匹配 Y。**X 必须是长度确定的**。例如，'(?<=19)89' 只与跟在 '19' 后面的'89'匹配
Y(?!X)	若子串 S 能满足模式 Y，且 S 右侧不满足模式 X，S 才匹配 Y。例如，'[a-z]+(?!\d)' 只与后面不跟数字的小写英文单词匹配
(?<!X)Y	若子串 S 能满足模式 Y，且 S 左侧不满足模式 X，S 才匹配 Y。**X 必须是长度确定的**。例如，'(?<!19)89' 只与不跟在 '19' 后面的'89'匹配

用到前两种断言的情况不算多。例如，要找出所有后面跟着数字的小写英文单词，以及所有数字串，并将它们按出现的位置先后输出，用第一种断言来做比较方便：

```
#prg1000.py
1.  import re
2.  s = 'about me take123 blank51 day'
3.  print(re.findall('[a-z]+(?=\d)|\d+',s))
4.  #>>['take', '123', 'blank', '51']
5.  for x in re.finditer('([a-z]+)\d|(\d+)',s):
6.      print(x.group(),end = " ")
7.  #>>take1 23 blank5 1
```

第 3 行：'[a-z]+(?=\d)|\d+' 描述的模式就是“后面跟着数字的小写英文单词，或者数字串”。因此，s 中 'about', 'me' 就不会被匹配。在匹配 '[a-z]+(?=\d)' 时，由于 '(?=\d)' 不会匹配任何字符，所以 'take' 后面的 '1' 和 'blank' 后面的 '5' 都没有被消耗掉，可以用于后续的匹配过程，因此 '123', 51' 都能被匹配出来。

对比第 5 行，匹配 '([a-z]+)\d' 时，'take' 后面的 '1' 和 'blank' 后面的 '5' 都因为匹配 '\d' 而被用掉了，不能再用于后续的匹配过程，因此 '\d+' 匹配到的只能是 '23' 和 '1'。

上面的任务不用断言也能完成。调用两遍 re.finditer，第一遍找符合要求的单词，记下它们以及它们的位置，第二遍找数字串，也记下它们及它们的位置，然后再按照位置依次输出这些单词和数字即可。

'Y(?!X)' 和 '(?<!X)Y' 这两种形式的断言可能更有用一些。比如，可以用来表示“不含 'HELLO' 的非空字符串”。'^(?!.*HELLO).+' 可以表示“不含 'HELLO' 的非空字符串”。'^(?!.*HELLO)' 声明，从字符串的开头开始向右匹配，不允许配上 '.*HELLO'。即字符串的任何前缀都不可以是以 'HELLO' 结尾的子串。'.+' 又规定了不可是空串，因此整个正则表达式匹配的就是“不含 'HELLO' 的非空字符串”。

举例说明：re.search('^(?!.*HELLO)ac',"acHELLOdf")的返回值是 None。"acHELLOdf" 的开头并不能匹配 '^'，因为"acHELLOdf"的前缀 "acHELLO" 是能够匹配 '.*HELLO' 的，所以"acHELLOdf " 没有一个符合断言要求的开头，故 re.search 匹配失败。

同理，'^(?!.*a|.*b).*' 可以表示“不含字符 'a' 和字符 'b' 的字符串”。re.search('^(?!.*a|.*b).*', 'cccaddd')的返回值是 None。

r'\b(?![a-z]*ac)[a-z]+\b' 可以用来在一个字符串中找出不含 'ac' 的小写英文单词。

r'^(?!(aa+)\1+$)aa+$' 可以表示“由素数个字符 'a' 构成的字符串”。'aa+$' 限定了匹配整个正则表达式的字符串必须是个“a 串”(长度大于 1 的，只由 'a' 构成的字符串)，

'(?!(aa+)\1+$)' 里的 '\1' 表示该断言分组里的 1 号分组，即 '(aa+)'。'^(?!(aa+)\1+$)' 声明，从字符串开头开始匹配，不允许匹配上 '(aa+)\1+$'，即持续到字符串结尾的，能分解成若干个（大于 1 个）等长的“a 串”的子串。由于长度为合数的 a 串总能分解成若干个等长 a 串，长度为素数的 a 串不能，因此整个正则表达式就表示“由素数个字符 'a' 构成的字符串”。这个例子拓展思维的作用远大于实际用处。

四种形式的断言中，Y 都可以不写。**不写的话，可以认为 Y 就是空串**。下面程序演示 'Y(?!X)' 中的 Y 不写的情况：

```
#prg1010.py
1.  import re
2.  def search(pt,s):
3.      x = re.search(pt,s)
4.      if x == None:
5.          print("None")
6.      else:
7.          print(x.group())
8.  search('^(?!.*HELLO).+',"fasHELLOdf")  #>>None
9.  search('(?!.*HELLO).+',"fasHELLOdf")   #>>ELLOdf
10. search('(?!.*HELLO).+?',"fasHELLOdf")  #>>E
11. print(re.findall('(?!.*HELLO)a[c-e]',"facHELLOaddfae")) #>>['ad', 'ae']
12. m  = "<font>((?!</?font>).)*</font>"
13. s = '<font>123 <font>abcde</font> hij</font>fff'
14. print(re.search(m,s).group())          #>> <font>abcde</font>
```

第 8 行：断言里的 Y 是 '^'，而第 9 行断言里的 Y 就是空串。我们可以认为，一个字符串的开头和结尾处，任何两个字符之间，都有一个空串。'(?!.*HELLO).+' 匹配的子串，就是 '空串.+'，但是要求从这个空串开始往右匹配，不得匹配上 '.*HELLO'——即 '空串.*HELLO' 不得匹配成功。s 里面符合这个条件的空串中，最靠左的就是 'E' 左边那个空串，因此匹配结果就是 'ELLOdf'。

第 11 行：要寻找的是匹配 'a[c-e]' 的子串，且其左边的空串不会使得 '空串.*HELLO' 被匹配成功。因此 'HELLO' 左边的 'ac' 是不行的，'HELLO' 右边的 'ad' 和 'ae' 可以。

第 14 行：m 会提取出嵌套在最里层的 '<font>' 和 '</font>' 对子。'(?!</?font>).' 位于一个分组的开头，因此它的左边的 Y 就是空串，它描述的是 '空串.'，且该空串右侧不能有 '<font>' 或 '</font>'。不妨管这样的 '空串.' 称为 N。'((?!</?font>).)*' 要求 '<font>' 和 '</font>' 之间的内容必须由 0 个或任意多个 N 构成。N 是匹配一个字符的，因此，'<font>' 和 '</font>' 之间的每个字符，都必须能匹配 N。如果让 m 中的 '<font>' 匹配 s 中的第一个 '<font>'，那么，由于 N 不能匹配 s 中第二个 '<font>' 中的 '<'(该 '<' 左边是个空串，然而该空串右侧有 '<font>')，所以不可让 m 中的 '<font>' 匹配 s 中的第一个 '<font>'，只能让它匹配 s 中的第二个 '<font>'。再往下匹配，由于 N 不能匹配 s 中第一个 '</font>' 中的 '<'，因此，m 中的 '</font>' 不能匹配 s 中的第二个 '</font>'，只能匹配第一个 '</font>'。

断言的使用有些烧脑。除非对断言特别熟练，否则不如写个简单点的不包含断言的正则表达式，用它抽取出一些子串后，再写一些代码排除掉不符合断言要求的那些。例如，与其编写一个包含断言的正则表达式抽取不含 'hello' 的单词，不如写一个简单的正则表达式抽取单词，然后逐个判断一下是否包含 'hello'。

10.11 字符串分割

re.split 函数具有强大的字符串分割功能，详情请看 7.2.5 小节。

10.12 应用实例

实例：孔明口中的曹操

使用正则表达式可以在文本中提取想要的内容。比如找出三国演义中，所有孔明提到曹操的场景中，他都说了些啥。孔明提到曹操时一般是这样的。

孔明曰："……曹操……"

孔明笑曰："……操……"

说的话一定用中文的"曰：""开头，用中文的"""结束。另外，也许还有"怒曰""大笑曰"之类。曹操也可能被称作"曹贼""曹阿瞒"等。程序编写如下：

```
#prg1020.py
1.  import re
2.  f = open("c:/tmp/三国演义 utf8.txt","r",encoding="utf-8")
3.  txt = f.read()
4.  f.close()
5.  pt = "(孔明.{0,2}曰：“[^”]*(曹操|曹贼|操贼|曹阿瞒|操).*?”)"
6.  a = re.findall(pt,txt)
7.  print(len(a))                  #>>58    孔明提到曹操 58 次
8.  for x in a:
9.      print(x[0])
```

程序输出以下结果：

```
......
孔明曰："曹操于冀州作玄武池以练水军，必有侵江南之意。可密令人过江探听虚实。"
孔明曰："新野小县，不可久居，近闻刘景升病在危笃，可乘此机会，取彼荆州为安身之地，庶可拒曹操也。"
......
```

第 8 行的 x 也可能取到下面这个元组：

```
('孔明答曰："曹操乃汉贼也，又何必问？"', '操')
```

看起来 1 号分组应该匹配"曹操"，结果匹配的是"操"，那是因为"[^"]*"做贪婪匹配，消耗掉了"曹"字。

有可能孔明说了"操练"这个词，也被当作提到"曹操"，那就需要手工再鉴别。当然也可以用断言来避免这种情况。

★★★例题 10.12.1：抽取 IP 地址（P083）

在一段多行的文本中，抽取 IP 地址。IP 地址的左右不能有数字。例如，不能认为 '1233.34.44.5' 里面包含一个 IP 地址 '233.34.44.5'，也不能认为 '233.34.44.525' 里面包含一个 IP 地址 '233.34.44.52'。IP 地址右边还不能有多余的 '.'，比如不能认为 '22.22.22.22.33' 中包含一个 IP 地址 '22.22.22.33'。假设 IP 地址不会跨多行。

输入样例

```
23.13.44.24 hello,world 216.34.9.8take up123.13.55.35 2.2.2.2.a
```

```
1276.34.9.8. b23.13.44.25ok 180.13.44.256 22.22.22.22.33 0.0.0.1
.12.2.22.2  03.44.55.0 4.8.87.23 like 1112.2.22.2 me 112.2.22.2444
```

输出样例

```
23.13.44.24
216.34.9.8
123.13.55.35
23.13.44.25
0.0.0.1
4.8.87.23
```

解题程序：

```
#prg1022.py
1.  import re
2.  pt='(((25[0-5]|2[0-4]\d|1\d{2}|[1-9]?\d)\.){3}(25[0-5]|2[0-4]\d|1\d{2}|[1-9]?\d))'
3.  ip = '(?<![\d\.])' + pt +  '(?![\d\.])'
4.  while True:
5.      try:
6.          s = input()
7.          for x in re.finditer(ip,s):
8.              print(x.group(1))
9.      except :
10.         break
```

第 3 行表明 IP 地址左边和右边都不能有多出来的数字。

通过这个 IP 地址的例题可以看到，要写一个精确的正则表达式是比较困难的。所谓精确，是指所有符合需要的子串都能被匹配，且所有匹配出来的子串都是符合需要的。例如一个精确的表示 IP 地址的正则表达式，能做到所有 IP 地址都能与之匹配，且所有能与之匹配的字符串就一定是 IP 地址。写一个宽容一些的正则表达式，然后对匹配结果进行进一步筛选会容易得多。所谓宽容，指的是只保证符合需要的子串都能被匹配，但是不保证所有匹配的子串都符合需要。例如，针对本题，将 IP 地址简单描述成 '\.?((\d+)\.){3}\d+\.?'，然后对提取出来的子串再写几行程序判断是不是每一段都无前导 0，且都不超过 255，要比写个精确的正则表达式描述 IP 地址容易得多。

下面是两个常用的正则表达式，不必深究，用的时候复制粘贴就好：

```
邮箱：\w+([-+.]\w+)*@\w+([-.]\w+)*\.\w+([-.]\w+)*
网址：((http|https)://[\w\-_]+(\.[\w\-_]+)+([\w\-\.,@?^=%&:/~\+#]*[\w\-\@?^=%&/~
\+#])?)
```

10.13 习题

1. 找出所有整数（P084）：给一段文字，可能有中文，把里面的所有非负整数都找出来，不需要去掉前导 0。如果碰到"012.34"这样的就应该找出两个整数 012 和 34，碰到 0.050，就找出 0 和 050。

2. 找出所有整数和小数（P085）：给一段文字，可能有中文，把里面的所有非负整数和小数找出来，不需要去掉前导 0 或小数点后面多余的 0，然后依次输出。

3. 找出小于 100 的整数（P086）：有给定的两行输入，在每一行的输入中提取在[0,100)内的整数(不包括 100)并依次输出。注意要排除负数。

4. 密码判断（P087）：用户密码的格式是：①以大写或小写字母开头；②至少要有 8 个字符，最长不限；③由字母、数字、下画线或 '-' 组成。输入若干字符串，判断是否符合密码的条件。如果是，输出 yes；如果不是，输出 no。

5. 找<>中的数（P088）：输入一串字符，将输入中的在<>里面且没有前导 0 且少于 4 位的整数依次输出。单独的 0 也要输出。

★★6. 检查美元（P089）：给出一句话，判断这句话中是否存在规范书写的美元数纪录。美元数的规范如下：①以$开始,$结束，②数字为整数，从个位起，满 3 个数字用 ',' 分隔。正确的格式如$1,023,032$或者2，错误的格式如$3,432,12$或者$2。

★★★7. 电话号码（P090）："<X>"和它右边离它最近的"</X>"构成一个 tag。电话号码由区号和号码构成，行如(20)-784。请找出 tag 中的电话号码。

★★★8. 通讯记录（P091）："<X>"和它右边离它最近的"</X>"构成一个 tag。通讯记录包含在 tag 中。每条通讯记录的格式为“%内容%邮箱”。“内容”部分是任意非空且不包含字符 '%' 的字符串。“邮箱”部分的格式是“账号@pku.edu.cn”或“账号@stu.pku.edu.cn”。账号是个满足以下两个条件的字符串：①只包括大小写字母、数字和下画线，不能包含其他特殊字符；②长度不为 0，且不超过 8 个字符。请找出所有通讯记录。

第 11 章 玩转 Python 生态

Python 语言的最大优势，就是除了自带的一些库，还有数量庞大的、能实现各种各样功能的第三方库可以使用。本章会介绍一些常用的 Python 自带库和第三方库。**需要强调的是，这些库的功能繁多，用法通常非常复杂，本章提到的，可能只是入门的一部分。**比如，库里的函数可能有几十个，本章只会提几个；一个函数可能有七八个参数，本章只用到其中的两三个参数。要更充分地利用这些库，还需要读者自己钻研。可以到这些库的官网学习，也可以搜索、参考相关文章。用 Python 编程解决问题，参考网络上的程序是必不可少的。有时并不需要搞清楚别人的程序每一行都是什么意思，只要能照猫画虎，复制粘贴，加以修改，为我所用，完成任务即可。

11.1 Python 库的安装、导入和使用

Python 自带的库，如 turtle, math, re 等，不需要另外安装。而第三方的库，都需要安装。Python 提供了安装库的工具，就是 pip 或 pip3。找到 Python 的安装文件夹，在命令行窗口进入 scripts 子文件夹，然后输入：

pip install 库名　　(或 pip3 install 库名)

就可以安装库，如图 11.1.1 所示。

```
C:\WINDOWS\system32\cmd.exe

C:\Users\guo_w\AppData\Local\Programs\Python\Python37\Scripts>pip install numpy
```

图 11.1.1　Python 库安装

在 Windows 系统中，Python 的安装文件夹默认就是图 11.1.1 显示的文件夹：

```
C:\Users\guo_w\AppData\Local\Programs\Python\Python37\
```

要将 guo_w 替换成读者自己的用户名，Python 版本不同则未必是 Python37，可能是 Python38、Python35 等。在资源管理器里面搜文件 python.exe 就能搜到 Python 的安装文件夹。要注意，如果安装了多个版本的 Python，又想在多个版本的 Python 中都能使用某个库，就需要在多个版本的安装文件夹下面都执行 pip install 操作。pip 还有以下用法：

```
pip uninstall 库名        卸载安装好的库
pip list                  列出已经安装的库
```

各种库一般都会有不同的版本。随着版本更新，库也会有些许变化，比如函数名也可

能变得不一样。本书中的程序是以写作时可以安装的最新版本为基础的。**如果读者发现书中的程序不能工作，有可能是安装的库的版本不对，应该安装最新版本。**如果已经安装了最新版本，那么就应该按照错误提示信息修改程序出错的语句。

库安装好后，还需要在程序中导入才能使用。用 import X 可以将库 X 导入程序。import 语句有以下几种用法。

（1）import 库名

```
import turtle
turtle.setup(800,600)
```

（2）import 库名 as 缩写

嫌库名太长写起来麻烦，就可以随便指定一个缩写，以后缩写就等价于库名。例如：

```
import turtle as tt
tt.setup(800,600)
```

（3）import 库名.类名

一个库里面可能有很多个类，一个类可以实现各种功能，可以看作一个子库。例如：

```
import PIL.Image
PIL.Image.open("c:/tmp/tmp.jpg")
```

（4）from 库名 import 类名

这样就可以直接使用类名，不用写库名了。例如：

```
from PIL import Image
Image.open("c:/tmp/tmp.jpg")
```

（5）from 库名 import *

这样就可以直接使用库中所有类名或函数名，不用写库名。例如：

```
from math import *
a,b,c = sin(20),sqrt(18),abs(-2)
```

（6）from 库名.类名 import 类名

```
from openpyxl.styles import Font,colors      #导入 Font 类和 colors 类
redFont = Font(size = 18, name='Times New Roman',
                    bold=True, color = colors.RED)
```

每个库有许多类，每个类有很多成员函数，每个成员函数又有很多参数，很难记得它们的用法。PyCharm 有提示功能，即在一个类或对象后面输入“.”，PyCharm 会自动下拉一个列表框，列出有哪些成员函数可以用，但这往往不够。要上网找文档，也比较麻烦。**Python 库函数 dir(x)可以返回对象 x 或类 x 的成员函数名的列表；help(x)可以返回函数 x 或类 x 的使用说明，把这两个函数的返回值输出出来，是学习的好办法：**

```
#prg1024.py
1.  import PIL.Image
2.  print(help(PIL.Image.open))
3.  img = PIL.Image.open("c:/tmp/tmp.jpg")
4.  print("img=",img)
5.  print(dir(img))
6.  print(help(img.convert),help(img.transpose),help(img.transform))
```

```
7.  def f(x,y,z):
8.      pass
9.  print(f.__code__.co_varnames) #>>('x', 'y', 'z')
10. print(img.convert.__code__.co_varnames)
11. print(PIL.Image.open.__code__.co_varnames)
```

Python 还有一种神奇的机制叫“内省”。如上面第 9 行，可以输出 f 函数的 3 个参数的名字；第 10 行输出了 img 对象的 convert 方法的参数的名字；第 11 行输出了 PIL.Image.open 函数的参数的名字。**“内省”也是学习函数用法的好办法。**

11.2 日期和时间库 datetime

处理日期

Python 自带 datetime 库，提供与日期、时间相关的功能。使用这个库，可以方便地知道某年某月某日是星期几，两个日子间隔几天，一个日期往前或往后数若干天是什么日期。datetime 用法示例如下：

```
#prg1030.py
1.  import datetime                          #导入 datetime 库
2.  dtBirth = datetime.date(2000,9,27)       #创建日期对象，日期为 2000 年 9 月 27 日
3.  print(dtBirth.weekday()) #>>2    输出 dtBirth 代表的日期是星期几。0 表示星期一
4.  dtNow = datetime.date.today()            #取今天日期，假设是 2020 年 8 月 15 日
5.  print(dtBirth < dtNow)                   #>>True   日期可以比大小
6.  life = dtNow - dtBirth                   #取两个日期的时间差
7.  print(life.days,life.total_seconds())    #>>7262 627436800.0
8.  #两个日期相差 7262 天，即 627436800.0 秒
9.  delta = datetime.timedelta(days = -10)   #构造时间差对象，时间差为-10 天
10. newDate = dtNow + delta      #newDate 代表的日期是 dtNow 的日期往前数 10 天
11. print(newDate.year,newDate.month,newDate.day,newDate.weekday())
12. #>>2020 8 5 2     2020 年 8 月 5 日星期三
13. print(newDate.strftime(r'%m/%d/%Y'))     #>>08/05/2020
14. newDate = datetime.datetime.strptime("2020.08.05", "%Y.%m.%d")
15. print(newDate.strftime("%Y%m%d"))  #>>20200805
```

第 13 行：日期对象的 strftime 函数可以将日期转换为字符串。格式可以自定。%Y 表示年份，%m 表示月份，%d 表示日子。

处理时刻

第 14 行：strptime 函数可以将一个字符串形式的日期或时间转换为时间对象。需要用第二个参数指明字符串日期或时间的格式。

datetime.MINYEAR 和 datetime.MAXYEAR 记录了 datetime 函数能处理的最小年份和最大年份。目前分别是公元 1 年和公元 9999 年。

datetime 函数处理的时间可以精确到微秒（百万分之一秒）。用法示例如下：

```
#prg1040.py
1.  import datetime
2.  tm = datetime.datetime.now()     #取当前时刻，精确到微秒
3.  print(tm.year,tm.month,tm.day,tm.hour,tm.minute,tm.second,
4.        tm.microsecond)
5.  #>>2020 8 15 20 32 53 899669  假设当前时刻是 2020 年 8 月 15 日 20 时 32 分 53 秒 899669 微秒
6.  tm = datetime.datetime(2017, 8, 10, 15, 56, 10,0)
```

```
7.  #构造一个时刻，2017年8月10日15时56分10秒0微秒
8.  print(tm.strftime("%Y%m%d %H:%M:%S"))     #>>20170810 15:56:10
9.  print(tm.strftime("%Y%m%d %I:%M:%S %p")) #20170810 03:56:10 PM
10. tm2 = datetime.datetime.strptime("2013.08.10 22:31:24",
11.                          "%Y.%m.%d %H:%M:%S")  #由字符串生成一个时间对象
12. delta = tm - tm2  #求两个时间的时间差
13. print(delta.days,delta.seconds,delta.total_seconds())
14. #>>1460 62686 126206686.0 #时间差是1460天零62686秒，总共126206686.0秒
15. delta = tm2 - tm
16. print(delta.days,delta.seconds,delta.total_seconds())
17. #>>-1461 23714 -126206686.0
18. delta = datetime.timedelta( days = 10, hours= 10,minutes=30,seconds=20)
19. #构造一个时间差，10天10小时30分20秒
20. tm2 = tm + delta
21. print(tm2.strftime("%Y%m%d %H:%M:%S")) #>>20170821 02:26:30
```

第6行：构造时刻的时候，最后一个参数代表微秒，也可以不写，不写则默认为0。

第9行：%I表示12小时制的时间表示法。%p表示上午还是下午。

第10行：由字符串"2013.08.10 22:31:24"生成一个时间对象，"%Y.%m.%d %H:%M:%S"解释了字符串的格式。注意%d和%H之间也有空格，和10与22之间的空格对应。

要在程序里测试一段代码执行多长时间，可以在那段代码执行前用datetime.datetime.now()记录以下当前时间，那段代码执行后再记录当前时间，两个时间相减就得到那段代码的执行时间。

11.3 随机库 random

random 库使用

Python自带的random库可以用于生成随机数、随机数序列，以及做一些和随机化相关的事情，比如像洗牌一样打乱一个列表的元素等。random库里的部分函数见表11.3.1。

表11.3.1 random库部分函数

函数名	功能
random()	随机生成一个[0,1]之间的数（含两端，下同）
uniform(x,y)	随机生成一个[x,y]之间的数。x，y可以是小数
randint(x,y)	随机生成一个[x,y]之间的整数。x，y都是整数
randrange(x,y,z)	在range(x,y,z)中随机取一个数
choice(x)	从序列x中随机取一个元素。x可以是列表、元组、字符串
shuffle(x)	将列表x的元素顺序随机打乱
sample(x,n)	从序列x中随机取一个长度为n的子序列。x可以是元组、字符串、列表、集合
seed(x)	设置随机种子为x。x可以是个数、元组、字符串

上面函数用法示例如下：

```
#prg1050.py
1.  import random
2.  print(random.random())                 #>>0.5502568034876353
3.  print(random.uniform(1.2,7.8))         #>>5.147405813383391
```

```
4.  print(random.randint(-20,70))           #>>20
5.  print(random.randrange(2,30,3))         #>>17  在 range(2,30,3)中随机取数
6.  print(random.choice("hello,world"))     #>>d
7.  print(random.choice([1,2,'ok',34.6,'jack'])) #>>ok
8.  lst = [1,2,3,4,5,6]
9.  random.shuffle(lst)
10. print(lst)                              #>>[5, 3, 4, 2, 1, 6]
11. print(random.sample(lst,3))             #>>[6, 2, 3]
```

程序每次运行结果都不一样，貌似体现了随机性，其实是一种伪随机。现实中真正的随机是不可预测的，比如连掷 n 次骰子，无法预测掷出来的序列。如果用程序模拟掷骰子来产生 n 个随机数，程序必须用一定的算法来完成，因而这 n 个随机数是可预测的。在初始条件相同的情况下，相同的算法，多次运行的结果必然都是一样。因此计算机产生的随机数序列，尽管概率上的随机性或均等性可以得到满足，但由于可预测，所以不能算是真的随机，只能说是伪随机数序列。这里的“初始条件”，就称为“随机种子”。random.seed(x)就是设置随机种子为 x。上面的程序没有设置随机种子，因此随机种子默认设置为系统当前时间。每次运行程序，系统当前时间都不同，所以结果也都不一样。如果在第 2 行前面设置随机种子，比如加一句 random.seed(2)或 random.seed("ok")等，则程序多次运行结果都会一样。如果在第 2 行和第 3 行之间设置随机种子，则程序多次运行时，第 2 行输出结果不一样，后面的输出结果都一样。这充分证明计算机产生的随机性不够真实。

下面的程序模拟 4 个玩家玩一副牌（52 张）的洗牌、发牌过程。洗牌就是随机打乱。

```
#prg1060.py
1.  import random
2.  cards = [str(i) for i in range(2,11)] + list("JQKA")
3.  #cards 是['2','3','4','5','6','7','8','9','10','J','Q','K','A']
4.  allCards = [s+c for c in cards for s in "♣♦♥♠"] #一副牌，元素形式如'♠3'
5.  random.shuffle(allCards)          #随机打乱 52 张牌
6.  for i in range(4):
7.      onePlayer = allCards[i::4]  #每个玩家都是隔三张牌取一张
8.      onePlayer.sort()            #扑克牌排序规则略复杂，这里就当字符串随便排排
9.      print(onePlayer)
```

程序输出：

```
['♠10', '♠6', '♣5', '♣7', '♣8', '♥5', '♥7', '♥A', '♥J', '♦4', '♦6', '♦8', '♦K']
['♠7', '♠8', '♠9', '♠A', '♠J', '♣9', '♣K', '♥4', '♥6', '♥K', '♦10', '♦5', '♦Q']
['♠4', '♠K', '♣4', '♣Q', '♥10', '♥2', '♥3', '♥8', '♥9', '♥Q', '♦3', '♦9', '♦A']
['♠2', '♠3', '♠5', '♠Q', '♣10', '♣2', '♣3', '♣6', '♣A', '♣J', '♦2', '♦7', '♦J']
```

★11.4 用 OpenPyXL 库处理 Excel 文档

OpenPyXL 库可以读写扩展名为.xlsx 的 Office 2010 版及以后的 Excel 文件。扩展名为.xls 的老格式文件，可用 Xlrd 库读取，用 Xlwt 库创建和修改。这里只介绍 OpenPyXL 库的用法。

执行 pip install openpyxl 可以安装 OpenPyXL 库。图 11.4.1 是 Excel 示例文档，下面的程序是读取.xlsx 文档的示例程序。

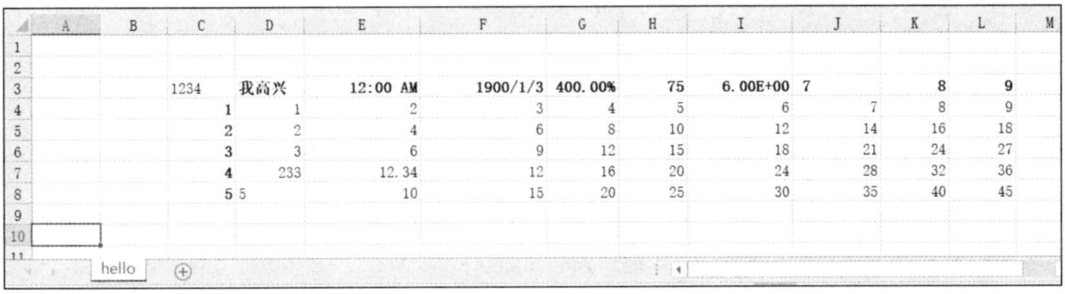

	A	B	C	D	E	F	G	H	I	J	K	L	M
1													
2													
3			1234	我高兴	12:00 AM	1900/1/3	400.00%	75	6.00E+00	7	8	9	
4			1	1	2	3	4	5	6	7	8	9	
5			2	2	4	6	8	10	12	14	16	18	
6			3	3	6	9	12	15	18	21	24	27	
7			4	233	12.34	12	16	20	24	28	32	36	
8			5	5	10	15	20	25	30	35	40	45	
9													
10													

hello

图 11.4.1　Excel 示例文档

```
#prg1122.py
1.  import openpyxl as pxl
2.  book = pxl.load_workbook("test.xlsx")        #book 就是整个 Excel 文件
3.  sheet = book.worksheets[0]                   #取第 0 张工作表
4.  print(sheet.title)     #>>hello  工作表名字（显示于工作表下方的标签）
5.  print(sheet.min_row, sheet.max_row)          #>>3 8  最小有效行号、最大有效行号
6.  print(sheet.min_column, sheet.max_column)    #>>3 12  最小最大有效列号
7.  for row in sheet.rows:   #按行遍历整个工作表，从第 1 行到 sheet.max_row 行（含）
8.      for cell in row:     #遍历一行的每个单元格。cell 是一个单元格
9.          print(cell.value,end=" ")
10.             #cell.value 是单元格的值，空单元格值是 None
11.     print("")
```

第 2 行：load_workbook 函数载入整个 Excel 文件。文件中内容为公式的单元格，其值就是公式本身（是个字符串），而且载入后 OpenPyXL 没有很方便的手段计算这些公式单元格。如果希望把所有公式单元格都计算出来，那么可以在调用该函数时加上 data_only=True 参数，不过这么做载入后就无法知道原始的公式了。

第 3 行：Excel 文件中可以有多张工作表，工作表编号从 0 开始。本行也可这么写：

```
sheet = book.active       #取活跃的工作表（默认就是第 0 张工作表）
```

工作表是有名字的，默认就是"Sheet1"，"Sheet2",......。可以根据名字取工作表。如果第 0 张工作表名字为"hello"，则本行这么写效果也一样：

```
sheet = book["hello"]
```

用下面的办法可以遍历所有工作表，并打出其名字：

```
for sheet in book.worksheets:  #worksheets 是工作表构成的列表
    print(sheet.title)
```

第 5 行：min_row 是第一个非空行的行号，max_row 是最后一个非空行的行号。请注意，行号、列号都是从 1 开始算的。

第 7 行：如果要按列遍历整个工作表，可以写为如下格式。

```
for col in sheet.columns:
```

程序继续：

```
12. for cell in sheet['G']:     #>>遍历名为'G'的那一列
13.     print(cell.value,end=" ")
```

```
14. #>>None None 4 4 8 12 16 20
15. print("")
16. for cell in sheet[3]:        #遍历第 3 行
17.     print(cell.value, type(cell.value),cell.coordinate,
18.         cell.col_idx,cell.number_format)
19. print(pxl.utils.get_column_letter(5))    #>>E 根据列号求列名
20. print(pxl.utils.column_index_from_string('D'))    #>>4 根据列名求列号
21. print(pxl.utils.column_index_from_string('AC'))   #>>29
22. colRange = sheet['C:F']          #colRange 代表从第 C 列到第 F 列（含 F 列）
23. for col in colRange:             #按列遍历第 C 列到第 F 列，col 代表一列
24.     for cell in col:             #cell 是一个单元格
25.         print(cell.value,end = " ")
26.     print("")
27. rowRange = sheet[5:10]           #rowRange 代表第 5 行到第 10 行（含第 10 行）
28. for row in sheet['A1':'D2']:     #按行遍历左上角是 A1 右下角是 D2 的子表
29.     for cell in row:             #row[i]也可以表示第 i 个单元格
30.         print(cell.value,end = " ")
31.     print("")
32. print(sheet['C9'].value)         #>>None  C9 单元格的值
33. print(sheet.cell(row=8,column=4).value)   #>>5  第 8 行第 4 列单元格的值
```

第 13 行：空单元格的 value 是 None，非空单元格的 value，类型可以是以下 4 种：int、float、str、datetime.datetime，通过 type(cell.value) 可以看出来。比如可以用 isinstance(cell.value,datetime.datetime)或 type(cell.value) == str 来判断单元格的值是不是日期或时间、是不是字符串。coordinate 是个字符串，表示单元格坐标，比如"A3", "E8"。col_idx 是列号。number_format 是个字符串，表示数的显示形式。如果 cell.value 的类型是 str，则 number_format 等于"General"，否则，其值可能为"General"(显示为普通的数)、"mm-dd-yy"(显示为日期)、"0.00%"(显示为小数点后面保留 2 位的百分数)"、0.00E+00"(显示为科学计数法形式的数)等。

用 OpenPyXL 创建、修改 Excel 文档示例如下：

```
#prg1124.py
1.  import openpyxl
2.  import datetime
3.  book = openpyxl.Workbook()        #在内存创建一个 Excel 文档，注意 W 是大写
4.  sheet = book.active               #取第 0 个工作表
5.  sheet.title = "sample1"           #工作表取名为 sample1
6.  dataRows = ((10, 20, 30,40.5),
7.      (100, 200, '=sum(A1:B2)'),
8.      [],
9.      ['1000',datetime.datetime.now(), 'ok'])
10. for row in dataRows:
11.     sheet.append(row)  #在工作表中添加一行
12. sheet.column_dimensions['B'].width = len(str(sheet['B4'].value))
13. #设置 B 列宽度，使其能完整显示 B4 单元格里的时间
14. sheet['E1'].value = "=sum(A1:D1)"          #单元格值为公式
15. sheet['E2'].value = 12.5                   #单元格值为小数
```

```
16. sheet["E2"].number_format = "0.00%"      #单元格显示格式是百分比形式
17. sheet['F1'].value = 3500                 #单元格值类型为 int
18. sheet['F2'].value = "35.00"              #单元格值类型为 str
19. sheet['F3'].value = datetime.datetime.today().date()
20. sheet.column_dimensions['F'].width = len(str(sheet['F3'].value))
21. sheet.row_dimensions[2].height = 48      #设置第 2 行高度为 48 points
22. sheet2 = book.create_sheet("Sample2")   #添加名为 Sample2 的工作表
23. sheet2["A1"] = 50
24. sheet2 = book.create_sheet("Sample0",0)#添加名为 Sample0 的工作表
25. sheet3 = book.copy_worksheet(sheet)      #添加一张新工作表，其为 sheet 的复制
26. book.remove(book["Sample2"])             #删除名为 Sample2 的工作表
27. book.save('c:/tmp/sample.xlsx')          #保存文件
```

程序创建的 Excel 文件 sample.xlsx 如图 11.4.2 所示。

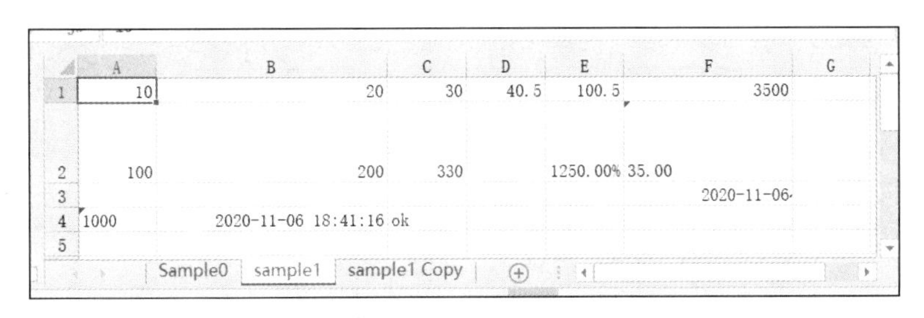

图 11.4.2　sample.xlsx

第 16 行：单元格 E2 的值是 12.5，类型是 float。本行指定其显示形式为精确到小数点后面 2 位的百分数，所以会显示为 1250.00%。

第 18 行：Excel 中，显示为数（包括整数、小数）的单元格，其样子有两种，一种左上角带绿色小三角，一种左上角不带。前者实际上格子里面放的是文本（字符串），值的类型是 str，其内容不能参与求和等算术运算，后者里面放的才是真正的数，值的类型是 int 或 float。本行使得 F2 单元格里是字符串"35.00"，左上角带绿色三角。

第 24 行：create_sheet 会新建一个工作表。第一个参数是名字，第二个参数是添加位置，若为 n 则表示新工作表应被插入到原 n 号工作表的左边。如果省略添加位置，则新工作表加在最右边。

第 25 行：sheet(名为"sample1")的复制被添加到最右边，且名字自动取为"sample1 Copy"。

在一些网站上提交 Excel 文档时，它们可能会要求文档里的数必须是文本形式，即单元格左上角带绿色小三角标记；在一些网站下载的 Excel 文档，比如淘宝店的交易记录，里面的一些金额之类的数值是文本形式，不能做求和等运算，不太方便。下面的程序可以将 test2.xlsx 里所有的文本形式的数都转换成真正的数，另存为 test3.xlsx：

```
#prg1126.py
1.  import openpyxl as pxl
2.  book = pxl.load_workbook("test2.xlsx")
3.  for sheet in book.worksheets:
4.      for row in sheet.rows:
5.          for cell in row:
```

```
6.              v = cell.value
7.              if type(v) == str:
8.                  if v.isdigit():   #如果 v 全部由数字组成
9.                      cell.value = int(v)
10.                 else:
11.                     try:
12.                         cell.value = float(v) #如果不是小数格式，转换会引发异常
13.                     except: pass
14. book.save("test3.xlsx") #如果文件名也用"test2.xlsx"，就会覆盖原有文件
```

如果反过来，要将所有真正的数都转换成文本形式，则第 6 行至第 13 行应该替换为：

```
            if type(cell.value) == int or type(cell.value) == float:
                cell.value = str(cell.value)
```

OpenPyXL 还可以指定单元格的样式，如字体、背景颜色、文字对齐方式、边框样式等。下面的程序生成如图 11.4.3 所示 Excel 文件。

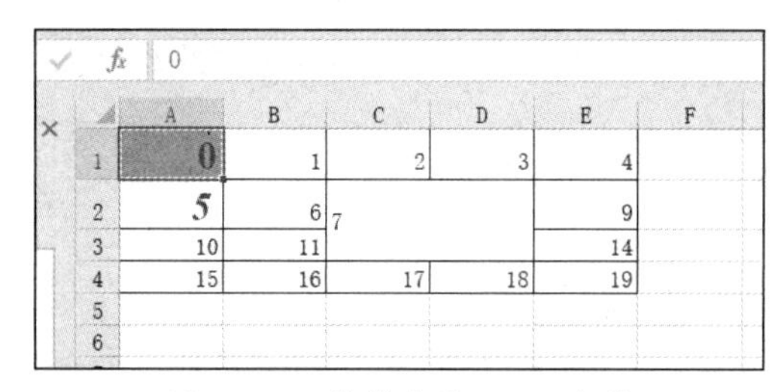

图 11.4.3　带样式的 Excel 文件

```
#prg1128.py
1.  import openpyxl
2.  from openpyxl.styles import Font,colors,PatternFill,Alignment,Side,Border
3.  book = openpyxl.Workbook()
4.  sheet = book.active             #取第 0 个工作表
5.  for i in range(4):              #添加 4 行 5 列数据
6.      sheet.append([i*5 + j for j in range(5)])
7.  side = Side(style="thin") #边线类型，还可以是 "thick","medium","dotted"等
8.  border = Border(left=side,right=side,top=side,bottom=side) #边框类型
9.  for row in sheet.rows:
10.     for cell in row:
11.         cell.border = border                #为单元格设置边框类型
12. sheet['A1'].fill = PatternFill(patternType='solid',
13.                        fgColor="00ff00")     #单元格底色设置为绿色
14. a1 = sheet['A1']
15. boldRedFont = Font(size = 18, name='Times New Roman', bold=True, color = "ff0000")
    #红色字体
16. a1.font = boldRedFont                       #设置单元格字体
17. sheet['A2'].font = sheet['A1'].font.copy(italic = True)
18. #A2 的字体和 A1 的字体一样，但是是斜体
19. sheet.merge_cells('C2:D3')                  #从 C2 到 D3 合并为一个单元格，此后名为 C2
20. sheet['C2'].alignment = Alignment(horizontal='left', vertical='center')
21. #C2 文字水平左对齐，垂直居中
22. book.save("style.xlsx")
```

第 8 行：若不写 left 参数则单元格左侧无边框，以此类推。

第 20 行：水平方向的对齐方式有 'left'、'right'、'center'，垂直方向的对齐方式有 'top'、'bottom'、'center'。

★★★11.5 SQLite3 数据库编程

11.5.1 数据库的结构

数据库可以用来存放大量数据，并且提供方便的快速检索手段来找出符合某种条件的数据，比如：工作年限超过三年，工资超过 10000 元的北京籍员工。

数据库需要数据库系统的支持。比较流行的数据库系统有 DB2、SQL Server、Oracle，分别是 IBM、微软、甲骨文公司的产品。MySQL 则是一种流行的免费开源数据库系统。SQLite3 是一种小型的免费开源数据库系统，使用十分方便，本节内容就是针对 SQLite3 的。使用 SQLite3 数据库，需要安装第三方库 SQLite3，然后在程序中 import sqlite3。

一个数据库可以是一个文件，比如 c:/tmp/students.db。

数据库中的数据以“表”的形式组织。一个数据库文件里可以有多张表。比如一个学生数据库 students.db 里可以包含“学生信息表”和“课程信息表”。

表由记录构成，比如学生信息表里的每个记录，表示一个学生的信息；课程信息表里的每个记录，表示一门课程的信息。

记录由字段构成，每个字段描述一个事物的一个属性。比如学生记录，可以由 name、id、age、gender、gpa 等字段构成。字段是有“类型”的，比如 integer、text、real 等。

11.5.2 SQL 数据库查询语句

SQL 数据库查询语句

在数据库系统中查询数据，需要通过一系列命令来进行。几乎所有的数据库系统都支持一套标准的数据库命令，这套命令称为“结构化查询语言”（Structured Query Language，SQL）。

SQL 中最常用的命令见表 11.5.1。

表 11.5.1　常用 SQL 命令

命令	功能
CREATE TABLE	在数据库中创建表
INSERT INTO	在表中插入记录
UPDATE	在表中更新记录
SELECT	在表中进行查询
DELETE	从表中删除记录

SQL 命令是大小写无差别的。下面逐条介绍这些命令。

1. CREATE TABLE 命令

用法示例：

```
create table if not exists students (id integer primary key, name text, gpa real,
dateOfBirth text, picture blob)
```

上面命令中斜体的部分是表名及字段名，这些名字可以随便取。表名、字段名都是大小写无差别的。上面命令的作用是：如果数据库中尚不存在 students 表，则该命令创建一张名为 students 的表。如果数据库中已经有名为 students 的表，则该命令不起作用。该表字段见表 11.5.2。

表 11.5.2　students 表的字段

字段名	数据类型	类型含义
id	integer	整数
name	text	字符串
gpa	real	小数
dateOfBirth	text	字符串
picture	blob	二进制数据（如图像、声音）

primary key 表示 id 这个字段是主键，即不同记录的该字段不能重复。此表中学生的 id 是不重复的。一个表里面只能有一个字段是 primary key。

2. INSERT INTO 命令

用法示例：

```
insert into students values(1000, '张三', 3.81, '2000-09-12', null)
```

在表 students 中插入一个记录，该记录 picture 字段值为 null(空)，即无照片。

values 后面的括号中填写每个字段的值，顺序和创建表时的字段顺序一致。

创建数据库并写入数据的程序示例：

```
#prg1150.py
1.  import sqlite3
2.  db = sqlite3.connect("sample.db") #打开数据库，若不存在则自动创建
3.  cur = db.cursor() #获取光标，要操作数据库要通过光标进行
4.  sql = '''create table if not exists students (id integer primary key,
5.            name text, gpa real, dateOfBirth text, picture blob)'''
6.  #该命令表示如果表 students 不存在就创建它
7.  cur.execute(sql)  #执行字符串 sql 里面存放的 SQL 命令
8.  cur.execute('''insert into students values(1000, '张三', 3.81,
9.            '2000-09-12', null)''') #插入一个记录
10. mylist = [(1700, '李四', "3.25",'2001-12-01',None),
11.          (1800, '王五', "3.35",'1999-01-01',None)]
12. for s in mylist:  #依次插入 mylist 中的每个记录
13.     cur.execute('INSERT INTO students VALUES(?,?,?,?,?)', \
14.             (s[0],s[1],s[2],s[3],s[4]))  #每个“?”对应于后面某项
15. db.commit()  #确认写入，修改数据库都需要此句
16. cur.close()  #关闭光标
17. db.close()   #关闭数据库
```

第 2 行：sqlite3.connect 函数能打开一个数据库，即一个 SQLite3 的.db 文件。如果该数据库不存在，则会创建该数据库，即创建该文件。需要注意的是，如果文件名是带文件夹的，则文件夹必须事先存在，本函数不会新建文件夹。如果.db 文件存在，则打开它，为以后操作作准备。打开成功后，connect 函数返回一个数据库对象 db，以后对数据库的操作都是通过该对象进行的。类似于文件的打开和操作。db 文件要安装专门的工具才能查看。

第 3 行：对数据库的读写操作，大部分通过数据库对象的光标来进行。数据库对象的 cursor()函数就能返回光标。

第 4 行：将 SQL 命令存入字符串 sql。这个字符串比较长，一行写不下要换行，所以用三单引号的字符串。SQL 命令内部可以随意加换行。

第 7 行：对数据库的读写，通过执行 SQL 命令来进行。执行 SQL 命令的写法，就是调用光标对象的 excute 函数，并以字符串形式的 SQL 命令作为参数。本行执行放在字符串 sql 中的命令，创建 students 表。

第 8 行：本行执行的 SQL 命令，往 students 表里面插入张三这条记录。

第 10 行：mylist 里面的每个元素就是一个学生记录。None 对应于 SQL 命令中的 null。

第 13 行：插入 s 里面存放的那个学生记录。五个"?"依次对应 s[0],s[1],......,s[4]。

第 15 行：对数据库做修改以后，一定要调用数据库对象的 commit()函数确认修改。否则很可能修改无效。

第 16、17 行：数据库使用完后，一定要关闭光标，关闭数据库。

3. SELECT 命令

SELECT 命令有很多种用法，常见的如下面示例：

```
SELECT * FROM students
```

检索 students 表中全部记录。“*”表示要取记录的所有字段。

```
SELECT * FROM students ORDER BY gpa
```

检索 students 表中全部记录，并按 gpa 从低到高排序。

```
SELECT name, gpa FROM  students
```

检索 students 表中全部记录，但每个记录只取 name 和 gpa 字段。

```
SELECT *  FROM  students  WHERE name = '张三'
```

检索 students 表中全部 name 字段为张三的记录。WHERE 表示检索条件。

```
SELECT *  FROM  students  WHERE name = '张三' AND age > 20 ORDER BY gpa DESC
```

检索 students 表中全部名为张三且年龄大于 20 的人，结果按 gpa 降序排列。DESC 表示降序。

下面的检索数据库示例程序，是以上面的程序创建的数据库 sample.db 为基础的：

```
#prg1160.py
1.   import sqlite3
2.   db = sqlite3.connect("sample.db")
3.   cur = db.cursor()
4.   cur.execute('select * from students')  #检索全部记录
```

```
5.  x = cur.fetchone()      #fetchone 取满足条件的第一条记录，返回一个元组
6.  print(x)                #>>(1000, '张三', 3.81, '2000-09-12', None)
7.  for x in cur.fetchall():  #fetchall 取得所有满足条件的记录
8.      print(x[:-2])       #dateOfBirth 和 picture 字段不打出
9.  cur.execute("SELECT * FROM students WHERE name='Jack'")
10. #取所有名为 Jack 的记录
11. x = cur.fetchone()      #没有名为 Jack 的记录，返回 None
12. if x == None:
13.     print("can't find Jack") #此行会输出
14. cur.close()
15. db.close()
```

程序输出：

```
(1000, '张三', 3.81, '2000-09-12', None)
(1700, '李四', 3.25)
(1800, '王五', 3.35)
can't find Jack
```

第 4 行：执行完 select 命令后，符合 select 命令中指定条件的记录都会被取出来，放到“检索结果”中，以后可以通过光标的 fetchone 函数或 fetchall 函数来从检索结果中提取记录。

第 7 行：要注意，前面第 5 行的 cur.fetchone 已经从检索结果中取走一条记录，所以此循环就是从检索结果的下一条记录开始取。本循环输出两条记录，李四和王五的 id，name 和 gpa。

第 9 行：检索 name 为 'Jack' 的记录。找不到，因此检索结果为空。

第 11 行：检索结果为空，所以 cur.fetchone()返回 None。若写 x=cur.fetchall()，则通过 len(x) == 0 也能判断检索结果是否为空。

再看一个例子，还是基于前面的 sample.db 数据库：

```
#prg1170.py
1.  import sqlite3
2.  db = sqlite3.connect("sample.db")
3.  cur = db.cursor()
4.  sql = '''select name, gpa, dateOfBirth from students
5.          where gpa > 3.3 order by dateOfBirth desc'''
6.  #查找 gpa>3.3 的记录，提取其中 3 个字段，按年龄升序排列
7.  cur.execute(sql)
8.  x = cur.fetchall()
9.  if x != []:      #若检索结果不为空则 x 就不是空表
10.     print("total:", len(x))    #>>2
11.     for r in x:
12.         print(r[0],r)
13. cur.close()
14. db.close()
```

程序输出：

```
total: 2
张三 ('张三', 3.81, '2000-09-12')
王五 ('王五', 3.35, '1999-01-01')
```

第 4 行：select 命令可以指定只选取记录里面的部分字段。不选取不关心的字段，可以

提高程序运行效率。由于 dateOfBirth 字段是规整的 4 位年、2 位月、2 位日的字符串，所以字符串的大小表明出生年月的先后，按这个字段降序排列，就是按年龄升序排列。

4. UPDATE 命令

UPDATE 命令用于修改数据库表中的记录。基本用法示例如下：

```
UPDATE students SET gpa = 3.9
```

将所有记录的 gpa 设置成 3.9。

```
UPDATE students SET gpa = 3.9,dateOfBirth='2000-01-01' WHERE name='李四'
```

修改李四的 gpa 和出生日期。

UPDATE 命令程序示例：

```
#prg1180.py
1.  import sqlite3
2.  db = sqlite3.connect("sample.db")
3.  cur = db.cursor()
4.  sql = 'UPDATE students SET gpa = ?, dateOfBirth = ? WHERE name = ?'
5.  cur.execute(sql,(3.9,'2000-01-01','李四'))
6.  #元组的 3 个元素分别对应 sql 中的 3 个“?”
7.  #修改李四的 gpa 和出生日期。若李四不存在，则无效果
8.  db.commit()  #必须确认写入
9.  cur.execute("select * from students where name = '李四'")
10. print(cur.fetchone()) #>>(1700, '李四', 3.9, '2000-01-01', None)
11. cur.close()
12. db.close()
```

下面程序演示如何设置记录的 blob 字段（二进制字段)的值。它将学生李四的 picture 字段，设置成来源于文件“李四.jpg”的图像。该图像文件的内容会被全部写入数据库。该程序还获取一张来源于网络的图像，将其作为学生张三的 picture。

```
#prg1190.py
1.  import sqlite3
2.  import requests              #访问网络资源需要此第三方库，需安装
3.  f = open('李四.jpg','rb')  #'rb'表示二进制读方式打开，因照片文件是二进制文件
4.  img = f.read()               #img 是字节流
5.  f.close()
6.  db = sqlite3.connect("sample.db")
7.  cur = db.cursor()
8.  sql = "UPDATE students SET picture=? WHERE name = '李四'"
9.  cur.execute(sql,(img,))      #设置李四的照片。img 对应于 sql 中的“?”
10. imgUrl = "http://n.sinaimg.cn/sinacn20115/521/w1056h1065/20181211/eb2b-
    hqackaa2812377.jpg"          #一个网络上的图像的地址，用作张三的照片
11. imgStream = requests.get(imgUrl,stream=True) #从网络获取图像
12. sql = "UPDATE students SET picture=? WHERE name = '张三'"
13. cur.execute(sql,(imgStream.content,)) #设置张三的照片
14. #imgStream.content 对应于 sql 中的“?”
15. db.commit()
```

```
16. cur.close()
17. db.close()
```

下面的程序从数据库 sample.db 里面读取张三和李四的照片，存入文件“张三 2.jpg”和“李四 2.jpg”，演示了如何读取 blob 字段的值：

```
#prg1200.py
1.  import sqlite3
2.  db = sqlite3.connect("sample.db")
3.  cur = db.cursor()
4.  sql="select name,picture from students where name='张三' or name='李四'"
5.  cur.execute(sql)
6.  x = cur.fetchall()
7.  for r in x:  #r[0]是姓名，r[1]是图像文件数据
8.      f = open(r[0] + "2.jpg","wb")   #"wb"表示以二进制写方式打开文件
9.      #照片写入文件 张三 2.jpg 和李四 2.jpg
10.     f.write(r[1])
11.     f.close()
12. cur.close()
13. db.close()
```

5. DELETE 命令

DELETE 命令基本用法示例如下：

```
DELETE  FROM students WHERE gpa < 3.5
```

删除 students 表中 gpa 小于 3.5 的记录。

```
DELETE FROM students
```

删除 students 表中全部记录。

在 Python 程序中执行 DELETE 的 SQL 命令后，也一定要执行“数据库对象.commit()”，删除才会生效。

11.6 jieba 分词库

在一句话中将词分割出来，就是分词。英文句子是天然分好词的，所以分词是汉语以及和汉语一样不用空格分隔词汇的语言特有的问题。分词当然需要有一个包含各种词汇的词典，但即便有词典，分词也并不容易。比如，“研究生命的起源”，该不该把“研究生”看作一个词？“买马上战场”应该分成“买 马 上 战场”，还是“买 马上 战场”？人很容易回答这样的问题，但是要让计算机知道怎么做则比较困难。因此，中文的分词是一个很值得研究的课题。有人编写了 python 的分词工具 jieba 用于分词。当然它也不能做到非常准确，比如它就会分出“买 马上 战场”，反正总比没有强。

执行 pip install jieba 可以安装 jieba 库，然后在程序里执行 import jieba，就可以使用它。最简单用法如下：

```
#prg1300.py
1.  import jieba
2.  s = "我们热爱中华人民共和国"
```

```
3.  lst = jieba.lcut(s)          #分词的结果是一个列表
4.  #默认用精确模式分词，分出的结果正好拼成原文
5.  print(lst)                   #>>['我们', '热爱', '中华人民共和国']
6.  print(jieba.lcut(s,cut_all = True)) #全模式分词，输出所有可能的词
7.  #>>['我们', '热爱', '中华', '中华人民', '中华人民共和国', '华人', '人民', '人民共和国', '共和', '共和国']
8.  print(jieba.lcut_for_search(s)) #搜索引擎模式分词
9.  #>>['我们', '热爱', '中华', '华人', '人民', '共和', '共和国', '中华人民共和国']
10. s = "拼多多是个网站"
11. print(jieba.lcut(s))         #>>['拼', '多多', '是', '个', '网站']
12. jieba.add_word("拼多多")      #往词典里添加新词
13. print(jieba.lcut(s))         #>>['拼多多', '是', '个', '网站']
14. s = "高克丝马微中"
15. print(jieba.lcut(s))         #>>['高克丝', '马微', '中']
16. jieba.load_userdict("tmpdict.txt")
17. print(jieba.lcut(s))         #>>['高克', '丝马', '微中']
18. print(jieba.lcut("显微中，容不得一丝马虎。"))
19. #>>['显微', '中', '容不得', '一丝', '马虎', '。']
```

jieba.lcut 就是分词函数。分词的结果是一个由词构成的列表。默认情况下，分出来的词不会重叠，拼起来等于整个句子，如第 5 行所示。

第 8 行：lcut_for_search 是搜索引擎模式分词，它的特点是对长词还会进一步切分。

第 12 行：add_word 函数用于往 jieba 的词典里添加新词，这样，“拼多多”就会被识别成一个词。不过添加的词只在本次程序运行起作用。

第 15 行："高克丝马微中"这句话本来就莫名其妙，所以 jieba 也只能胡乱分词，它把 '高克丝' 和 '马微' 看作是人名或地名。

第 16 行：可以用文件批量往词典里面添加词汇。文件必须是 UTF-8 编码的纯文本文件，每行一个词。比如 tmpdict.txt 文件内容如下：

```
高克
丝马
微中
```

那么第 17 行就分出了这几个词。但是从第 18 行的输出结果看，这些词并没有很高的优先级，所以没有分出“微中”和“丝马”。

下面程序粗略统计《三国演义》出场或被提到次数最多的若干人：

```
#prg1310.py
1.  import jieba
2.  f = open("三国演义 utf8.txt","r",encoding="utf-8")
3.  text = f.read()                  #字符串 text 就是全部三国演义文本
4.  f.close()
5.  words = jieba.lcut(text)   #word 是分出来的所有词
6.  result = {}
7.  for word in words:
8.      if len(word) == 1:
9.          continue
10.     elif word in ("诸葛亮","孔明曰"):
```

```
11.             word = "孔明"
12.         elif word in ("关公","云长","关云长"):
13.             word = "关羽"
14.         elif word in ("玄德","玄德曰"):
15.             word = "刘备"
16.         elif word in ("孟德","操贼","曹阿瞒"):
17.             word = "曹操"
18.         result[word] = result.get(word,0) + 1
19. noneNames  = ('将军','却说','荆州','二人','不可','不能','如此','丞相',
20.   "商议","如何","主公","军士","左右","军马","引兵","次日" )
21. for word in noneNames: #删除 noneName 中的词
22.     result.pop(word)
23. items = list(result.items())
24. items.sort(key = lambda x : -x[1])
25. for i in range(15):
26.     print(items[i][0],items[i][1],end=",") #输出人名出现次数
```

一个人有不同的称呼，而且经试验发现 jieba 会把“孔明曰”算成一个词，所以要做一些人名的合并，比如“诸葛亮”“孔明曰”都应该算成“孔明”。

第 19 行：实际上，本程序就是输出三国演义里面出现最多的 15 个词，这 15 个词不一定是人名。noneNames 里面的这些词出现次数特别多，干扰了输出结果，所以要把这些词排除掉。

程序输出：

```
孔明 1366,刘备 1204,曹操 969,关羽 814,张飞 349,吕布 299,孙权 264,大喜 262,东吴 252,天下 252,赵云 251,于是 250,今日 242,不敢 234,魏兵 234,
```

这里面出现了 8 个人名。如果想要得到更多人名，就要将这里面的非人名加入排除列表 noneNames 然后再次运行程序。程序运行需要几秒钟。

★★11.7 图像处理库 PIL

用 Python 进行图像的处理，需要知道一些基本的常识。

我们在计算机和手机上看到的图像，是由像素构成的。我们说一幅图是 1024×768 的，即约 100 万像素，指的是这幅图有 768 行，每行有 1024 个像素。一般 27 寸显示器的屏幕分辨率从 1920 像素×1080 像素到 3840 像素×2160 像素不等，手机 5.5 寸手机屏幕分辨率从 1280 像素×720 像素到 1920 像素×1080 像素不等。屏幕上我们看到的每个像素点，是由三个挨得非常近的物理显示点构成的，这三个物理显示点分别发出红光、绿光和蓝光。由于它们挨得太近，人眼无法区分，所以在人眼看来它们就混合成一个点，且这个点的颜色取决于红绿蓝三个颜色分量的比例。

因此，要在计算机内部表示一个彩色像素，只需用元素是三个整数的元组(r,g,b)表示其红绿蓝三个颜色分量即可。一般来说，每个分量的取值范围可以是[0,255]。那么，(255,255,255)就表示白色，(0,0,0)就表示黑色，(255,0,0)就是纯红，(0,255,0)就是纯绿，(255,255,0)是黄色，(240,240,240)是很接近白色的浅灰色……

如果一幅图像的像素就是由红绿蓝三个颜色分量表示，我们就称这幅图是 RGB 模式的。有的图像，像素里面还加了一个 A 分量(全称是 Alpha 分量)，表示像素的透明度，那么它就是

RGBA 模式的。RGBA 模式的图，像素用元组(r,g,b,a)表示，a 的取值范围也可以是[0,255]。若 a=255，则表示该像素完全不透明，若 a=0，则表示该像素完全透明，实际上就是看不到。

彩色图像还可以是 CYMK 模式的，这时一个像素有青色（Cyan）、洋红色（Magenta）、黄色（Yellow）、黑色（K 代表黑）四个分量，即每个像素用元组（c,y,m,k）表示，对应于彩色打印机或者印刷机的 4 种颜色的墨水。

黑白照片那样的灰度图像，是 L 模式的。每个像素可以就是一个[0,255]内的整数。

图像的模式可以互相转换，比如可以把一个 RGB 模式的图像转换成 CYMK 模式，或者 L 模式。有固定的公式可以用于在不同模式的像素之间转换。CYMK 模式的图像，要在屏幕上显示出来，最终还是得转换成 RGB 模式；RGB 模式的图像，如果要打印或者印刷出来，最终也要转换成 CYMK 模式。不过这些转换常常是系统自动进行的。

PIL 是一个很方便的处理图像的第三方库。由于缺乏维护，不能用于 Python 3。有人在 PIL 库的基础上编写了 Pillow 库，在 Python 3 中用它进行图像文件的处理十分方便。用命令 pip3 install pillow 可以安装 Pillow 库。

11.7.1 图像的基本变换

下面的程序演示如何缩放图像文件：

```
#prg1320.py
1.  from PIL import Image                  #导入 Image 类进行图像处理
2.  img = Image.open("grass.jpg")          #将图像文件载入对象 img
3.  w,h = img.size                         #获取图像的宽和高（单位:像素），img.size 是个元组
4.  newSize = (w//2,h//2)                  #生成一个新的图像尺寸
5.  newImg = img.resize(newSize)           #得到一张原图像一半大小的新图像
6.  newImg.save("grass_half.jpg")          #保存新图像文件
7.  newImg.thumbnail((128,128))            #变成宽高都不超过 128 像素的缩略图
8.  newImg.save("grass_thumb.png", "PNG") #保存新图像文件为 png 文件
9.  newImg.show()                          #显示图像文件
```

第 2 行：Image.open 打开一个图像文件，将其载入一个 Image 对象，并返回该 Image 对象。图像处理的各种功能都需要通过 PIL 库中的 Image 对象来进行。

第 3 行：img.size 是个两个元素的元组，img.size[0]是宽度，img.size[1]是高度。

第 5 行：resize 函数不会改变 img，但是会生成一个新的 Image 对象返回。新的 Image 对象——newImg 里的图像，大小由 newSize 决定。如果 newSize 比原尺寸大，那么可能会导致新图像模糊。newSize 如果宽高比例和原图像不同，那么可能导致新图像失真。

第 7 行：thumbnail 的作用是生成图像的缩略图，它会改变 newImage 中存放的图像。缩略图只能比原图更小。本行将 newImage 中的图像变成一个宽或高都不超过 128 像素的缩略图。缩略图会维持原图的比例，因此要么宽是 128 像素，要么高是 128 像素。

第 8 行：save 方法可以将 Image 对象里面的图像保存成文件。保存时可以指定文件的格式，比如"JPEG"（jpg 文件）、"PNG"、"BMP"、"TIFF"等。其实 save 方法可以自动根据文件的扩展名来选择文件保存的格式，不一定要写"JPEG"等。

第 9 行：调用操作系统默认的图像显示软件显示图像。

下面的程序演示了如何旋转、翻转图像和如何为图像加滤镜效果：

```
#prg1330.py
1.  from PIL import Image
2.  from PIL import ImageFilter                           #实现滤镜效果需要
3.  img = Image.open("grass_half.jpg")
4.  print(img.format,img.mode)                            #>>JPEG RGB
5.  newImg = img.rotate(90,expand = True)                 #图像逆时针旋转 90 度
6.  newImg.show()
7.  newImg = img.transpose(Image.FLIP_LEFT_RIGHT)         #左右翻转
8.  newImg = img.transpose(Image.FLIP_TOP_BOTTOM)         #上下翻转(颠倒)
9.  newImg = img.filter(ImageFilter.BLUR)                 #模糊效果
10. newImg.save("grass_blur.jpg")
```

第 4 行：img.format 表示图像的格式，如 JPEG、PNG、BMP 等。img.mode 是图像模式。

第 5 行：旋转角度如果是负数，那就是顺时针旋转。expand=False 是什么情况请读者自己试一下。

第 9 行：生成一张模糊化的图像。"模糊化"就是一种滤镜效果，如 Photoshop 软件中实现的那样。还可以实现以下滤镜效果（没有全列出来）：

```
ImageFilter.CONTOUR         轮廓效果
ImageFilter.EDGE_ENHANCE    边缘增强
ImageFilter.EMBOSS          浮雕
ImageFilter.SMOOTH          平滑
ImageFilter.SHARPEN         锐化
```

上面程序中 Img 里面的图像一直没有变化。

配合上文中提到的 os.listdir 等函数，可以编写将一个文件夹下面的所有照片文件缩小或放大，或旋转，或加滤镜效果以后存到另一个文件夹的实用程序。

在用 Image 类处理手机拍摄的图像时，有时会发现图像在别的软件中显示都是正常，但是用 Image 类的 show 方法看到的却是倒着的或者横着的，这个问题在 11.7.5 小节解释。

11.7.2 图像的裁剪

下面的程序将一幅图 grass.jpg 平均分割成 9 幅图存为 9 个文件。用这 9 个文件去发朋友圈会有如图 11.7.1 所示的很酷的效果。

图 11.7.1 九宫图

这个程序还另外生成了一幅图，样子类似于图 11.7.1 这幅图，不妨称之为九宫图：

```
#prg1340.py
1.  from PIL import Image
2.  img = Image.open("grass.jpg")  #将图像文件载入对象 img
3.  w,h = img.size[0]//3,img.size[1]//3
4.  gap = 10                       #九宫图中相邻两幅子图间的空白宽 10 像素
```

```
5.  newImg =  Image.new("RGB",(w * 3 + gap * 2,h * 3 + gap * 2),"white")
6.  for i in range(0,3):
7.      for j in range(0,3):
8.          clipImg = img.crop((j*w,i*h,(j+1)*w,(i+1)*h))
9.          clipImg.save("grass%d%d.jpg" % (i,j))
10.         newImg.paste(clipImg,(j*(w + gap), i * ( h + gap)))
11. newImg.save("grass9.jpg")        #保存九宫图
12. newImg.show()
```

第 3 行：w、h 是 9 幅子图每幅的宽度和高度（单位：像素），均是原图高度和宽度的 1/3。

第 5 行：new 函数能够新生成一个图像。第一个参数“RGB”是图像模式；第二个参数(w*3+gap*2,h*3+gap*2) 是图像的宽和高（加上了子图之间的空白宽度 gap 像素），第三个参数"white"表明这个新图是一片白色。"white"参数也可以替换成元组(255,255,255)，该元组表示一种颜色，其红绿蓝分量都是 255，即白色。

第 8 行：crop 函数能够截取 img 中的图像的一部分，形成一幅新图像。被截取部分的位置和大小是用 crop 函数的参数，即形式为(x0,y0,x1,y1)的元组来指出的，它表示一个矩形的左上角、右下角坐标，单位是像素。原始图像的左上角坐标是(0,0)。如果想要复制整张图，可以写 clipImg = img.copy()，这样 clipImg 里的图像就是 img 里图像的复制。

第 9 行：9 个子图的文件名分别是 grass00.jpg,grass01.jpg,......,grass10.jpg,......,grass22.jpg。

第 10 行：paste 函数将图像 clipImg 粘贴到图像 newImg 中坐标为(j*(w+gap),i*(h+ gap))的位置，经过 9 次粘贴凑成九宫图。

11.7.3 图像的素描化

下面的程序将图 11.7.2 左边的照片变成图 11.7.2 右图所示的一幅素描铅笔画。诀窍就是要抽取照片中的轮廓并且用黑色画出来，非轮廓部分全部都是白色。颜色突变的地方，就是轮廓。因此具体做法就是：先将彩色图像转换为相当于黑白照片的灰度图像，这样每个点(像素)的值的范围就是[0,255]，代表灰度。颜色突变，就等于灰度突变。相邻两个点如果灰度值的差超过了阈值 threshold，就认为发生了颜色突变。这个 threshold 可以根据具体的图像取不同值，试试怎样效果最好。经过试验，发现将每个点(x,y)的灰度值与其右下方的那个点(x+1,y+1)的灰度值进行比较是不错的办法。如果两者的差大于 threshold，则认为(x,y)这个点是轮廓上的点，在结果图里面它应该是黑色，即灰度值为 255。当然也可以选(x+1,y+1)做轮廓上的点。不在轮廓上的点，灰度值都是 0，即白色。换一幅别的图，说不定就是拿点(x,y)和(x+1,y)或(x,y+1)比较更好，这需要不断尝试。

图 11.7.2　图像素描化

```
#prg1350.py
1.  from PIL import Image
2.  def makeSketch(img, threshold):
3.      w, h = img.size
4.      img = img.convert('L')  #图像转换成灰度模式
5.      pix = img.load()        #获取像素矩阵
6.      for x in range(w-1):
7.          for y in range(h-1):
8.              if abs(pix[x,y] - pix[x+1,y+1]) >= threshold:
9.                  pix[x,y] = 0
10.             else:
11.                 pix[x,y] = 255
12.     return img
13. img = Image.open("models.jpg")
14. img = makeSketch(img, 15)  #阈值 threshold 为 15
15. img.show()
```

第 2 行：本函数返回一个图像对象，内含参数 img 里的图像变成素描图后的结果。

第 4 行：convert 函数可以新生成一幅经过模式转换后的图像。参数 'L' 表示转换成灰度图。这个参数还可以是"RGB"、"RGBA"、"CYMK"、"1"（二值图像）等。

第 5 行：load 函数返回一个矩阵，矩阵里的元素就是 img 中图像像素的颜色值。这个矩阵不是一般的二维列表，而是 PIL 库自定义的一种特殊矩阵，访问其元素不能用 pix[i][j]的形式，而必须用 pix[i,j]这种形式。对 pix 的元素进行修改，就等于修改了 img 中存放的图像。

第 6、7 行：这个两重循环，针对每个像素，判断其是否位于轮廓线上。如果是，就将其变成黑色(灰度值 255)；如果不是，就将其变成白色(灰度值 0)。

★★★11.7.4　给图像添加水印

给图像添加水印

下面的程序，将图 11.7.3 左边的 Logo 图像，作为一个水印添加到右边风景图像的右下角。显然，添加之后 Logo 中白色的部分是完全透明的，而其他部分略为透明。实现的原理，是要将左边图像粘贴到右边图像上去，而且粘贴的时候，要通过“掩膜”(mask)指明每个像素的 Alpha 值。掩膜，是一个和 Logo 图像大小相同的灰度图像，即 L 模式的图像，其每个像素的灰度值，就是 Logo 图像里对应像素粘贴到风景图时的透明度，即 Alpha 值。如果粘贴过去的像素 Alpha 值是 255，即完全不透明，那么它就会完全遮盖原有的像素；如果 Alpha 值是 0，则等于没有粘贴；如果 Alpha 值大于 0 且小于 255，则会和原有像素融合。Alpha 值越小，粘贴过去的像素就越透明。本例中，粘贴时应该将白色像素的 Alpha 值设为 0。程序的核心就是要求得 Logo 图像的掩膜。

```
#prg1360.py
1.  from PIL import Image
2.  def getMask(img,isTransparent,alpha):
3.  #返回将 img 粘贴到照片上时用的掩膜
4.      if img.mode != "RGBA":
```

```
5.          img = img.convert('RGBA')      #转换成 RGBA 模式的图像
6.      w, h = img.size
7.      pixels = img.load()                #获取像素矩阵
8.      for x in range(w):
9.          for y in range(h):
10.             p = pixels[x,y]            #p 是一个四元素元组(r,g,b,a)
11.             if isTransparent(p[0],p[1],p[2]):  #判断 p 是否应该变成透明像素
12.            #p[0],p[1],p[2]分别是红、绿、蓝分量
13.                 pixels[x,y] = (p[0],p[1],p[2],0)
14.             else:
15.                 pixels[x,y] = (p[0],p[1],p[2],alpha)
16.     r, g, b, a = img.split()           # 分离出 img 中的 4 个分量，a 就是掩膜
17.     return a
18. img = Image.open("pku.png")  #读取 Logo
19. msk = getMask(img, lambda r,g,b: r>245 and g>245 and b> 245, 130)
20. imgSrc = Image.open("iceland1.png ")
21. imgSrc.paste(img,(imgSrc.size[0] - img.size[0] - 30 ,
22.                   imgSrc.size[1] - img.size[1] - 30),mask = msk)
23. #粘贴透明图像 img 到 imgSrc 的右下角
24. imgSrc.show()
```

图 11.7.3　图像添加水印

第 2 行：getMask 返回由 img 中的图像得到的掩膜。Logo 图像中的透明点，掩膜上的对应的灰度值设为 0；对非透明点，则灰度值设为 alpha。alpha 越小，水印就越淡。参数 isTransparent 是个函数，用来判断 Logo 图像上的某个点是否应该是透明点。通过调用 getMask 函数时给不同的 isTransparent 参数，可以指定不同颜色的点作为透明点。

第 11 行：p 是一个四元素元组。p[0]、p1[1]、p[2]分别是红绿蓝三个分量的值，p[3]是 Alpha 值。此处调用 isTransparent 函数来判断 p 点是否应该是透明点。如果是，则第 13 行将 img 图中(x,y)处的点的 Alpha 值改成 0。

第 15 行：如果 p 不是透明点，则将 Alpha 值改成 alpha。

第 16 行：split 函数从 img 中分离出 4 个模式为 L 的图像（灰度图像）（如果图像模式是 RGB，就分离出 3 个图像），分别对应于 img 图像的 4 个分量，存放在 r、g、b、a 中。r、g、b、a 都是 Image 对象。a 中(x,y)点的灰度值是个[0,255]内的整数，和 img 中(x,y)这个点的 Alpha 值相等。a 就是要求的掩膜。

第 19 行：对应于 isTransparent 参数的是个 lambda 表达式，即无名函数。这个函数指明了，如果一个点的红、绿、蓝分量的值都大于 245，那么这个点就算透明。纯白色的 3 个分量的值都是 255，很接近白色的浅灰色的 3 个分量的值会接近 255。如果用作水印的图像，是 jpg、png 等有损压缩的图像，就有可能发生本该是纯白的地方变成虽然人眼看着也是白色，但实际上是浅灰的现象。本行的设定就是将很浅的灰也当作白色看待。

第 21 行：将透明图像 img 粘贴到 imgSrc 的右下角，往左和往上偏 30 个像素。mask 参数就是掩膜。请注意，虽然 img 本身就包含 Alpha 值的信息，但这些信息在粘贴的时候没用。如果不指定 mask 参数，那么粘贴过去的每个像素都是完全不透明的，会完全遮盖 imgSrc 原来的像素。将 img 转换成一个 RGBA 模式的图像其实不是必需的，本程序这么做只是为了方便得到那个用作掩膜的灰度图 a 而已。将 img 转换成一个 RGB 模式的图像，再用 Image.new()函数新建一个和 img 一样大的 L 模式的图像 newImg，然后根据 img 中的对应像素是否该透明，设置 newImg 像素灰度值为 0 或 alpha，最后返回 newImg，也是可以的。

★★★11.7.5 照片的 exif 信息及在图像上绘图和写字

用手机或者数码相机拍摄的图像，会带有 exif 信息（用图像软件编辑处理后可能就没有了）。在 Windows 的资源管理器中，查看图像文件的属性，可以看到类似图 11.7.4 所示的信息。

这些信息许多就是来源于照片本身自带的 exif。exif 包含很多内容，比如拍摄时间、光圈等摄影参数、设备型号，甚至可能包含拍摄地点的精确经纬度——在微信里用发原图的方式发照片，会泄露你的行踪，就是这个道理。下面的程序，从一张照片中提取 exif，取出其中的拍摄时间，并将拍摄时间写到照片的右下角，效果如图 11.7.5 所示。

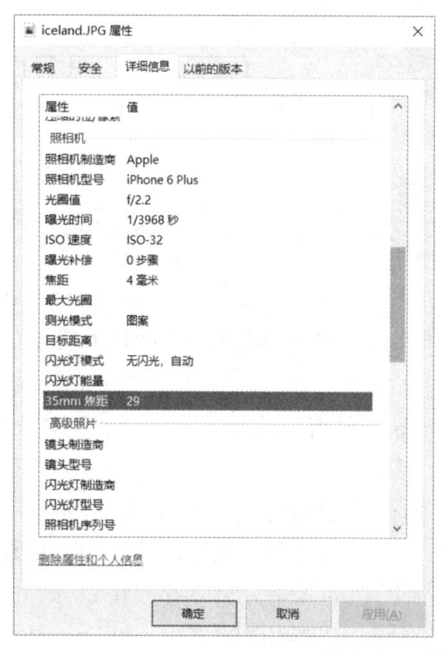

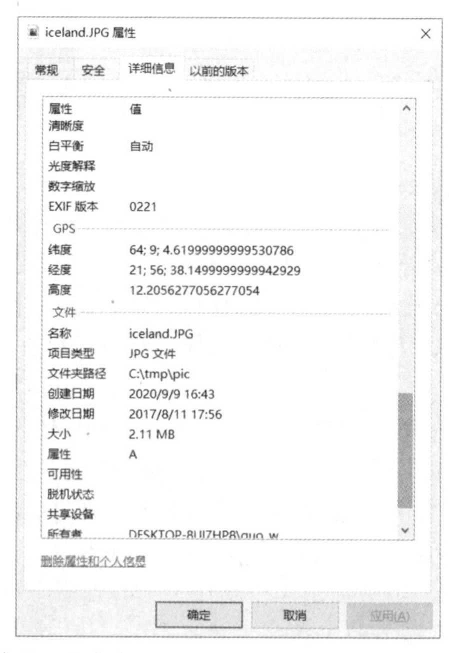

图 11.7.4 照片的 exif 信息

图 11.7.5 在照片上写字

```
#prg1370.py
1.  from PIL import Image,ImageDraw,ImageFont,ExifTags
2.  def correctOrientation(img):
3.  #根据 exif 判断，img 里的图像如有颠倒或旋转则生成一幅将其摆正的图返回
4.      if hasattr(img,"_getexif"):              #判断 img 有没有_getexif 函数
5.          exif = img._getexif()                #获取图像的 exif 信息，返回值是个字典
6.          if exif != None:
7.              orientation = exif[getExifKeyCode('Orientation')]
8.              if orientation == 3:             #手机顶部朝右拍
9.                  img = img.rotate(180, expand=True)
10.             elif orientation == 6:           #手机正常竖着拍(顶部朝上)
11.                 img = img.rotate(270, expand=True)
12.             elif orientation == 8:           #手机顶部朝下拍
13.                 img = img.rotate(90, expand=True)
14.     return img
15.
16. def getExifKeyCode(keyStr): #根据属性名称字符串求属性代号
17.     for x in ExifTags.TAGS.items():
18.         if x[1] == keyStr:
19.             return x[0]
20.     return None
```

第 4 行：hasattr 是 Python 自带的函数，可以用来判断一个对象有没有某种函数。此处如果 img 没有_getexif 函数，则说明其中的图像是没有 exif 的。

第 5 行：_getexif 的返回值是个字典。执行 print(exif)就可看出，其形式如下：

```
{36867: '2017:08:11 17:56:30', 271: 'Apple', 272: 'iPhone 6 Plus',  .....}
```

元素的键都是整数，称为“属性代号”。比如属性代号 36867 就代表 'DateTimeOriginal' 即 '拍摄时间' 这个属性，属性代号 271 就代表 'Make'（拍摄设备制造公司），272 就代表 'Model'（拍摄设备）。元素的值不一定是字符串，也可能是元组、字典等。

第 7 行：'Orientation' 属性表示照片拍摄时的方向。用手机拍照片，有 4 种方向，分别是手机顶部朝上、顶部朝左、顶部朝下、顶部朝右。exif 中保存了这个信息。需要知道 'Orientation' 的属性代号，才能从字典 exif 中查到对应的信息。getExifKeyCode 函数就是根据属性名去求属性代号的函数，它在第 16 行。第 7 行返回值 orientation 若为 1，则说明照片是手机顶部朝左横着拍的，不用做什么调整。

第 17 行：ExifTags.TAGS 是个字典，部分内容如下。

```
{34853: 'GPSInfo', 271: 'Make', 274: 'Orientation',
36867: 'DateTimeOriginal' ......}
```

元素的键是属性代号，元素的值是属性名称。

```
21. def writeTextToImage(img,text,myFont):
22.     #在 img 中以字体 myFont 在右下角写入字符串 text，会改变 img 中的图像
23.     w,h = img.size
24.     fw, fh = myFont.getsize(text) #求 text 显示出来的高度、宽度
25.     draw = ImageDraw.Draw(img) #以后就可以通过 draw 在 img 上画图、写字
26.     x, y = w - fw - 30, h - fh - 30 #计算 text 的左上角的位置
27.     draw.rectangle((x-5,y-5,x + fw + 5,y + fh + 5) , outline='white')
28.     draw.text((x ,y), text, (255, 255, 255), font=myFont)
29.
30. def main():
31.     myFont = ImageFont.truetype("C:\\Windows\\Fonts\\simhei.ttf", 164)
32.     img = Image.open("iceland.jpg")
33.     if hasattr(img,"_getexif"):
34.         exif = img._getexif()
35.         if exif == None:
36.             print("no exif data")
37.         else:
38.             img = correctOrientation(img)
39.             shootTime = exif[getExifKeyCode("DateTimeOriginal")]
40.             # shootTime 是字符串，格式类似：2017:08:05 19:16:02
41.             writeTextToImage(img, shootTime, myFont)
42.             img.show()
43.     else:
44.         print("no exif data")
45. main()
```

第 25 行：ImageDraw.Draw(img)返回一个 ImageDraw 对象，它和 img 关联，以后就可以通过该对象在 img 上画图、写字。

第 27 行：算好位置，在要显示的文字外面画一个矩形框。没什么用，纯为演示可以画画。此处矩形就是个框，outline 指明了边框颜色。如果再加个参数如 fill="green"，则该矩形就会被用绿色填充。ImageDraw 还有 line、ellipse 等函数可以画线、画圆。

第 28 行：使用 text 函数在图上写字。第一个参数是文字左上角的坐标，第三个参数指定了文字的颜色是白色。font 指定字体，不写就用默认字体。

第 31 行：生成一个字体对象。字体来源于第一个参数指定的字体文件，这里是简体黑体，字的大小是 164。

如果用手机拍照时，打开了记录地点信息的开关，照片的 exif 中就会有 'GPSInfo' 属性，其值就是拍摄地点的经纬度。有了经纬度，可以用 Python 的一些第三方库如 GeoPy，取得拍摄地点的地址，可以准确到街道，甚至几号楼。改进上面的程序，将照片拍摄地点写在照片上，会是很有趣的工作。

11.8 多模块程序设计

如果程序比较大，一个.py 文件数千行，维护起来会有点麻烦。如果程序是多人合作的，

大家在同一个.py 文件上进行修改，那么，十有八九会是灾难。在这种情况下“消耗数百根头发”编写的新函数被别人覆盖会是常有的事，到头来大家都会以“猪队友”相称。因此，将一个大程序分成若干个.py 文件进行编写，是很自然的需求，这就是“多模块编程”。一个.py 文件，就称为一个模块。一个模块，可以使用其他模块中的函数和全局变量。

同一程序的多个.py 文件需要放在同一个文件夹下。不论在 PyCharm 中，还是以命令行方式运行程序，都可以指定程序从某一个.py 开始运行，这个.py 文件就称为“启动模块”。假设程序由 a.py 和 b.py 构成，如果 a.py 用到 b.py 中定义的函数或者全局变量，在 a.py 中需要写：

```
import b
```

然后就可以通过 b.XXX 开心地使用 b 中的函数或者全局变量 XXX。

这种情况下，如果运行 a.py，则 import b 语句被执行时，会导致 b.py 中所有的全局语句（即不在任何函数中的语句）被执行。

如果同一个文件夹下面放了太多的.py 文件，还是会觉得很乱。此时，可以建立多个子文件夹，把一些.py 文件按照功能不同分别放到不同子文件夹里面，每个子文件夹就称为一个“包”，包的名字就是子文件夹的名字。有了“包”的概念，大程序就会更容易管理和维护。每个“包”里必须有一个名为“__init__.py”的文件，文件内容可以为空。若有一个包名为 X, 其中有__init__.py 以及 h1.py,h2.py，则在程序中执行

```
import X.h1,X.h2
```

或

```
from X import h1,h2
```

之后就可以使用 h1.py，h2.py 中的函数或全局变量。

图 11.8.1 所示是一个多.py 文件的 PyCharm 项目的示例，项目名称为 prg1380。

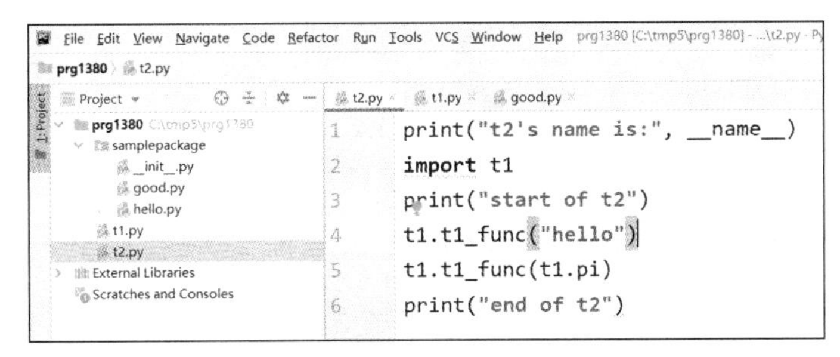

图 11.8.1　多模块程序结构示例

该项目位于 prg1380 文件夹下，该文件夹下有两个.py 文件 t1.py 和 t2.py，以及一个子文件夹 samplepackage。samplepackage 中又有__init__.py、good.py 和 hello.py 这 3 个文件，这使得 samplepackage 成为一个 “包”。__init__.py 是个无内容空文件，另外几个.py 文件如下：

```
#t1.py
1.  from samplepackage import hello      #导入 samplepackage 包中的 hello.py 模块
2.  import samplepackage.good            #导入 samplepackage 包中的 good.py 模块
3.  import samplepackage as smp
4.  pi = 3.14
5.  def t1_func(x):
6.      print("t1_func,x=", x)
```

```
7.  print("now t1's name is:", __name__)
8.  if __name__ == '__main__':
9.      print("this is t1")
10.     smp.hello.hello1()#调用 samplepackage 包中 hello.py 模块中的 hello1 函数
11.     smp.hello.hello2()
12.     smp.good.good1()
13.     print("smp.good.goodV =",smp.good.goodV)
14.     #goodV 是 good.py 模块中的全局变量
```

第 7 行：每个模块都有一个天生的全局字符串变量__name__。对于模块 X.py，如果它是启动模块，即在 PyCharm 中直接运行，或者在命令行方式以“python X.py”命令直接运行，则__name__变量的值是 '__main__'。如果是由于在别的模块中执行了“import X”而被运行，__name__变量的值是 'X'。

第 8 行：只有 t1.py 被直接运行（即为启动模块）的情况下，本行的条件才会被满足。

```
#t2.py
1.  print("t2's name is:", __name__)
2.  import t1                       #此处导致 t1.py 中的全局语句被执行
3.  print("start of t2")
4.  t1.t1_func("hello")
5.  t1.t1_func(t1.pi)
6.  print("end of t2")
```

```
#samplepackage/good.py
goodV = 100
def good1():
    print("good1")
```

```
#samplepackage/hello.py
def hello1():
    print("hello1")
def hello2():
    print("hello2")
```

若以 t1.py 作为启动模块，整个程序输出：

```
now t1's name is: __main__
this is t1
hello1
hello2
good1
smp.good.goodV = 100
```

若以 t2.py 作为启动模块，则整个程序输出：

```
t2's name is: __main__
now t1's name is: t1
start of t2
t1_func,x= hello
t1_func,x= 3.14
end of t2
```

t2.py 中的第 2 行 import t1 导致 t1.py 中的全局语句被执行。执行到 t1.py 中的第 7 行：

```
print("now t1's name is:", __name__)
```

此时由于 t1.py 不是启动模块，因此__name__的值不是"__main__"，而是"t1"。

所以，if __name__ == '__main__': 这样的写法，是为了使得下面的语句只有在本 py 文件被作为启动模块时才会执行。如果某个.py 文件只是包含一些供别的模块调用的函数，并非启动模块，又想在这个模块中编写一些代码测试这个模块中的函数，那么就可以将测试代码写在上述 if 语句里面，这样就可以避免测试代码由于本模块被别的模块 import 而投入运行。

11.9 Python 程序的打包分发

Python 是解释型的语言，程序必须由 Python 解释器边解释边运行。如果想把自己编写的 Python 程序提供给别人使用，就要求别人的计算机上必须安装 Python，那么对人未免太过不厚道了。一种简易的解决办法，是使用 Pyinstaller 将 Python 程序和 Python 的解释器一起打包成一个可执行文件，这个可执行文件就可以在没有安装 Python 的计算机上运行。在 Windows 上，具体做法如下。

（1）进入 cmd 窗口。

（2）执行 pip install pyinstaller 安装 Pyinstaller。

（3）用 cd 命令进入程序项目文件夹。

（4）执行 pyinstaller -i XXX.ico –F –W　YYY.py 命令

–i　XXXX.ico：指定打包后的.exe 文件，图标来自图标文件 XXXX.ico。如果不需要特别指定图标，也可以没有这两项。

–F：表示打包成一个 exe 文件。

–W：表示程序运行时不要显示 cmd 窗口，这样程序中输出的结果就都看不见，适用于图形界面程序。

YYY.py：程序的启动模块。

第（4）条命令会导致在当前文件夹下面生成一个 dist 文件夹，里面有打包的结果：可执行文件 YYY.exe。这个.exe 文件内部包含整个 Python 程序以及一个 Python 的解释器，在计算机上运行它，它会启动 Python 解释器并解释执行其中的 Python 程序。当然，很容易就能从这个.exe 文件中还原出 Python 程序源代码，这对知识产权的保护可不是什么好事，好在还是有一些方法能够解决这个问题的。

如果程序运行时需要用到一些数据文件，比如 A.db、b.txt......则可以将这些文件和 YYY.exe 放在同一个文件夹下，然后用 WinRAR 等工具压缩成.zip 文件再分发。

非常尴尬的是，用 Pyinstaller 打包出来的.exe 文件，往往会被 Windows 的防火墙判断为木马程序，分发时还得和人苦口婆心地解释我不是想坑你。目前并没有很简单的能避免这一问题的其他打包方案。

11.10 习题

1. 时间处理（P092）：求从给定时刻开始过了给定时间后的时刻。

2. 密码生成器：随机生成 10000 个密码。密码由大小写字母、数字和下画线这 4 类字符构成。要求密码介于 8 到 10 位之间，且必须包含这 4 类字符。要求密码具有一定的概率均等性，即统计 10000 个密码，所有字母出现的概率基本相同，所有数字出现的概率基本相同。每个密码里有且只能有 1 个下画线，位置也要随机，最多有 4 个数字。

下面几道习题在配书资源中有详细信息和提示，如果要完成，请务必阅读。

★3. 用 OpenPyXL 处理 Excel 文档：配书资源包中有一个多城市多月份多种商品销售情况的 Excel 文档。指定特定城市和特定月份，请抽取该城市该月份的数据新建一个 Excel 文档，对新文档的单元格样式有一定要求。

★★★4. 反转照片并添加拍摄时间：配书资源包中有一些照片，有的照片上下颠倒了。请在这些照片上面打上拍摄时间形成新照片。如果照片是上下颠倒的，要先颠倒过来。

★★★5. 给照片加拍摄地址：手机拍摄的照片可能会有拍摄地点的 GPS 经纬度坐标信息。资源包中给几张这样的照片，请编程提取经纬度，然后根据经纬度搜寻对应的地址（国家、城市、街道、门牌号等），将地址打印在照片上形成新照片。

第12章 数据分析和可视化

从文档中读取数据进行统计分析，可以使用 pandas 库。pandas 库运行时用到了多维数组库 NumPy，所以本章讲述 pandas 库前会讲述 NumPy 库。

数据经过分析后，往往需要以直观且容易理解的可视化方式展示出来。本章讲述的 Matplotlib 库是可视化展示数据的有力工具。

12.1 多维数组库 NumPy

NumPy 基本用法

在许多程序设计语言中，列表被称为“数组”（array）。NumPy 是一个可以方便实现多维数组运算的第三方库。**NumPy 数组比列表快数十至上百倍。**NumPy 数组不论一维还是多维，用法和列表都很相似。需要列表的地方，基本都可以用 NumPy 数组替代，如果不行，还可以将 NumPy 数组转换成列表。NumPy 数组和列表最大的不同之处在于，NumPy 数组的所有元素必须是类型相同的。本章提到的“数组”，一概指 NumPy 数组。执行 pip install numpy 可以安装 NumPy 库。

1. NumPy 数组的创建

表 12.1.1 列出 NumPy 库中用来创建数组的常用函数(可以多维)。

表 12.1.1　NumPy 库中创建数组的常用函数

函数	功能
array(x)	根据列表或元组 x 创建数组
arange(x,y,i)	创建一维数组，元素等价于 range(x,y,i)
linespace(x,y,n)	创建一个由区间[x,y]的 n−1 等分点构成的一维数组，包含 x 和 y
random.randint(...)	创建一个元素为随机整数的数组
zeros(n)	创建一个元素全为 0.0 的长度为 n 的数组
ones(n)	创建一个元素全为 1.0 的长度为 n 的数组

用 Python 函数 list(x)可以把 NumPy 数组 x 转换为列表。

创建 NumPy 数组的程序示例如下：

```
#prg1070.py
1.   import numpy as np                    #以后 numpy 简写为 np
2.   print(np.array([1,2,3]))              #>>[1 2 3]
3.   print(np.arange(1,9,2))               #>>[1 3 5 7]
4.   print(np.linspace(1,10,4))            #>>[  1.   4.   7.  10.]
5.   print(np.random.randint(10,20,[2,3]))
```

```
6.  print(np.random.randint(10,20,5))  #>>[12 19 19 10 13]
7.  a = np.zeros(3)
8.  print(a)                           #>>[ 0.  0.  0.]
9.  print(list(a))                     #>>[0.0, 0.0, 0.0]
10. a = np.zeros((2,3),dtype=int)      #创建一个 2 行 3 列的元素都是整数 0 的数组
```

第 3 行：请注意，数组 print 出来的形式和列表不同，元素之间没有逗号。

第 4 行：将区间[1,10]三等分，包括端点得到 4 个等分点，因此创建出来的数组元素是小数 1.0，4.0，7.0，10.0。

第 5 行：创建一个 2 行 3 列的矩阵，元素是[10,20)内的随机整数。本行输出：

```
[[12 19 12]
 [19 13 10]]
```

第 6 行：创建一个 5 个元素的数组，元素是[10,20)内的随机整数。

第 7 行：默认情况下创建出来的数组元素是小数 0.0。

第 10 行：如果要创建由整数 0 构成的数组，那么创建时加参数 dtype=int 即可。

2. NumPy 数组常用属性和函数

表 12.1.2 列出 NumPy 数组的常用属性和函数。

表 12.1.2　NumPy 数组常用属性和函数

属性或函数	含义或功能
dtype	数组元素的类型
ndim	数组是几维的
shape	数组每一维的长度
size	数组元素个数
argwhere(...)	查找元素
tolist()	转换为 list
min()	求最小元素
max()	求最大元素
reshape(...)	改变数组的形状
flatten()	转换成一维数组

用法示例如下：

```
#prg1075.py
1.  import numpy as np
2.  b = np.array([i for i in range(12)])
3.  #b是[ 0  1  2  3  4  5  6  7  8  9 10 11]
4.  a = b.reshape((3,4))  #转换成 3 行 4 列的数组，b 不变
5.  print(len(a))         #>>3          a 有 3 行
6.  print(a.size)         #>>12         a 的元素个数是 12
7.  print(a.ndim)         #>>2          a 是 2 维的
8.  print(a.shape)        #>>(3, 4)     a 是 3 行 4 列
9.  print(a.dtype)        #>>int32      a 的元素类型是 32 位的整数
10. L = a.tolist()        #转换成列表，a 不变
11. print(L)              #>>[[0, 1, 2, 3], [4, 5, 6, 7], [8, 9, 10, 11]]
12. b = a.flatten()       #转换成一维数组
13. print(b)              #>>[ 0  1  2  3  4  5  6  7  8  9 10 11]
```

第 4 行：如果写 a=b.reshape((3,2,2))还能将 b 转换成一个三维数组。

第 5 行：len 是 Python 的函数，将 a 看作列表，那么 a 就是一个有 3 个元素的列表（每个元素都是一维 NumPy 数组），所以 a 的长度就是 3。

3．NumPy 数组元素的增删

表 12.1.3 列出 NumPy 中用于增删数组的函数。

表 12.1.3　NumPy 数组增删函数

函数	功能
append(x,y)	若 y 是数组、列表或元组，就将 y 的元素添加进数组 x 得到新数组。否则将 y 本身添加进数组 x 得到新数组
concatenate(...)	拼接多个列表或数组
delete(...)	删除数组元素得到新数组

请注意，实际上，NumPy **数组一旦生成，元素就不能增删**。上面函数都不会修改它们所操作的数组，而是返回一个新的数组。NumPy 数组添加元素程序示例如下：

```
#prg1080.py
1.  import numpy as np
2.  a = np.array((1,2,3))            #a 是[1 2 3]
3.  b = np.append(a,10)              #a 不会发生变化
4.  print(b)                         #>>[ 1  2  3 10]
5.  print(np.append(a,[10,20]))      #>>[ 1  2  3 10 20]
6.  c = np.zeros((2,3),dtype=int)    #c 是 2 行 3 列的全 0 数组
7.  print(np.append(a,c))            #>>[1 2 3 0 0 0 0 0 0]
8.  print(np.concatenate((a,[10,20],a)))  #>>[ 1  2  3 10 20  1  2  3]
9.  print(np.concatenate((c,np.array([[10,20,30]]))))
10. print(np.concatenate((c,np.array([[1,2],[10,20]])),axis=1))
```

第 8 行：concatenate 的第一个参数是元组，里面是需要拼接在一起的多个数组或列表。这多个数组或列表必须维数相同。

第 9 行：np.array([[10,20,30]])是个二维数组，但是只有一行。此处在 c 后面拼接了该二维数组的所有行，得到一个新数组。新数组比 c 多一行。

第 10 行：axis 表示操作的维度，默认值是 0。对二维数组来说，行就是第 0 维，列就是第 1 维。axis=1 表示要拼接列，即对 c 的每行拼接新元素。这里打印出 c 的第 0 行拼接了 1、2 两个元素，第 1 行拼接了 10、20 两个新元素后得到的新数组。

NumPy 数组删除元素程序示例如下：

```
#prg1090.py
1.  import numpy as np
2.  a = np.array((1,2,3,4))
3.  b = np.delete(a,1)                  #删除 a 中下标为 1 的元素得到新数组，a 不会改变
4.  print(b)                            #>>[1 3 4]
5.  b = np.array([[1,2,3,4],[5,6,7,8],[9,10,11,12]])
6.  print(np.delete(b,1,axis=0))        #删除 b 的第 1 行得到新数组
7.  print(np.delete(b,1,axis=1))        #删除 b 的第 1 列得到新数组
8.  print(np.delete(b,[1,2],axis=0))    #删除 b 的第 1 行和第 2 行得到新数组
9.  print(np.delete(b,[1,3],axis=1))    #删除 b 的第 1 列和第 3 列得到新数组
```

4. 在 NumPy 数组中查找元素

可以用 in 判断元素是否在数组中。在 NumPy 数组中查找元素，可以用其函数 numpy.argwhere。还可以将条件表达式作为数组下标，抽取符合条件的元素形成新的数组：

```
#prg1100.py
1.   import numpy as np
2.   a = np.array((1,2,3,5,3,4))
3.   pos = np.argwhere(a==3)    #pos 是[[2] [4]]，因为两个 3 的下标分别是 2 和 4
4.   a = np.array([[1,2,3],[4,5,2]])
5.   print(2 in a)              #>>True
6.   pos = np.argwhere(a==2)    #pos 是[[0 1] [1 2]]
7.   b = a[a>2]                 #抽取 a 中大于 2 的元素形成一个一维数组
8.   print(b)                   #>>[3 4 5]
9.   a[a > 2] = -1              #a 变成[[ 1  2 -1] [-1 -1  2]]
```

第 3 行：argwehere 的返回值是一个数组，其每个元素表示 a 中等于 3 的元素的位置。元素位置 x 是一个数组，a 数组有几维，x 就有几个元素，分别表示每个维度的下标。

第 5 行：2 是 a 的一个元素，因此结果就是 True。请注意对比，2 in [[1,2],[3,4]]这个 Python 表达式的值是 False。

第 9 行：将 a 中大于 2 的元素都变成-1。

5. NumPy 数组的数学运算

NumPy 数组的优势是可以很方便地对数组元素进行数学运算，示例如下：

```
#prg1110.py
1.   import numpy as np
2.   a = np.array((1,2,3,4))
3.   b = a + 1
4.   print(b)        #>>[2 3 4 5]
5.   print(a*b)      #>>[2  6 12 20]    a,b 对应元素相乘
6.   print(a+b)      #>>[3 5 7 9] a,b 对应元素相加
7.   c = np.sqrt(a*10)  #a*10 是[10 20 30 40]
8.   print(c)        #>>[3.16227766  4.47213595  5.47722558  6.32455532]
```

第 7 行：c 中的元素是对 a*10 中的每个元素求平方根而得。除了 sqrt，NumPy 中还有大量数学函数，如 abs、log、ceil、floor，三角函数 sin、cos 等。

NumPy 还支持各种矩阵运算和复杂的数学运算，请读者需要时自学。

6. NumPy 数组的切片

NumPy 数组的切片和列表有所不同。NumPy 数组的切片是数组的一部分，而不是数组一部分的复制，因此称其为原数组的“视图”：

```
#prg1120.py
1.   import numpy as np
2.   a = np.arange(8)          #a 是[0 1 2 3 4 5 6 7]
3.   b = a[3:6]                #注意，b 是 a 的一部分
```

```
4.  print(b)                #>>[3 4 5]
5.  c = np.copy(a[3:6])     #c是a的一部分的复制
6.  b[0] = 100              #会修改a
7.  print(a)                #>>[0   1   2 100   4   5   6   7]
8.  print(c)                #>>[3 4 5]  c不受b影响
9.  a = np.array([[1,2,3,4],[5,6,7,8],[9,10,11,12],[13,14,15,16]])
10. b = a[1:3,1:4]          #b是>>[[6  7 8] [10 11 12]]
```

第10行：多维数组的切片需要指出每一维的范围。此处b是a的第1行第1列到第2行第3列。再次强调，此处b是a的一部分，修改b的元素，也就修改了a的元素。

12.2 数据分析库pandas

pandas是数据分析最常用的库，执行pip install pandas可以安装。它需要NumPy库才能工作，所以要用它也必须安装NumPy库。如果安装了OpenPyXL、Xlrd、Xlwt库，pandas还能用于读写Excel文档。pandas的核心功能是在二维表格上做各种操作，比如增删，修改，求一列数据的和、方差、中位数、平均数等。pandas库中最重要的类是DataFrame。DataFrame表示一个带行、列标签的二维表格。

Series的使用

1．Series的使用

Series是pandas库中重要的类。DataFrame中的每一列，都是一个Series。Series是每个元素都有一个标签的一维表格，从使用形式上看，兼具字典和列表的特点：

```
#prg1130.py
1.  import pandas as pd
2.  s = pd.Series(data=[80,90,100],index=['语文','数学','英语']) #index是标签
3.  for x in s:                         #>>80 90 100
4.      print(x,end=" ")
5.  print("")
6.  print(s['语文'],s[1])                #>>80 90  标签和序号都可以作为下标来访问元素
7.  print(s[0:2]['数学'])                #>>90     s[0:2]是切片。切片是视图
8.  print(s['数学':'英语'][1])            #>>100
9.  for i in range(len(s.index)):       #>>语文 数学 英语
10.     print(s.index[i],end = " ")
11. s['体育'] = 110                      #在尾部添加元素，标签为'体育'，值为110
12. s.pop('数学')                        #删除标签为'数学'的元素
13. s2 = s.append(pd.Series(120,index = ['政治']))  #不改变s
14. print(s2['语文'],s2['政治'])          #>>80 120
15. print(list(s2))        #>>[80, 100, 110, 120]
16. print(s.sum(),s.min(),s.mean(),s.median())
17. #>>290 80 96.66666666666667 100.0 输出和、最小值、平均值、中位数
18. print(s.idxmax(),s.argmax())        #>>体育 2      输出最大元素的标签和下标
```

第2行：创建了一个Series。data参数指明Series包含的元素，这些**元素类型可以不同**。index参数指明每个元素的标签，标签可重复。可以认为s是个记录了三门课成绩的一维表

格。如果省略 index 参数，则三个元素的标签就依次是整数 0、1、2。

第 7 行：Series 也支持切片操作，但其切片和列表切片不同。列表的切片是原列表一部分的复制，而 **Series 切片是原 Series 的“视图”**，即依然是原 Series 的一部分。如果本行写：s[0:2]['数学']=1000, 是会修改 s 里面标签为 '数学' 的那个元素的。

第 8 行：Series 还支持用标签做切片。本行的切片从标签 '数学' 开始，到标签 '英语' 结束。用标签做切片时，是包含终点的。所以这个切片包含数学成绩和英语成绩。

第 13 行：可以用 append 函数完成两个 Series 的连接。append 函数返回连接后的新 Series。本行不会改变 s，且 s2 是个新 Series，和 s 没有关联。

DataFrame 基本用法

2. DataFrame 的构造和访问

DataFrame 是一个带行标签和列标签的二维表格。构造和访问 DataFrame 示例如下：

```
#prg1140.py
1.  import pandas as pd
2.  pd.set_option('display.unicode.east_asian_width',True) #输出对齐方面的设置
3.  scores = [['男',108,115,97],['女',115,87,105],['女',100,60,130],
4.            ['男',112,80,50]]
5.  names = ['刘一哥','王二姐','张三妹','李四弟']
6.  courses = ['性别','语文','数学','英语']
7.  df = pd.DataFrame(data=scores,index = names,columns = courses)
8.  print(df)
```

第 8 行输出如下：

```
        性别  语文  数学  英语
刘一哥   男   108   115    97
王二姐   女   115    87   105
张三妹   女   100    60   130
李四弟   男   112    80    50
```

第 2 行：DataFrame 中如果有中文，输出出来可能不太对齐。本行解决这个问题。

第 7 行：构造一个 DataFrame。data 是数据，可以指定为二维列表，或者 NumPy 的二维数组；index 是行标签，columns 是列标签，它们都可以是一维的列表或 NumPy 数组。**行列标签都既可以是字符串，也可以是整数**。比如上面第 6 行，如果写：

```
courses = ['性别',1000,'数学',2000]
```

也是可以的，那么就有两列的标签分别是整数 1000 和 2000。

如果省略 index 参数，则行标签就是整数 0,1,2,……，如果省略 columns 参数，则列标签就是整数 0,1,2,……。程序继续：

```
9.  print(df.values[0][1],type(df.values)) #>>108 <class 'numpy.ndarray'>
10. print(list(df.index))        #>>['刘一哥', '王二姐', '张三妹', '李四弟']
11. print(list(df.columns))      #>>['性别', '语文', '数学', '英语']
12. print(df.index[2],df.columns[2]) #>>张三妹 数学
13. s1 = df['语文']              #s1 是个 Series, 代表'语文'那一列
14. print(s1['刘一哥'],s1[0])    #>>108 108    刘一哥语文成绩
```

```
15. print(df['语文']['刘一哥']) #>>108          先写列索引
16. s2 = df.loc['王二姐']         #s2 也是个 Series，代表'王二姐'那一行
17. print(s2['性别'],s2['语文'],s2[2]) #>>女 115 87    王二姐的性别、语文和数学分数
```

第 9 行：values 是个 NumPy 的 ndarray 多维数组。values[i][j]就是 DataFrame 里第 i 行第 j 列的元素。

第 13 行：s1 中的元素就是所有人的语文成绩，标签就是每个人的名字。

第 16 行：s2 中的元素就是王二姐的各科成绩，标签就是科目名。

注意，如果有多个学生名叫“王二姐”，则这里的 s2 就不再是 Series 了，而是 DataFrame，包含了多个“王二姐”的信息。如果没有学生叫“王二姐”，则第 16 行产生异常。

请注意，上面的 s1、s2，都是 df 的视图，即 df 的一部分。

DataFrame 有两个重要的属性 iloc 和 loc，可以用来做切片，iloc 用法如下：

```
iloc[行选择器, 列选择器]
```

列选择器可以省略，省略则表示取所有列——这种情况下逗号也不要写。

DataFrame 中行列号都是从 0 开始算。行选择器的格式有两种(列选择器格式一样)。

```
(1) x:y  表示取第 x 行到第 y-1 行。起终点可以省略，都省略则表示取所有行
(2) [X1,X2,......,Xn]  表示取 X1,X2,......,Xn 行，这些行号可以不连续
```

iloc 属性用行列号作为选择器，loc 属性则用行列标签作为选择器，用法和 iloc 类似，只不过行号列号都要换成标签。和 Series 一样，**DataFrame 的切片是视图，不是复制。**

```
18. df2 = df.iloc[1:3]                #行切片（是视图），选 1、2 两行
19. df2 = df.loc['王二姐':'张三妹']    #和上一行等价
20. print(df2)
```

第 18 行和第 19 行效果是一样的，都是选取第 1、2 两行。注意，以标签作为选择器时，终点是包含的。

第 20 行输出：

```
       性别  语文  数学  英语
王二姐   女  115   87  105
张三妹   女  100   60  130
```

程序继续：

```
21. df2 = df.iloc[:,0:3]              #列切片（是视图），选 0、1、2 三列
22. df2 = df.loc[:,'性别':'数学']      #和上一行等价
23. print(df2)
```

第 21 行：行选择器省略了起点和终点，表明选择所有行。

第 23 行输出：

```
       性别  语文  数学
刘一哥   男  108  115
王二姐   女  115   87
张三妹   女  100   60
李四弟   男  112   80
```

程序继续：

```
24. df2 = df.iloc[:2,[1,3]]                    #行列切片
25. df2 = df.loc[:'王二姐',['语文','英语']]    #和上一行等价
26. print(df2)
```

第 24 行：行选择器选择了 0、1 两行，列选择器选择第 1 列和第 3 列。

第 26 行输出：

```
       语文  英语
刘一哥  108   97
王二姐  115  105
```

程序继续：

```
27. df2 = df.iloc[[1,3],2:4]                       #取第 1、3 行，第 2、3 列
28. df2 = df.loc[['王二姐','李四弟'],'数学':'英语']  #和上一行等价
29. print(df2)
```

输出：

```
       数学  英语
王二姐   87  105
李四弟   80   50
```

3. DataFrame 的分析统计

代码继续：

```
30. print("---下面是 DataFrame 的分析和统计---")
31. print(df.T)                  #df.T 是 df 的转置矩阵，即行列互换的矩阵
32. print(df.sort_values('语文',ascending=False)) #按语文成绩降序排列
33. print(df.sum()['语文'],df.mean()['数学'],df.median()['英语'])
34. #>>435 85.5 101.0  语文分数之和、数学平均分、英语中位数
35. print(df.min()['语文'],df.max()['数学']) #>>100 115   语文最低分，数学最高分
36. print(df.max(axis = 1)['王二姐'])         #>>115 王二姐的最高分科目的分数
37. print(df['语文'].idxmax())                #>>王二姐 语文最高分所在行的标签
38. print(df['数学'].argmin())                #>>2      数学最低分所在行的行号
39. print(df.loc[(df['语文'] > 100) & (df['数学'] >= 85)])
```

第 32 行：本行的 sort_value 函数不会改变 df，它会返回一个新的 DataFrame，是 df 中的各行（即人员）按语文成绩降序排列后得到的。**如果加上 inplace=True 参数，则 sort_value 返回 None，且 df 会变成排序后的结果。**sort_value 函数还有 axis 参数，默认值为 0。如果 axis=1，则能做到将 df 中的各列排序。

第 33 行：df.sum()返回值是个 Series，包含每一列的和。本行其他函数类似。像 sum、mean 这样的统计函数还有 min、max、std(求标准差)、var(求方差)等。

第 36 行：max 函数的 axis 参数默认为 0。为 0 时表示求每列最大值。axis=1 表示求每行最大值。所以此处是求王二姐那一行的最大值。

第 39 行：选取了语文大于 100 分且数学大于 85 分的人。本行输出：

```
       性别  语文  数学  英语
刘一哥  男   108   115    97
王二姐  女   115    87   105
```

4．DataFrame 的修改和增删

代码续上面，注意到目前为止最初那个成绩单 df 从来没被修改过：

```
40. print("---下面是 DataFrame 的增删和修改---")
41. df.loc['王二姐','英语'] = df.iloc[0,1] = 150          #修改王二姐英语和刘一哥语文成绩
42. df['物理'] = [80,70,90,100]                          #为所有人添加物理成绩这一列
43. df.insert(1,"体育",[89,77,76,45])                    #为所有人插入体育成绩到第 1 列
44. df.loc['李四弟'] = ['男',100,100,100,100,100]         #修改李四弟全部信息
45. df.loc[:,'语文'] = [20,20,20,20]                     #修改所有人语文成绩
46. df.loc['钱五叔'] =  ['男',100,100,100,100,100]        #加一行
47. df.loc[:,'英语'] += 10                               #>>所有人英语加 10 分
48. df.columns = ['性别','体育','语文','数学','English','物理'] #改列标签
49. print(df)
```

第 49 行输出：

```
        性别  体育  语文  数学   English  物理
刘一哥   男    89    20   115     107     80
王二姐   女    77    20    87     160     70
张三妹   女    76    20    60     140     90
李四弟   男   100    20   100     110    100
钱五叔   男   100   100   100     110    100
```

程序继续：

```
50. df.drop( ['体育','物理'],axis=1, inplace=True) #删除体育和物理成绩
51. df.drop( '王二姐',axis = 0, inplace=True)       #删除王二姐那一行
52. print(df)
```

请注意，drop 函数的 axis 参数用于表明是要删除行还是删除列。inplace 参数若为 True，表示原地删除，即 df 会变化且 drop 函数返回 None；若 inplace 为 False，则 df 不会变化，drop 函数返回一个新的 DataFrame，内容是 df 经过删除操作后的结果。

第 52 行输出：

```
        性别  语文  数学   English
刘一哥   男    20   115     107
张三妹   女    20    60     140
李四弟   男    20   100     110
钱五叔   男   100   100     110
```

要删除连续若干行或若干列，参考下面两行代码，分别删除了第 1、2 行和第 0～2 列。

```
df.drop([df.index[i] for i in range(1,3)],axis=0,inplace = True)
df.drop([df.columns[i] for i in range(3)],axis = 1,inplace = True)
```

5．用 pandas 读写 Excel 文档

用 pandas 读写扩展名是“.xlsx”的 Excel 文档，需要安装 OpenPyXL 库。读写扩展名

是“.xls”的老 Excel 文档，需要安装 Xlrd 库和 Xlwt 库。

用 pandas 读写 Excel 文档，比直接用 OpenPyXL 等库慢一点，而且用 pandas 写入 Excel 文档时，不能指定单元格的字体、颜色等样式。

pandas 的 read_excel 函数可以读取 Excel 文件。函数如下：

```
pandas.read_excel(filename,sheet_name=0,header=0,index_col=None,......)
```

除了第一个参数是文件名不可缺省，其他参数都有默认值。大多数参数这里并未列出。表 12.2.1 列出了 sheet_name 参数的几种不同取值。

表 12.2.1 sheet_name 参数取值及其作用

sheet_name 取值	read_excel 函数功能
整数 n	返回一个 DataFrame，其包含文件中的第 n 个工作表（n 从 0 开始算）的数据
字符串'XXX'	返回一个 DataFrame，其包含文件中的名为'XXX'的工作表的数据
列表[s1,s2,s3,......]	s1,s2,s3,......可以有的是整数，有的是字符串。整数代表工作表的序号，字符串代表工作表的名字。函数返回一个字典，其中每个元素对应一个工作表。即元素的键分别是 s1,s2,s3,......，值分别是包含工作表 s1,s2,s3,......数据的 DataFrame
None	读取所有工作表并返回一个字典，字典中每个元素对应一个工作表，键是工作表的名字，值是包含该工作表数据的 DataFrame

header 若为 n，则表示取工作表中第 n 行（n 从 0 开始算）的各个单元值作为 DataFrame 的列标签。如果不想这么做，则应让 header=None，这样 DataFrame 的列标签就是整数 0,1,2,......。

index_col 若为 n，则表示取工作表中第 n 列(n 从 0 开始算)的各个单元值作为 DataFrame 的行标签。如果不想这么做，则应让 index_col=None，这样 DataFrame 的行标签就是整数 0,1,2,......。

工作表的内容被读进 DataFrame 时，DataFrame 里面不会包含单元格里公式的原始形式，只会包含公式被计算出来的结果。

以图 12.2.1 中有 3 个工作表的，名为 excel_sample.xlsx 的 Excel 文档为例。

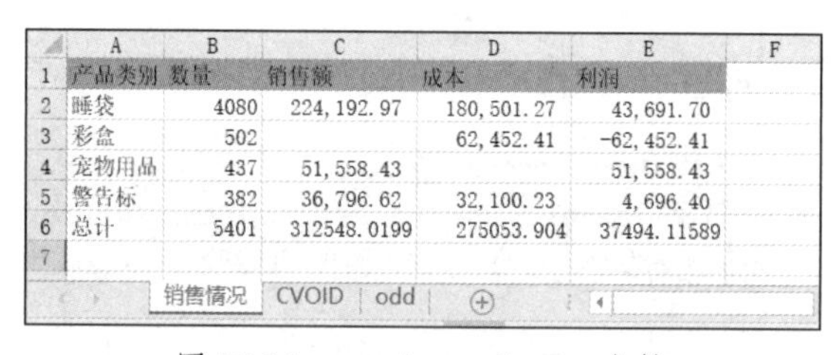

	A	B	C	D	E	F
1	产品类别	数量	销售额	成本	利润	
2	睡袋	4080	224, 192. 97	180, 501. 27	43, 691. 70	
3	彩盒	502		62, 452. 41	-62, 452. 41	
4	宠物用品	437	51, 558. 43		51, 558. 43	
5	警告标	382	36, 796. 62	32, 100. 23	4, 696. 40	
6	总计	5401	312548. 0199	275053. 904	37494. 11589	
7						

销售情况 CVOID odd

图 12.2.1 excel_sample.xlsx 文档

下面程序读取上述 Excel 文件：

```
#prg1146.py
1.  import pandas as pd
2.  pd.set_option('display.unicode.east_asian_width',True)
3.  dt = pd.read_excel("excel_sample.xlsx",sheet_name=['销售情况',1],
4.                index_col=0)       #读取第 0 和第 1 张工作表
5.  df = dt['销售情况']              #dt 是字典, df 是 DataFrame
6.  print(df.iloc[0,0],df.loc['睡袋','数量'])     #>>4080 4080
7.  print(df)
```

第 7 行输出结果如下：

```
          数量         销售额          成本            利润
产品类别
睡袋      4080  224192.969785  180501.266580   43691.703206
彩盒       502            NaN   62452.410032  -62452.410032
宠物用品   437   51558.425403            NaN   51558.425403
警告标     382   36796.624662   32100.227353    4696.397309
总计      5401  312548.019850  275053.903964   37494.115886
```

输出里面看上去很突兀的“产品类别”可以不必理会，就当它不存在好了。从第 6 行的输出结果可以看到，这个 DataFrame 的第 0 行第 0 列的值，就是 4080。

可以看到，工作表中为空的单元格，在 DataFrame 输出时显示为 NaN。pandas.isnull 函数可以判断一个元素是否为 NaN。也有函数可以替换所有 NaN 元素。

程序继续：

```
8.  print(pd.isnull(df.loc['彩盒','销售额']))      #>>True
9.  df.fillna(0,inplace=True)                       #将所有 NaNa 用 0 替换
10. print(df.loc['彩盒','销售额'],df.iloc[2,2])    #>>0.0 0.0
```

若 df 是一个 DataFrame，则 x.to_excel 函数可以将 df 的内容，包括行列标签，写入一个 Excel 文档，用法如下：

```
df.to_excel(filename,sheet_name="Sheet1",na_rep='',........)
```

还有很多参数没有列出。filename 是要写入的文件名，也可以是个 ExcelWrite 对象。sheet_name 是工作表名称，默认是"Sheet1"；na_rep 是 NaN 元素在工作表中对应单元格的值，默认就是空字符串。如果文件 filename 已经存在，则该函数会覆盖原有文件，而不是往原有文件里面新增一个工作表。

如果要往一个 Excel 文件里面写入多个工作表，就需要用到 ExcelWrite 对象。程序 prg1146.py 继续：

```
11. writer = pd.ExcelWriter("new.xlsx")            #创建 ExcelWriter 对象
12. df.to_excel(writer,sheet_name="S1")
13. df.T.to_excel(writer,sheet_name="S2")          #转置矩阵写入
14. df.sort_values('销售额',ascending= False).to_excel(writer,
15.                 sheet_name="S3")#按销售额排序的新 DataFrame 写入工作表 S3
16. df['销售额'].to_excel(writer,sheet_name="S4")      #只写入一列
17. writer.save()
```

上面这一段往 new.xlsx 文件里写入了 4 个工作表。

第 16 行：哪怕只写入一列，行标签也会一并写入。

6．用 pandas 读写 csv 文件

pandas 读取.csv 文件的函数和读取 Excel 文件的函数很像：

```
pandas.read_csv(filename,sep=",",header=0,index_col=None,......)
```

sep 代表一行中各单元的分隔字符，默认是","。

若 df 是一个 DataFrame，则 df.to_csv 函数可以将 df 内容写入 csv 文件。用法举例：

```
df.to_csv("result.csv",sep=",",na_rep='NA',float_format="%.2f",
    encoding="gbk")
```

float_format="%.2f"指明小数一概保留小数点后面 2 位。最好指定编码是"GBK"，否则用 Excel 打开该 csv 文件，汉字会变成乱码。

12.3 用 Matplotlib 绘制统计图

对数据进行分析或者统计的结果，通常需要用柱状图、饼图、雷达图等可视化的方式展示出来。第三方库 Matplotlib 就提供这方面的功能。本书中的例子只是演示 Matplotlib 的简单用法，实际上用它能画出的图比本书中的例子复杂得多，而且能画的图的种类也很多，有热力图、散点图、箱型图等数十种。到 Matplotlib 官网可以看到 Matplotlib 能绘制的各种炫酷图案。

绘制基本柱状图

12.3.1 绘制柱状图

1．基本柱状图

柱状图也叫直方图，下面程序绘制图 12.3.1 所示的基本柱状图。

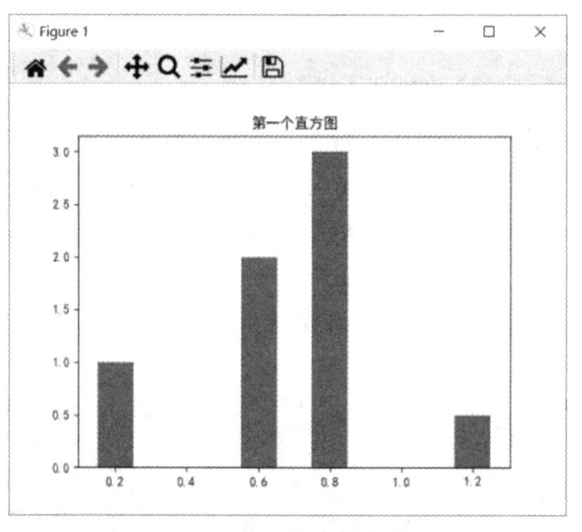

图 12.3.1 基本柱状图

```
#prg1210.py
1.  import matplotlib.pyplot as plt
2.  from matplotlib import rcParams
3.  rcParams['font.family'] = rcParams['font.sans-serif'] = 'SimHei'
4.  #设置中文支持,中文字体为简体黑体
5.  ax = plt.figure().add_subplot()          #建图，获取子图对象 ax
6.  ax.bar(x = (0.2,0.6,0.8,1.2),height = (1,2,3,0.5), width = 0.1)  #画柱状图
7.  ax.set_title ('第一个柱状图')                #设置标题
8.  plt.savefig("bar.png")                   #将图保存为文件
9.  plt.show()                               #显示绘图窗口
```

窗口上方左侧的一些图标是固有的，用于对图进行滚动、放大等操作。最右边那个可以将柱状图保存为图像文件。

第 2、3 行：这两行的作用是对中文提供支持，不必深究。'SimHei' 表示简体黑体。'SimSun' 则表示简体宋体，'KaiTi' 表示楷体，'LiSu' 表示隶书……后面再画折线图、饼图等图时需要显示中文，只需照抄这两行。

第 5 行：建立绘图窗口并获取子图。plt.figure()会建立一个绘图窗口。该函数有很多参数，用于控制图的大小、位置、颜色等。例如：如果写 plt.figure(figsize=(6,3))，画出的图宽 6 个单位，高 3 个单位。此处没有给参数，那么窗口大小和位置由 Python 自己决定。绘图不是直接在窗口上进行，而是在窗口上的“子图”（英文名 axes）上进行。可以用窗口的 add_subplot()函数在窗口上添加多个位置和大小不同的子图，如果调用它时不指定任何参数，则该子图大小基本覆盖整个窗口。ax 就是一个子图，以后用它的各种函数绘图。

第 6 行：子图的 bar 函数绘制柱状图。参数 x 有 4 个元素，表示柱状图共有 4 个柱子，其中心横坐标分别是 0.2、0.6、0.8、1.2，height 表示 4 个柱子高度分别是 1、2、3、0.5，width 表示每个柱子的宽度是 0.1。with 也可以是个元组，比如写 width=(0.1,0.15,0.1,0.2)，就可以指定 4 根柱子不同的宽度。默认的情况下，图上横(x 轴)、纵(y 轴)坐标的范围正好比能容纳所有的柱子稍微宽裕一点。

第 7 行：设定整个柱状图的标题。

第 8 行：如果需要，可以将画出来的图保存成文件。不需要保存就不用写这一行。

第 9 行：显示柱状图窗口。

⚠ **注意**：Matplotlib 画各种图的时候，默认情况下，两个坐标轴交点处的坐标，不一定是(0,0)，Python 会自动设置。有函数可以指定 x 轴和 y 轴坐标从什么数值开始。

如果要绘制如图 12.3.2 所示的横向柱状图，只需要改第 6 行为：

```
ax.barh(y = (0.2,0.6,0.8,1.2),width = (1,2,3,0.5), height = 0.1)
```

2. 堆叠柱状图

接下来的程序绘制图 12.3.3 所示的堆叠柱状图。

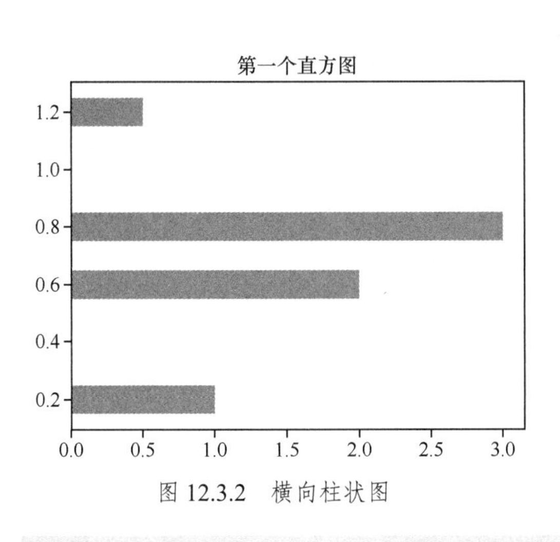

图 12.3.2 横向柱状图

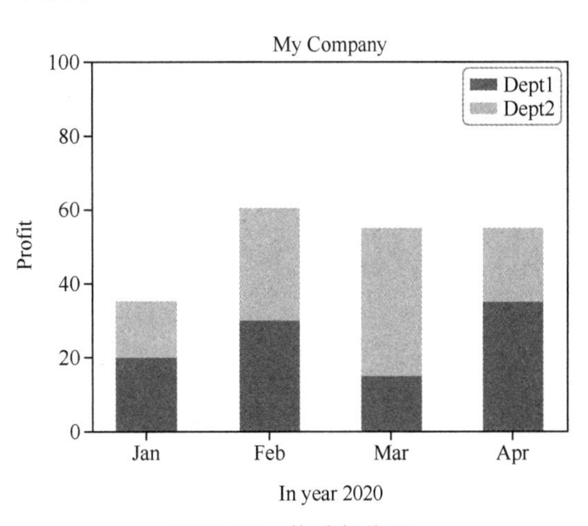

图 12.3.3 堆叠柱状图

```
#prg1220.py
1.  import matplotlib.pyplot as plt
```

```
2.  ax = plt.figure(facecolor='w').add_subplot()  #facecolor='w'表示图是白色底
3.  labels = ['Jan', 'Feb', 'Mar', 'Apr']
4.  num1 = [20, 30, 15, 35]           #Dept1 的数据
5.  num2 = [15, 30, 40, 20]           #Dept2 的数据
6.  cordx = range(len(num1))          #x 轴刻度位置是 0,1,2,3
7.  ax.bar(x = cordx, height=num1, width=0.5, color='red', label="Dept1")
8.  ax.bar(x = cordx, height=num2, width=0.5, color='green', label="Dept2",
    bottom=num1)
9.  ax.set_ylim(0, 100)               #y 轴坐标范围
10. ax.set_ylabel("Profit")           #y 轴含义（标签）
11. ax.set_xticks(cordx)              #设置 x 轴刻度位置。不设置则 Python 自己决定刻度画在哪里
12. ax.set_xticklabels(labels)        #设置 x 轴刻度下方文字
13. ax.set_xlabel("In year 2020")     #x 轴含义（标签）
14. ax.set_title("My Company")
15. ax.legend()                       #在右上角显示图例说明
16. plt.show()
```

第 8 行：绘制一组数据来源于 num2 的绿色柱状图。bottom 参数指明每个柱子底部的位置，正好是第 7 行那组红色柱状图的顶部，因此产生堆叠效果。

3．多组对比柱状图

接下来的程序绘制图 12.3.4 所示的多组数据对比的柱状图。一共有 Beijing、Shanghai、Shenzhen 三组数据，每组数据有 7 根柱子，每根柱子代表一个月的数据。每个月的三根柱子，从左到右依次属于 Beijing、Shanghai、Shenzhen。

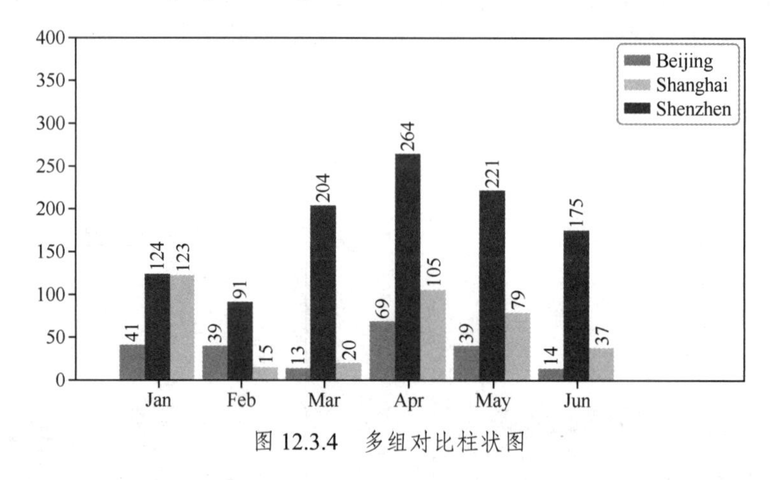

图 12.3.4　多组对比柱状图

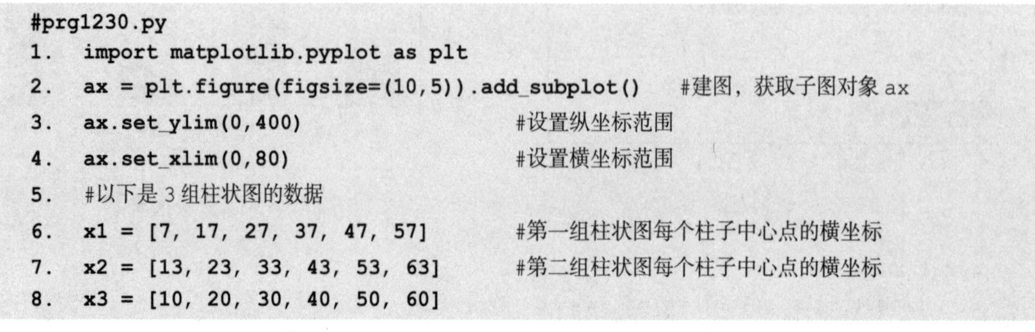

```
#prg1230.py
1.  import matplotlib.pyplot as plt
2.  ax = plt.figure(figsize=(10,5)).add_subplot()   #建图，获取子图对象 ax
3.  ax.set_ylim(0,400)                    #设置纵坐标范围
4.  ax.set_xlim(0,80)                     #设置横坐标范围
5.  #以下是 3 组柱状图的数据
6.  x1 = [7, 17, 27, 37, 47, 57]          #第一组柱状图每个柱子中心点的横坐标
7.  x2 = [13, 23, 33, 43, 53, 63]         #第二组柱状图每个柱子中心点的横坐标
8.  x3 = [10, 20, 30, 40, 50, 60]
```

```
9.  y1 = [41, 39, 13, 69, 39, 14]       #第一组柱状图每个柱子的高度
10. y2 = [123, 15, 20, 105, 79, 37]     #第二组柱状图每个柱子的高度
11. y3 = [124, 91, 204, 264, 221, 175]
12. rects1 = ax.bar(x1, y1, color='red', width=3, label = 'Beijing')
13. rects2 = ax.bar(x2, y2, color='green', width=3, label = 'Shanghai')
14. rects3 = ax.bar(x3, y3, color='blue', width=3, label = 'Shenzhen')
15. ax.set_xticks(x3)                     #x 轴在 x3 中的各坐标点下面加刻度
16. ax.set_xticklabels(('Jan','Feb','Mar','Apr','May','Jun'))
17. #指定 x 轴上每一刻度下方的文字
18. ax.legend()                           #显示右上角三组图的说明
19. def label(ax,rects):                  #在 rects 的每个柱子顶端标注高度
20.         for rect in rects:
21.             height = rect.get_height()    #获取柱子 rect 的高度
22.             ax.text(rect.get_x() + rect.get_width()/2.0, height+14,
23.                 str(height),rotation=90)  #文字旋转 90 度
24. label(ax,rects1)
25. label(ax,rects2)
26. label(ax,rects3)
27. plt.show()
```

第 3、4 行：指定横纵坐标的范围。如果不指定，那么 Python 会自行决定，使得图的上方和右方都只略有空白。这种情况下左下坐标轴交叉点的坐标未必是(0,0)。

第 12 行：bar 函数的返回值 rects1 是一个柱子的序列（不一定是列表），序列的每个元素都代表一根柱子。

第 19 行：本函数在子图 ax 中的一组柱状图 rects 里的每个柱子 rect 的顶部标出其高度（即数值）。

第 22 行：text 函数在指定位置书写指定文字。该函数前两个参数分别是文字的左下角的横坐标和纵坐标，坐标系就是柱状图中画的坐标系。14 并不是 14 像素的意思，而是在该坐标系下的长度 14。第三个参数是要写的字符串。rect.get_x()返回柱子 rect 的左侧的 x 坐标，rect.get_width()返回柱子 rect 的宽度。

4．频率分布柱状图

下面的程序随机生成了 60 个[0,100]内的整数，然后用 hist 函数绘制频率分布柱状图，直观展示这 60 个整数的分布情况，如图 12.3.5 所示。横坐标代表数值，纵坐标表示多少个。比如，可以看出有 6 个数落在了[35,40)范围内。

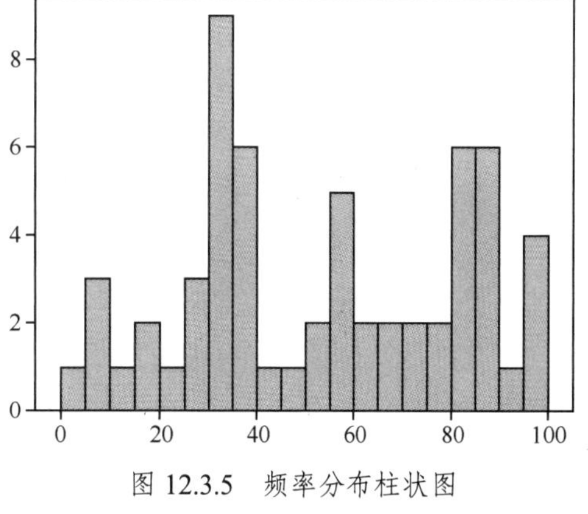

图 12.3.5　频率分布柱状图

```
#prg1236.py
1.  import matplotlib.pyplot as plt
2.  import numpy as np
3.  data  = np.random.randint(0,100,60)
4.  ax = plt.figure().add_subplot()
5.  ax.hist(x = data,bins = 20, color = 'steelblue', edgecolor = 'black')
6.  plt.show()
```

第 5 行：bins=20 表示要把数据范围平分成 20 个区间，即画 20 根柱子，每个柱子代表落在其对应区间中的数据的个数。color 是柱子颜色，edgecolor 是柱子边界颜色。

12.3.2 绘制折线图和散点图

下面程序绘制如图 12.3.6 所示的折线图和散点图。

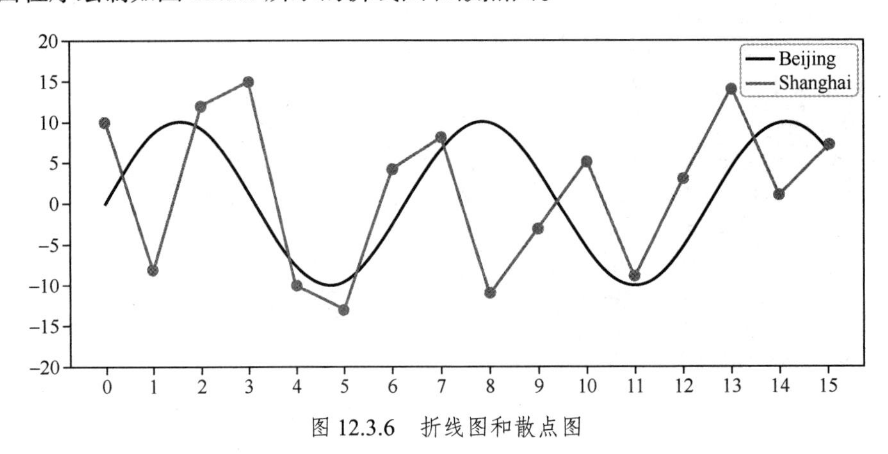

图 12.3.6 折线图和散点图

```
#prg1240.py
1.  import math,random
2.  import matplotlib.pyplot as plt
3.  def drawPlot(ax):
4.      xs = [i/100 for i in range(1500)] #1500 个点的横坐标，间隔 0.01
5.      ys = [10*math.sin(x) for x in xs] #曲线 y=10*sin(x)上 1500 个点的 y 坐标
6.      ax.plot(xs,ys,"red",label = "Beijing") #画曲线 y=10*sin(x)
7.      ys = list(range(-18,18))
8.      random.shuffle(ys)
9.      ax.scatter(range(16), ys[:16], c = "blue") #画散点
10.     ax.plot(range(16), ys[:16], "blue", label="Shanghai") #画折线
11.     ax.legend()                          #显示右上角的各条折线说明
12.     ax.set_xticks(range(16))             #x 轴在坐标 0,1,......,15 处加刻度
13.     ax.set_xticklabels(range(16))  #指定 x 轴每个刻度下方显示的文字
14.     ax.set_yticks(range(-20,21,5)) #y 轴在坐标-20,-15,-10,......,15,20 处加刻度
15.     ax.set_yticklabels([str(i) for i in range(-20,21,5)])
16. ax = plt.figure(figsize=(10, 4),dpi=100).add_subplot() # 图像长宽和清晰度
17. drawPlot(ax)
18. plt.show()
```

第 6 行：plot 函数可以画折线。给出一些点，plot 用线段从左到右将这些点连接起来，成为一条折线。本行给出 1500 个点，xs 中存放着它们的 x 坐标，ys 中存放着它们的 y 坐标。这些点都在曲线 y=10sin(x)上。由于点很密，所以画出来就不像折线，而是曲线。label 是线的名字。

第 9 行：scatter 函数可以画一些点。这些点横坐标在 range(16)中，纵坐标在 ys[:16]中。

第 10 行：plot 函数用线段连接 range(16)和 ys[:16]代表的 16 个点。

第 16 行：指明画出的图是 10 单位宽，4 单位高，dpi=100 说明每英寸 100 个像素。

调用 plot 函数时，还可以指定 linestyle 参数为“:”“——”“-.”“–”等来指定不同的线型(虚线、点画线等)。

12.3.3 绘制饼图

下面程序绘制如图 12.3.7 所示的饼图。

```
#prg1250.py
1.  import matplotlib.pyplot as plt
2.  def drawPie(ax):
3.      lbs = ('A', 'B', 'C', 'D')              #4个扇区的标签
4.      sectors = [16, 29.55, 44.45, 10]    #4个扇区的份额(百分比)
5.      expl = [0, 0.1, 0, 0]                  #4个扇区的突出程度
6.      ax.pie(x=sectors, labels=lbs, explode=expl,
7.              autopct='%.2f',shadow = True,labeldistance = 1.1,
8.              pctdistance = 0.6,startangle = 90)
9.      ax.set_title("pie sample")             #饼图标题
10. ax = plt.figure().add_subplot()
11. drawPie(ax)
12. plt.show()
```

第 4 行：应该使多个扇区的份额加起来正好是 100。否则系统会自动调整。

第 5 行：根据本行，扇区 'B' 要向外突出一些，突出的距离是 0.1 倍的半径。

第 6 行：pie 函数绘制饼图。shadow=True 表示添加阴影效果；labeldistance=1.1 表示标签('A','B','C','D')到圆心的距离是 1.1 倍半径；pctdistance=0.6 表示份额数(16.00,10.00 等)到圆心的距离是 0.6 倍半径；饼图的扇区是按逆时针顺序画的，startangle=90 表示第 0 个扇区是从 90 度开始画。

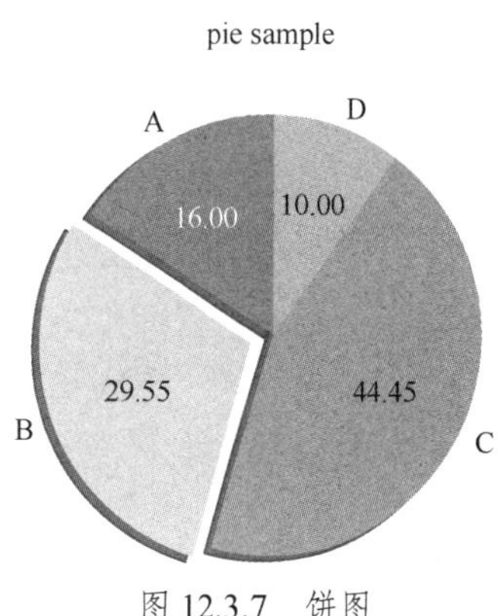

图 12.3.7 饼图

12.3.4 绘制热力图

下面程序绘制的热力图是直观展示二维数据的好手段。图 12.3.8 展示了不同城市在不同年份的销量。颜色越亮表示数值越大。

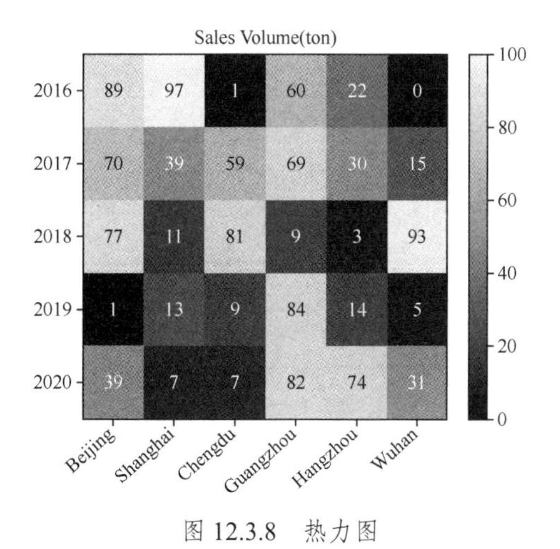

图 12.3.8 热力图

```
#prg1260.py
1.  import numpy as np
2.  from matplotlib import pyplot as plt
3.  data = np.random.randint(0, 100, 30).reshape(5, 6)
4.  #生成一个5行6列，元素在[0,100)内的随机矩阵
5.  xlabels = ['Beijing', 'Shanghai', 'Chengdu', 'Guangzhou', 'Hangzhou', 'Wuhan']
6.  ylabels = ['2016', '2017', '2018', '2019', '2020']
7.  ax = plt.figure(figsize=(10,8)).add_subplot()
8.  ax.set_yticks(range(len(ylabels))) #y轴在坐标0,1,2,3,4处加刻度
9.  ax.set_yticklabels(ylabels)         #设置y轴刻度文字
10. ax.set_xticks(range(len(xlabels))) #x轴在坐标0,1,2,3,4,5处加刻度
11. ax.set_xticklabels(xlabels)
12. heatMp = ax.imshow(data, cmap=plt.cm.hot, aspect='auto',
13.                    vmin = 0,vmax = 100)
14. for i in range(len(xlabels)):
15.     for j in range(len(ylabels)):
16.         ax.text(i,j,data[j][i],ha = "center",va = "center",
17.                 color = "blue",size=26)
18. plt.colorbar(heatMp)                #绘制右边的颜色-数值对照柱
19. plt.xticks(rotation=45,ha="right") #将x轴刻度文字进行旋转，且水平方向右对齐
20. plt.title("Sales Volume(ton)")
21. plt.show()
```

第3行：np.random.randint(0,100,30)生成一个30个元素的随机一维数组，元素位于[0,100]内。调用 reshape(5,6)由该数组转换出一个 5 行 6 列的矩阵。

第 12 行：imshow 绘制热力图。第一个参数是数据矩阵。plt.cm.hot 表示绘制的图是颜色越暗数值越小，颜色越亮数值越大。这里还可以有 plt.cm.cool 等多种选择。vmin 是最暗颜色的数值，vmax 是最亮颜色的数值。这两个值如果不给，则 data 中的最大值即最亮，最小值即最暗。

第 16 行：在第 i 行第 j 列的方块上写上数值，(i,j)正好就是文字的坐标。ha 是文字的水平对齐方式，值为"center"说明文字的水平方向中心点的横坐标是 i。va 是垂直对齐方式。size 是字体大小。

绘制雷达图

12.3.5 绘制雷达图

下面程序可以绘制如图 12.3.9 所示的雷达图。

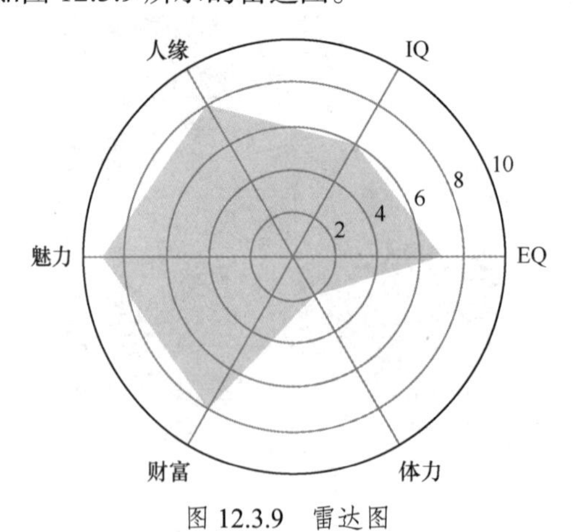

图 12.3.9 雷达图

```
#prg1270.py
1.  import matplotlib.pyplot as plt
2.  from matplotlib import rcParams     #处理汉字用
3.  def drawRadar(ax):
4.      pi = 3.1415926
5.      labels = ['EQ','IQ','人缘','魅力','财富','体力'] #6个属性的名称
6.      attrNum = len(labels)  #attrNum是属性种类数，此处等于6
7.      data = [7,6,8,9,8,2]   #6个属性的值
8.      angles = [2*pi*i/attrNum  for i in range(attrNum)]
9.      #angles是以弧度为单位的6个属性对应的6条半径线的角度
10.     angles2 = [x * 180/pi for x in angles]
11.     #angles2是以角度为单位的6个属性对应的半径线的角度
12.     ax.set_ylim(0, 10)                 #限定半径线上的坐标范围
13.     ax.set_thetagrids(angles2,labels,fontproperties="SimHei" )
14.     #绘制6个属性对应的6条半径
15.     ax.fill(angles,data,facecolor= 'g',alpha=0.25)#以透明度alpha填充
16. rcParams['font.family'] = rcParams['font.sans-serif'] = 'SimHei'
17. ax = plt.figure().add_subplot(projection = "polar")  #生成极坐标形式子图
18. drawRadar(ax)
19. plt.show()
```

第 12 行：set_ylim 限定圆的半径线上最大坐标值是 10。如果没有这一行，则半径上最大坐标值是各个属性里面的最大值，即 9。

第 13 行：set_thetagrids 画出 6 条半径，以及 6 个属性的名称。第一个参数必须是以角度为单位的角度的列表。有了 fontproperties="SimHei"才能显示中文名称。

第 15 行：fill 绘制以 6 个属性的值为顶点的多边形。此时，第一个参数必须是以弧度为单位的角度的列表，第二个参数是属性值的列表。facecolor='g' 表示要用绿色填充该多边形，alpha 的值和透明度相关，alpha=1 就是完全不透明，alpha=0 就是完全透明，等于看不见。

第 17 行：projection="polar"指明生成的子图是极坐标形式的，而非默认的直角坐标形式的。画雷达图必须如此。

下面的程序生成如图 12.3.10 所示的多重雷达图，展示 3 个人，每个人 6 方面属性的数值。

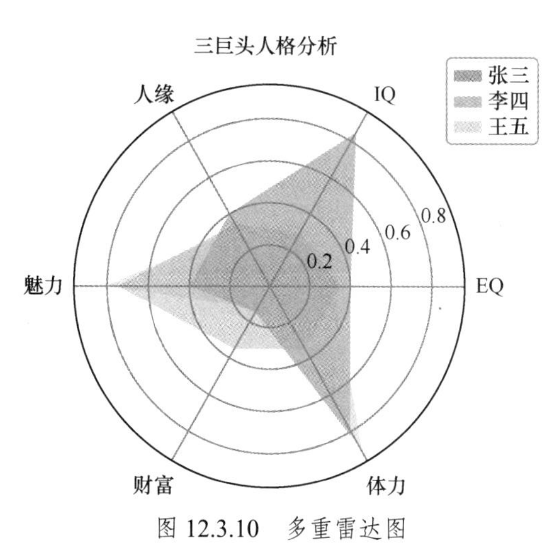

图 12.3.10 多重雷达图

绘制多重雷达图

```
#prg1280.py
1.   import matplotlib.pyplot as plt
2.   from matplotlib import rcParams
3.   rcParams['font.family'] = rcParams['font.sans-serif'] = 'SimHei'
4.   pi = 3.1415926
5.   labels = ['EQ','IQ','人缘','魅力','财富','体力'] #6个属性的名称
6.   attrNum = len(labels)
7.   names = ('张三','李四','王五')
8.   data = [[0.40,0.32,0.35], [0.85,0.35,0.30],
9.           [0.40,0.32,0.35], [0.40,0.82,0.75],
10.          [0.14,0.12,0.35], [0.80,0.92,0.35]]  #3个人的数据
11.  angles = [2*pi*i/attrNum  for i in range(attrNum)]
12.  angles2 = [x * 180/pi for x in angles]
13.  ax = plt.figure().add_subplot(projection = "polar")
14.  ax.fill(angles,data,alpha= 0.25)
15.  ax.set_thetagrids(angles2,labels)
16.  ax.set_title('三巨头人格分析',y = 1.05)    #y指明标题垂直位置
17.  ax.legend(names,loc=(0.95,0.9))             #画出右上角不同人的颜色索引
18.  plt.show()
```

第8行：data这个二维列表存放3个人的6方面的属性值。第0行[0.40,0.32,0.35]表示张三、李四、王五的EQ分别是0.40、0.32和0.35。其他以此类推。

第16行：y=1.05表示标题的顶端位置是整个雷达图高度的1.05倍的位置。

第17行：legend函数画出右上角那个不同人对应的颜色的说明。loc参数表示该说明画在什么位置。

12.3.6 绘制面积图

下面程序使用stackplot函数绘制如图12.3.11所示的面积图。

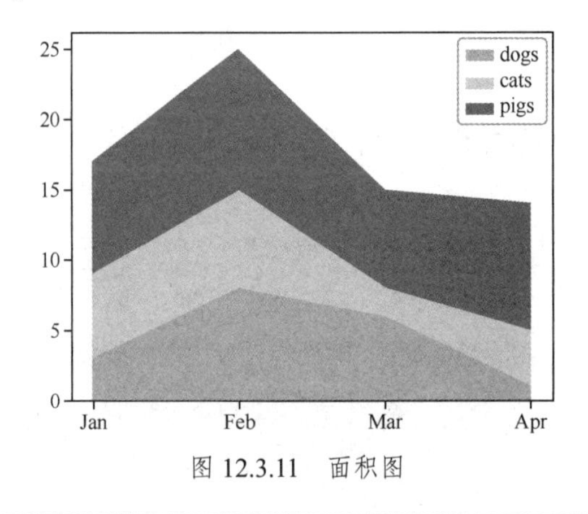

图12.3.11 面积图

```
#prg1286.py
1.   import matplotlib.pyplot as plt
2.   x = ['Jan','Feb','Mar','Apr']
3.   y = [[3,8,6,1],[6,7,2,4],[8,10,7,9]]
4.   ax = plt.figure().add_subplot()
5.   ax.stackplot(x,y[0],y[1],y[2], colors = ['r','g','b'])
6.   ax.legend(['dogs','cats','pigs'],loc="upper right")
7.   plt.show()
```

★★12.3.7　多子图绘图

可以在一个窗口上同时绘制多幅图，如图 12.3.12 所示。

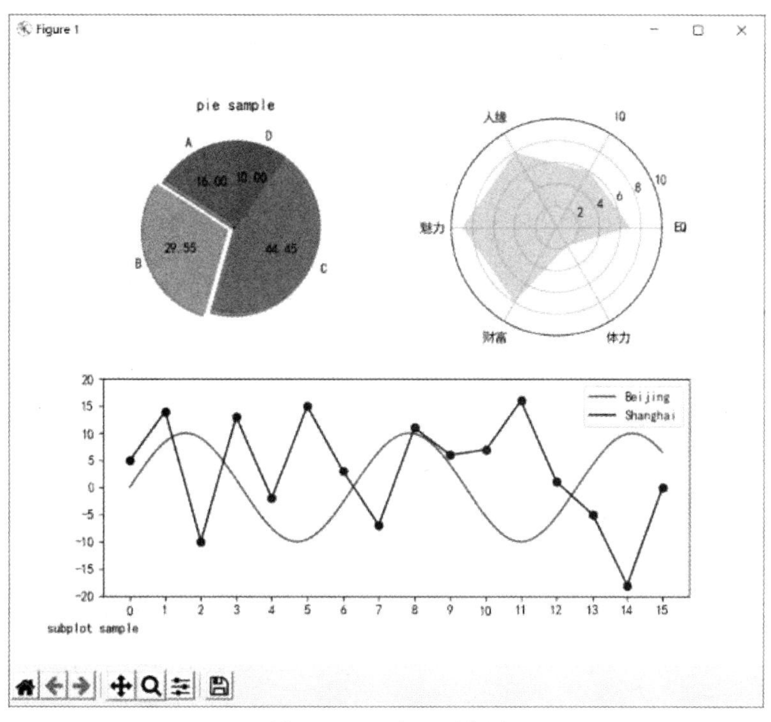

图 12.3.12　多子图绘图

```
#prg1290.py
1.  #程序中的 import、汉字处理、drawRadar、drawPie、drawPlot 函数略，见前面程序
2.  fig = plt.figure(figsize=(8,8))
3.  ax = fig.add_subplot(2,2,1)
4.  drawPie(ax)
5.  ax = fig.add_subplot(2,2,2,projection = "polar")
6.  drawRadar(ax)
7.  ax = plt.subplot2grid((2, 2), (1, 0), colspan=2)
8.  drawPlot(ax)
9.  plt.figtext(0.05,0.05,'subplot sample')  #显示左下角的图像标题
10. plt.show()
```

第 3 行：add_subplot(r,c,i)表示，将窗口平均分为 r 行，c 列，共 r×c 个方格（r、c 不一定要相等），返回位于其中第 i 个方格的子图。左上角的方格编号是 1，其右边方格编号是 2，以此类推。所以本行得到的子图，就是将窗口均分为 2 行 2 列的 4 份后，位于左上角的那个子图。

第 7 行：subplot2grid((2,2),(1,0),colspan=2)表示，将窗口分成 2 行 2 列，取一个子图，其左上角位于第 1 行第 0 列(行列号从 0 开始算)，且占 2 列宽(colspan=2 表示占 2 列宽。rowspan 可以指定高是多少行，默认值为 1)。注意这里的 subplot2grid 不是 fig 对象的函数，

而是 plt 的函数。本行写成下面这样效果也一样：

```
ax = fig.add_subplot(2,1,2)
```

第 9 行：figtext 显示图像标题。前两个参数指明标题文字的左上角的位置。若将整个图的左下角看作直角坐标系的原点(0,0)，且假设图宽度是 L，高度是 H，则本行中，标题文字的左上角的坐标就是(0.05×L,0.05×H)。

12.4 习题

下面几道习题在配书资源中有详细信息和提示，如果要完成，请务必阅读。

1. 用 pandas 处理 Excel 文档：配书资源包中有一个多城市多月份多种商品销售情况的 Excel 文档。指定特定城市和特定月份，请抽取该城市该月份的数据新建一个 Excel 文档。本题资源包和第 11 章第 3 题相同。

★2. 三国人名词云："词云"是一种有趣的数据展示方式，本书并未提及。学习 Python，自己上网搜索解决问题办法的自学能力非常重要。给定资源包中的三国演义文本和 3 个.png 图片，请制作分布在这 3 个图片上的词云。

★第13章 网络爬虫

网络爬虫简称爬虫。爬虫可以自动从各种网站上获取数据。搜索引擎公司每天24小时不间断地运行爬虫，从全世界的网站上爬取网页，然后根据关键字为这些网页建立索引并存在数据库中，这样响应用户的搜索请求时，才可以快速地从数据库中找到相关的网页。日常工作中需要编写的爬虫，自然不需要去爬取全世界的网站，只需要针对一个或几个网站，能够自动获取其内容即可。除了获取数据，爬虫还有一种作用，就是快速、重复模拟人工在网站上的一系列操作以达到一定目的。比如火车票爬虫可以不停自动刷新网页，监视火车票网站上有无票放出，一旦发现就立即模拟一系列人工下单购买的操作，瞬间完成购票（注意，火车票爬虫涉嫌违法）；还有网上选课、网络平台挂号，购物网站抢购，都可以用爬虫来代替人工实现。如果你是一个录入员，经常需要在网站上录入上百人的各种信息，那么也可以编写一个爬虫，模拟录入的一系列操作，瞬间完成任务。

令人沮丧的是，许多网站都有很强的反爬虫设计，要编写能在这些网站上工作的爬虫，往往需要非常专业的技能，并不容易。

基础的爬虫只能获取静态的网页，这样的网页在服务器端什么样，在浏览器里显示就是什么样，而且不需要登录就能够获取。高级一点的爬虫，可以爬取包含 JavaScript 程序的动态网页。再高级一点的，可以爬取需要登录以后才能看到的网页。更高级的，就是能对付各种反爬措施的爬虫，那是职业爬虫工程师才能做的事情。本书只能讲到可以自动登录的爬虫。

13.1 基础爬虫四步走

浏览器里看上去图文并茂的网页，本质上却是纯文本，即用记事本就可以查看。在浏览器中网页空白处单击鼠标右键，然后在弹出的菜单中选择“查看网页源代码”或“查看源”之类的选项（不同浏览器可能说法不一），就可以看到纯文本形式的网页。这些文本就是网站服务器发送给浏览器的，里面包含文字、文字的排版信息、图片的地址，以及一些程序。浏览器将这些纯文本表示的内容，渲染成图文并茂的样子呈现出来。

一般来说，浏览器上方地址栏里的内容就是它呈现的网页的地址，称为“URL”，也可以叫“网址”或者“链接”，形式如 https://www.ryjiaoyu.com 之类。有了 URL，就可以获取相应的网页。

用 Python 编写基本的爬虫，大致有以下4个步骤，其中前两个步骤是手工的。

（1）找出要爬取的网页对应的 URL。

（2）用浏览器打开要爬取的网页，并查看网页源码，找出包含想要信息的字符串的模式。想要的信息可能是文件名、链接地址等。

（3）用 requests 库、pyppeteer 库或 selenium 库等编程获取 URL 对应的网页。

（4）用正则表达式或 BeautifulSoup 库抽取网页中想要的内容并保存。

本节的爬虫，可以爬取百度图片的搜索结果。如果想要得到描述“猫”“跳远”“desk”“happy”等词汇的图片，就可以用这个爬虫来完成，其功能是对给定词，下载几个图片保存在本机。

请注意，本书的爬虫示例，都针对某具体网站。如果网站更改了设计，爬虫示例可能就无法工作，但这些程序的思路依然是有效的。

基础爬虫的写法

下面讲述百度图片爬虫的设计过程。

第一步，手工找出合适的 URL。

如果要爬取的是固定的网页，比如人邮教育社区，URL 就很简单，https://www.ryjiaoyu.com 即可。但这个例子不是这样。

进入百度图片，在搜索框输入“cat”，如图 13.1.1 所示。

图 13.1.1　百度图片搜索框

得到如图 13.1.2 所示搜索结果网页。

图 13.1.2　百度图片搜索结果

将浏览器上方地址栏中的内容复制下来，得到以下 URL：

```
https://image.baidu.com/search/index?tn=baiduimage&ipn=r&ct=201326592&cl=2&lm=
-1&st=-1&fm=result&fr=&sf=1&fmq=1600166741539_R&pv=&ic=0&nc=1&z=&hd=&
latest=&copyright=&se=1&showtab=0&fb=0&width=&height=&face=0&istype=2&ie=utf-
8&sid=&word=cat
```

发现 word=cat，似乎表明要搜的词是“cat”。猜想要是将“cat”替换成“dog”或“狗”，然后再将修改后的 URL 粘贴到浏览器地址栏按 Enter 键，也许就能得到一些狗的照片。事实果然如此。于是，我们就获得了合适的 URL。要搜词汇 X 的图片，用 X 替换 cat 即可。

⚠ **注意**：寻找合适 URL 的过程，要尽量用英文，不要用中文。比如在搜索框里面用“cat”来试，就比用“猫”来试好得多。因为汉字在 URL 里面往往会变成“%E7%8C%AB”之类的怪字符串，即汉字的十六进制 UTF-8 编码，这样不利于观察。

第二步，手工查看 URL 对应的网页的源码，找出包含想要信息的字符串的模式。

图 13.1.2 所示百度图片搜索结果页面中每个图片都是一个缩略图，都有一个链接（网址）。鼠标右键单击搜索结果页面中的缩略图片，在弹出的菜单上选“复制图片地址”选项，就会得到一个 URL，可能是下面的样子：

```
https://im0g0.baidu.com/it/u=1934575172, 3864746450&fm=26&fmt=auto&gp=0.jpg
```

这就是百度保存的图片的缩略图的网址。在浏览器的地址栏里输入上面的 URL（不妨称为图片 URL），果然看到了图片。这意味着以后在 Python 程序里就能通过上面的 URL 下载到图片。

在图 13.1.2 所示的网页里面找到 5 个不同的图片 URL，就可以下载 5 个图片。查看该网页的源代码，看到的是一大堆很复杂的文本，没有头绪。但是可以猜测，这文本里面一定包含上面的那个图片链接，因此在文本里面搜“u=1934575172,3864746450&fmt=26&fmt=auto&gp=0.jpg”，果然找到：

```
......
{"thumbURL":"http://img0.baidu.com/it/u=1934575172,3864746450&fm=26&fmt=auto&gp=
0.jpg",
......
```

看看上下文，猜测图片 URL 都有上面黑体部分的模式，即"thumbURL":后面就应该跟着图片的 URL。查找几处"thumbURL":，将其后的疑似 URL 输入到浏览器地址栏，即可看到图片，从而证实了这一猜测。至此，第二步已经完成，即找到了图片 URL 在搜索结果网页中出现的字符串的模式。

第三步和第四步直接用下面程序来说明。程序的核心函数是 getBaiduPictures。getBaiduPictures("dog",4)表示从百度图片搜“dog”的结果中下载 4 幅图存起来，存起来的文件前缀名分别是 dog0、dog1、dog2、dog3。扩展名则和原图片的扩展名一样。

```
#prg1390.py
1.  import re
2.  import requests           #requests 库用于获取网络资源
3.  def getHtml(url):         #获取网址为 URL 的网页
4.        #具体实现略，下节再讲述
```

```
5.  def getBaiduPictures(word,n):  #下载n个百度图片搜来的关于word的图片保存到本地
6.        url = "https://image.baidu.com/search/index?tn=baiduimage&ipn=r&ct=201326592&cl=2&lm=-1&st=-1&fm=index&fr=&hs=0&xthttps=111111&sf=1&fmq=&pv=&ic=0&nc=1&z=&se=1&showtab=0&fb=0&width=&height=&face=0&istype=2&ie=utf-8&word="
7.        url += word
8.        html = getHtml(url)
9.        pt = '\"thumbURL\":.*?\"(.*?)\"'    # 正则表达式，用于寻找图片URL
10.       i = 0
11.       for x in re.findall(pt, html):     #x就是图片URL
12.              x = x.lower()
13.              try:
14.                     r = requests.get(x, stream=True)#获取x对应的网络资源
15.                     f = open('{0}{1}.jpg'.format(word,i),
16.                            "wb")            #"wb"表示二进制写方式打开文件
17.                     f.write(r.content)      #图片内容写入文件
18.                     f.close()
19.                     i = i + 1
20.              except Exception as e :
21.                     pass
22.              if i >= n:
23.                     break
24. getBaiduPictures("猫",3)
25. getBaiduPictures("狗",4)
```

第2行：requests库不是Python自带的，是一个第三方的用于访问Internet资源的库。要事先执行pip install requests进行安装。

第3行：getHtml函数获取url对应的网页。由于网页就是纯文本，因此本函数的返回值就是个字符串，里面存放着在浏览器中“查看网页源代码”时看到的全部内容，即整个网页。此处没有给出这个函数的写法，下节再讨论。

第7行：执行完本行后，url就是搜索word的图片时用到的搜索URL。

第9行：pt用于从网页中提取图片URL的正则表达式。它匹配的字符串形式如下：

```
"thumbURL":"https://img0.baidu.com/it/u=1934575172,3864746450&fm=26&fmt=auto&gp=0.jpg"
```

第14行：requests.get函数可以用于获取网络资源，包括普通网页，或者是图片、下载的压缩包等各种非网页的文件，其第一个参数就是URL。此处x对应一个图片文件，而不是一个网页，因此用requests.get获取它时，应指定参数stream=True。本行模拟在搜索结果网页中单击该图片缩略图的动作。如果此处x是一个网页的链接，那么就可以再用前面的getHtml函数去取这个网页，相当于单击这个链接。

第15、16行：保存下来的图片，文件名类似“猫0.jpg”“猫1.jpg”……。由于图片文件不是文本文件，因此打开时一定要指定模式为wb，表示用二进制写的方式打开。

第17行：将图片内容写入文件。本行的r就是第14行requests.get的返回结果。

请注意，程序中的requests.get被放到异常处理语句try...except中。因为访问某个URL，

很可能由于某种意外而失败，比如那个 URL 所在的网站已经破产倒闭之类，所以一定要有异常处理机制。

如果鼠标右键单击搜索结果页面中的缩略图片，在弹出的菜单上选“复制链接址”，则会得到和“复制图片地址”不同的图片 URL。前者是原图的 URL，是百度从别的网站上搜到的；后者是百度自己保存的缩略图的 URL。缩略图一般比原图小很多。但是即便原图失效无法爬取了，缩略图可能还是可以爬取。如果不要求高分辨率，那么缩略图也够用。建议读者尝试爬取原图作为练习。请注意，原图的 URL 中可能包含 '%3A'、'%2F' 这样的以 '%' 开头的字符串，它们是字符的十六进制 utf-8 编码。比如 '%3A' 是 ':' 的编码，'%2F' 是 '/' 的编码，'%25' 是 '%' 的编码。执行 print('\x3A\x2F\x25')，输出结果是 ':/%'。使用这些 URL 时，应先将这些 '%' 开头的编码字符串题换成相应的字符。

这个百度图片爬虫程序，已经是一年来作者写的第三个版本，也就是说，一年内百度图片改版了 2 次。第一次加上了反爬措施，第二次改变了图片 URL 的格式。所以爬虫的确比较脆弱，说不好什么时候突然就爬不动了。

13.2 网页获取三招式

获取指定 URL 的网页，有三种常用的方法，分别是：使用 requests 库、使用 selenium 库和使用 pyppeteer 库。

方法一：使用 requests 库。

程序如下：

```
#prg1400.py
1.  def getHtml(url):  #获取网址 url 的网页
2.      import requests
3.      fakeHeaders = {'User-Agent':
4.                  'Mozilla/5.0 (Windows NT 10.0; Win64; x64)  \
5.                  AppleWebKit/537.36 (KHTML, like Gecko) \ '
6.                  'Chrome/81.0.4044.138 Safari/537.36 Edg/81.0.416.77',
7.                  'Accept': 'text/html,application/xhtml+xml,*/*'
8.      } #用于伪装浏览器发送请求
9.      try:
10.             r = requests.get(url,headers = fakeHeaders)
11.             r.encoding = r.apparent_encoding   #确保网页编码正确
12.             return r.text#返回值是个字符串，内含整个网页内容
13.     except Exception as e:
14.             print(e)
15.             return None
```

对此函数的工作原理不必细究，使用时原样复制粘贴即可。

网页也是有编码的，可能为 UTF-8、GB2312 等。如果用此函数获取的网页，运气极坏地碰上了中文变成乱码的问题，可以使用 Chardet 库解决，请读者自己搜索研究。

使用 requests 库获取网页，优势是开发环境安装设置简单，只需要执行 pip install requests 即可，将爬虫程序打包分发也容易。而且，用 requests 库获取网页，速度比其他方法快几倍甚至数十、上百倍。此种方法的局限，一是非常容易被反爬手段破坏，二是许多网页是由 JavaScript 动态生成的，即便没有反爬措施，此种方法也无法爬取。

方法二：使用 selenium 库。

selenium 是一个有较长历史的自动化网站测试库，实际上就是爬虫工具库，其工作原理和 pyppeteer 库类似。相比 pyppeteer 库，selenium 因为存在时间较长而被更多的网站反爬，且网络上各种 selenium 的反反爬措施实际上基本都已经失效，因而实用性较差。而且，selenium 库的速度比 pyppeteer 库慢十几倍甚至几十倍，因此作者认为 selenium 已经过时，不打算讲述。

方法三：使用 pyppeteer 库。

puppeteer 是谷歌公司推出的可以控制 Chrome 浏览器的一套网站自动化测试工具。一个日本工程师以此为基础推出了 Python 版本，就叫 pyppeteer。使用 pyppeteer 可以启动浏览器装入网页，并指挥浏览器做各种动作，包括拖曳浏览器卷滚条，单击网页中的图标、按钮、链接，往网页中的编辑框里填文字等，总之在浏览器中，手工能做的事情，它基本都能模拟，当然也能获取浏览器中显示的整个网页的源代码。

而且，pyppeteer 尚是初生牛犊，“老虎”们还没想到要对付它——针对它反爬的网站不多。

作者强烈推荐 pyppeteer 作为编写爬虫的首选工具。

执行 pip install pyppeteer 可以安装 pyppeteer。

pyppeteer 要求 Python 的版本是 3.6 或更高，而且需要和一个特殊版本的谷歌浏览器 Chromium 配合使用。第一次运行 pyppeteer 编写的程序，pyppeteer 会自动下载 Chromium 浏览器安装好。但这一步有可能失败，安装不上或者安装了也不能用。如果出错，就要自己下载 Chromium 压缩包安装。可以将 Chromium 压缩包随便解压在哪个文件夹，然后在程序指明其中 chrome.exe 的位置，也可以将 Chromium 压缩包解压到 pyppeteer 的安装文件夹下面。这个文件夹通常类似于：

```
C:\Users\username\AppData\Local\pyppeteer\pyppeteer\local-chromium\588429
```

把 username 要换成自己的 Windows 系统的用户名，588429 这里可能是别的数。将 Chromium 压缩包里面的 chrome-win32 文件夹整个放在上面那个文件夹里面即可。

使用 pyppeteer 需要知道关于“协程”的知识。协程就是定义时在前面加了“async”的函数，例如:

```
async def f()
    return 0
```

函数 f 就是协程。调用协程时，必须在函数名前面加“await”，例如：

```
await f()
```

而且，**await 语句只能出现在协程里**。初用协程，经常因为调用协程 XXXX 时忘了加 await 导致下面错误：

```
RuntimeWarning: coroutine 'XXXX' was never awaited
```

协程是一种特殊的函数，多个协程可以并行。假设有两个普通函数 A 和 B，执行分别需要 3 秒和 2 秒，由于不能同时执行这两个函数，所以把它们都执行完就需要 5 秒。但如果 A、B 是协程，那么它们就有可能同时执行，把它们都执行完可能只需要 3 秒多一点。

使用 pyppeteer 获取指定 URL 对应网页的函数如下所示，它可以获得百度图片搜索结果的网页：

```
#prg1410.py
1.  def getHtml(url):
2.      import asyncio          #Python 3.6之后自带的协程库
3.      import pyppeteer as pyp
4.      async def asGetHtml(url):  #获取url对应网页的源代码的协程
5.              browser = await pyp.launch(headless=False)
6.              # 启动Chromium，browser即为Chromium浏览器，非隐藏启动
7.              page = await browser.newPage()#在浏览器中打开一个新页面（标签）
8.              await page.setUserAgent(
9.                      'Mozilla/5.0 (Windows NT 6.1; Win64; \
10.                     x64) AppleWebKit/537.36 (KHTML, like Gecko) \
11.                     Chrome/78.0.3904.70 Safari/537.36') #反反爬措施
12.             await page.evaluateOnNewDocument(
13.                '() =>{ Object.defineProperties(navigator, \
14.                { webdriver:{ get: () => false } }) }' ) #反反爬措施
15.             await page.goto(url)  # 装入url对应的网页
16.             text = await page.content()#page.coutent就是网页源代码字符串
17.             await browser.close()       #关闭浏览器
18.             return text
19.     m = asyncio.ensure_future(asGetHtml(url))    #协程外调用协程
20.     asyncio.get_event_loop().run_until_complete(m)   #等待协程结束
21.     return m.result() # m.result()就是asGetHtml的返回值text
```

pyppeteer库中的函数都是协程。上面程序中的browser、page这些对象都来自于pyppeteer库，所以它们的函数，比如browser.newPage()、page.goto()、page.content()都是协程，调用时前面都要加await。否则程序运行会出错。

第5行：launch函数启动Chromium浏览器，此后browser就代表浏览器。headless=False很重要，表示不要以“无头”方式启动，即能看到Chromium浏览器。**建议不要以“无头”方式启动浏览器，因为那样很容易被反爬**。就看着浏览器像"闹鬼"一样自我操作好了。

如果pyppeteer自动安装的Chromium浏览器有问题，自己手动安装Chromium浏览器到某个文件夹，比如c:/tmp，则需要为launch()函数加一个executablePath参数指明Chrominum浏览器所在的位置。Chromium浏览器在工作期间会生成一些临时文件，有时会因为临时文件的存放问题导致莫名其妙的错误，此时可以加一个userdataDir参数，指定一个可靠的存放临时文件的文件夹，例如：

```
browser = await launch(headless=False,
 executablePath="c:/tmp/chrome-win32/chrome.exe", userdataDir="c:/tmp")
```

第7行：browser.newPage()返回Chromium浏览器中的一个Page对象。一个Page对象就对应于Chromium浏览器中的一个页面。Chromium浏览器和Chrome浏览器以及其他浏览器一样，可以同时打开多个页面，一个页面也被称作一个标签，不同页面可以显示不同网页。

第8行到第14行：用于反反爬，不必深究，使用时照抄即可。第12行的字符串参数是一段让浏览器去执行的JavaScript程序。

第19行到第21行：getHtml只执行了这三条语句，这三条语句是在协程外部调用协程，并取得协程返回值的固定写法。第20行生成一个事件循环对象。在协程外部要调用协程，就要通过事件循环对象来进行。而在一个协程内部要调用另外一个协程，则直接用await语句，如第5，7，8……行所示。

如果在第 15 行后面添加下面两条语句，就可以将搜索结果网页保存为 png 图像文件和 PDF 文件：

```
await page.screenshot({'path': 'c:/tmp/example.png'})      #网页截屏成图片
await page.pdf({'path': 'c:/tmp/example.pdf'})             #网页存为 PDF 文件
```

screenshot 函数和 pdf 函数的参数都是一个字典。其中的键 'path' 对应的值指明要保存的文件名。

每次调用上面的 getHtml 函数获取一个网页，都导致启动 Chromium 浏览器，并在浏览器里新建一个页面，取得网页后又关闭浏览器，显然是非常浪费的。实际上可以只启动一次浏览器，并在浏览器中只生成一个页面，就可以用该页面获取不同网页，直到不再需要获取网页，才关闭浏览器。请读者试试如何实现。

13.3 用 BeautifulSoup 分析网页

如果对正则表达式不太熟悉，也可以用第三方库 BeautifulSoup 来分析网页，提取想要的内容。执行 pip install beautifulsoup4 可以安装该库。在程序中使用该库，需要执行 import bs4。

网页的形式是纯文本。网页文件的扩展名通常是“.htm”或“.html”。用记事本打开一个网页(又称 HTML 文档)查看其纯文本，通常会看到如图 13.3.1 所示形式的内容。

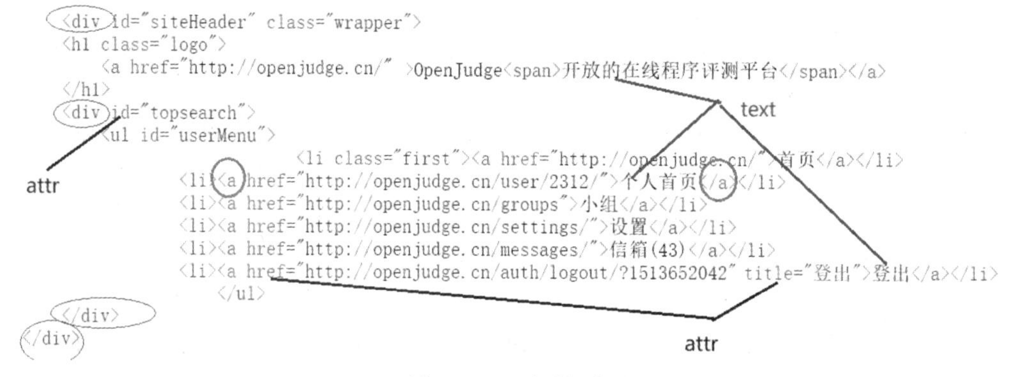

图 13.3.1 网页源代码

可见，HTML 文档是由一个个 tag 构成的。tag 的格式通常如下：

```
<X attr1='xxx' attr2='yyy' attr3='zzz' …>
    正文
</X>
```

X 是 tag 的**名字**。attr1,attr2,attr3,......都是 tag 的**属性**，"="后面跟着的是属性的值。一个 tag 的所有属性构成这个 tag 的**属性集**。例如下面这个 tag：

```
<a href="www.ryjiaoyu.com" id='mylink'>人邮教育</a>
```

“a”是 tag 的名字。这个 tag 有两个属性，分别是“href”(其值为"www.ryjiaoyu.com")和“id”(其值为"mylink")。这个 tag 的**正文**，是“人邮教育”。一个 HTML 文档里会有大量名字相同的 tag。

也有少数 tag 只有“<x .....>”部分，没有正文和“</x>”，比如表示换行的“
”。

tag 是可以嵌套的，例如：

```
<div id="siteHeader" class="wrapper">
     <h1 class="logo">
     <div id="topsearch">
          <ul id="userMenu">
          <li><a href="http://www.ryjiaoyu.com/">首页</a></li>
     </div>
</div>
```

这是一个名字为“div”的 tag，内部包含两个 tag，名字分别为“h1”和“div”。内部那个名字为“div”的 tag，又包含两个 tag，名字分别为“ul”和“li”。

用 BeautifulSoup 库分析 HTML 文档的步骤如下。

（1）将 HTML 文档装入一个 BeautifulSoup 对象 x。

（2）用 x 对象的 find、find_all 等函数去找想要的、包含特定信息的 tag 对象。

（3）对找到的 tag 对象，还可以用 tag 对象的 find、find_all 函数去找它内部包含，即嵌套的 tag 对象。

（4）用 tag 对象的属性或函数获取 tag 对象中包含的有用信息。

若 x 是一个 BeautifulSoup 的 tag 对象，则其重要属性如表 13.3.1 所示。

表 13.3.1　BeautifulSoup 的 tag 对象的重要属性

属性名	类型和含义
x.name	字符串，表示 HTML 文档中 tag 的名字
x.text	字符串，表示 HTML 文档中 tag 的正文
x.attrs	字典，表示 HTML 文档中 tag 的属性集。每个元素都是 tag 的一个属性，键是属性名，值是属性值

装入 BeautifulSoup 对象的 HTML 文档可以来源于字符串，也可以来源于一个 HTML 文件。以来源于字符串为例：

```
#prg1420.py
1.  import bs4    #导入 BeautifulSoup 库，事先要执行 pip install beautifulsoup4
2.  str = '''
3.  <div id="siteHeader" class="wrapper">
4.       <h1 class="logo">
5.       <div id="topsearch">
6.            <ul id="userMenu">
7.            <li ><a href="http://www.ryjiaoyu.com/" name='ok'>首页</a></li>
8.       </div>
9.  </div>'''
10. soup = bs4.BeautifulSoup(str,"html.parser")
11. tag = soup.find("li")                #找名为"li"的 tag
12. print(tag.text)                      #>>首页
13. tag = soup.find("a")                 #找名为"a"的 tag
14. print(tag.name)                      #>>a
15. print(tag.text)                      #>>首页
16. print(tag.attrs)    #>>{'href': 'http://www.ryjiaoyu.com/', 'name': 'ok'}
17. print(tag["href"])                   #>>http://www.ryjiaoyu.com/
18. print(tag["name"])                   #>>ok
```

第 10 行：将 HTML 文档 str 装入一个新建的 BeautifulSoup 对象 soup。"html.parser"这个参数总是需要的，它说明 str 里面文字的格式是 HTML 格式。

第 11 行：find 函数查找符合要求的 tag。第一个参数是 tag 的名字。还可以有其他参数。如果符合要求的 tag 不止一个，就返回第一个。

第 17 行：tag 对象有类似于字典的功能，可以用属性名作为关键字，查找属性的值。

第 18 行：许多 HTML 文档里 tag 的属性集里，都会有"name"属性。不要把它和 tag 的名字搞混了。注意区分本行和第 14 行。

将一个来自网络的网页装入 BeautifulSoup 对象，可以这样写：

```
html = getHtml("https://www.ryjiaoyu.com")
soup = bs4.BeautifulSoup(html,'html.parser')
```

getHtml 是本章第一节写的函数，返回值是包含整个网页内容的字符串。

将一个 HTML 文件装入 BeautifulSoup 对象可以这样写：

```
soup = bs4.BeautifulSoup(open("test.html",encoding="utf-8"),
            "html.parser")
```

BeautifulSoup 实例

假设有 test.html 文件内容如下，且是 UTF-8 编码（行号只是为了后面引述方便，文件里是没有的）：

```
1.  <!DOCTYPE HTML>
2.  <html>
3.  <body>
4.  <div id="sample" style="display:block;">
5.      <div class="df_div2">
6.          <a href="https://image.baidu.com/search/index?tn=baiduimage&word=dog">
7.                  <span class="p1-4">dog 的图片</span> </a>
8.          <p></p>
9.          <a href="https://image.baidu.com/search/index?tn=baiduimage&word=cat">
10.                 <span class="p1-4">cat 的图片</span> </a>
11.         <p></p>
12.         <a href="http://www.baidu.com" id="searchlink1" class="sh1">百度</a>
13.         <a href="http://www.bing.com.cn" id="searchlink1" class="sh2">必应</a>
14.     </div>
15. </div>
16. </body>
17. </html>
```

HTML 文档都有一个名为“html”的 tag，在上面的文档里，始于第 2 行，终于第 17 行。该 tag 内部又包含很多 tag。可见，所有的信息都是放在 tag 里面的。

用浏览器打开这个文件，会看到如图 13.3.2 所示页面。

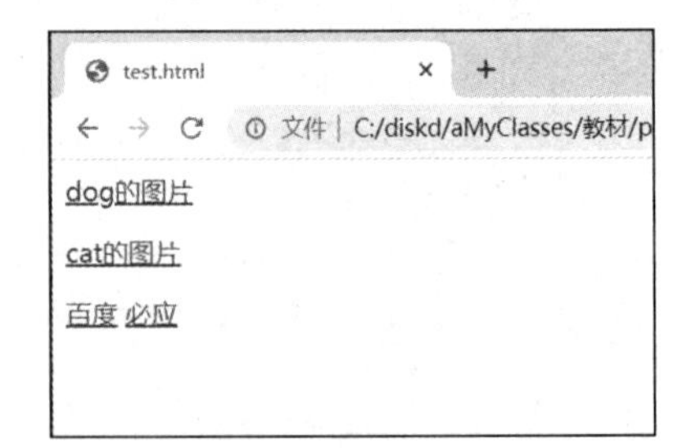

图 13.3.2　HTML 文档样例

单击“dog 的图片”链接或“cat 的图片”链接，会到百度图片查这两个词的图片。单击“百度”链接或“必应”链接，自然就跳转到这两个网站的首页。

“dog 的图片”链接是由下面这个 tag 显示出来的：

```
<a href="https://image.baidu.com/search/index?tn=baiduimage&word=dog">
        <span class="p1-4">dog 的图片</span> </a>
```

这个名字为“a”的 tag 的正文里面包含的文字“dog 的图片”被显示出来，该 tag 有“href”属性，说明它是一个链接，链接的地址是“href”属性的值，即“https://image.baidu.com/search/index?tn=baiduimage&word=dog”。

下面的程序用 BeautifulSoup 分析上面的 test.html 文件：

```
#prg1430.py
1.  import bs4
2.  soup = bs4.BeautifulSoup(open("test.html",
3.                          encoding = "utf-8"),"html.parser")
4.  diva = soup.find("div",attrs={"id":"sample"})
5.  #寻找名字为"div"，且具有值为"sample"的属性"id"的 tag
6.  if diva != None:  #如果找到
7.      for x in diva.find_all("span",attrs={"class":"p1-4"}):
8.          print(x.text)
9.      #>>dog 的图片
10.     #>>cat 的图片
11.     for x in diva.find_all("a",attrs={"id":"searchlink1"}):
12.         print(x.text)
13.     #>>百度
14.     #>>必应
15.     x = diva.find("a",attrs={"id":"searchlink1","class":"sh2"})
16.     if x != None:            #查找成功
17.         print(x.text)        #>>必应
18.         print(x["href"])     #>>http://www.bing.com.cn
19.         print(x["id"])       #>>searchlink1
```

第 4 行：find 的第一个参数是要找的 tag 的名字。参数 attrs 是个字典，里面的每个元素，都是这个 tag 拥有的属性和值。这里要找一个名字为"div"的 tag，且其有 id 属性，且 id 属性的值为"sample"。这个 tag 在 test.html 里始于第 4 行，终于第 15 行。建议读者执行 print(diva.text)看看结果是什么。不写名字参数，只根据 attr 参数进行查找也是可以的，本例采用如下写法也一样：

```
diva = soup.find(attrs={"id":"sample"})
```

BeautifulSoup 对象还有 find_all 函数，用来找所有符合条件的 tag。

第 7、8 行：tag 对象也有 find 函数和 find_all 函数，用来寻找其内部的 tag。本行 find_all 寻找 diva 这个 tag 内部的所有名字为"span"，且有值为"P1-4"的"class"属性的 tag，返回所有找到的 tag 对象构造成的序列。test.html 的第 7 行和第 10 行各有一个满足条件的 tag，所以本循环输出结果是：

```
dog 的图片
cat 的图片
```

find_all 也可以不指定名字参数。

第 15 行：在 diva 内部找一个名字为"a"，有值为"searchlink1"的属性"id"，和值为"sh2"的属性"class"的 tag。该 tag 在 test.html 中第 13 行。

实际上，寻找一个 tag，不是必须通过包含它的那个 tag 来进行。例如，在上面的程序中，直接用：

```
soup.find_all("span",attrs={"class":"p1-4"})
```

也能查找到那两个名字为"span"的 tag，不是一定要通过 diva 来进行查找。此处"span"参数不给都行。

HTML 文档中的 tag，有“父子”和“兄弟”关系。如果 A 直接包含 B，即 B 位于 A 的下一级，那么 A 和 B 就是父子关系。如果 A 同时直接包含 B、C，那么 B、C 就是兄弟关系。

例如 test.html 中第 5 行的那个 div，终止于第 14 行，它的父 tag 就是第 4 行的那个 div。第 5 行的 div 有 4 个名字为"a"的子 tag 和 2 个名字为"p"的子 tag。BeautifulSoup 提供了寻找父子 tag 的方法：

```
#prg1440.py
1.  import bs4
2.  soup = bs4.BeautifulSoup(open("test.html",
3.               encoding = "utf-8"),"html.parser")
4.  div = soup.find("div",attrs={"class":"df_div2"}) #test.html 第 5 行的 tag
5.  for x in div.children:                    #遍历 div 的所有子 tag
6.      if x.name != None and x.name != 'p':
7.          print("name of son =" , x.name)
8.          if hasattr(x,"attrs"):            #如果 x 有 attrs 这个属性，即有属性集
9.              print("attrs =",x.attrs)
10. print(div.parent.name,div.parent["id"])#>>div sample
11. for x in div.parents:   #>>div,body,html,[document]    遍历 div 的祖先
12.     print(x.name,end = ",")
```

第 6 行：div.children 里面会有一些名字为 None 的 tag 其实并不存在，所以要跳过。

程序输出有点长，略。

要注意的是，HTML 文档中，经常有很多 tag，名字一样，属性集也差不多，有的包含想要找的信息，有的不包含，要注意区分。需要的 tag 不要漏掉，不需要的 tag 应该排除。

另外，除了 find 和 find_all，BeautifulSoup 对象还有 select 函数可以用来找 tag，用法比较简洁，请自行查阅。

13.4 用 pyppeteer 爬取 JavaScript 动态生成的网页

有的网页，明明上面有一些文字，这些文字在浏览器中查看源代码时却找不到。比如如图 13.4.1 所示东方财富网浦发银行的股票网页。

显示“今开：12.17 最高: 12.51……”等交易信息。想要爬取这些数据，却发现查看网页源代码时，源代码里面能找到“今开”和“最高”，但是找不到 “12.17” “12.51” 等数据，用 requests 库编写的 getHtml 函数取得的网页，里面也没有这些数据，从而无法爬取。出现这种情况，是因为浏览器收到服务器发来的网页（即查看源代码看到的，也是 requests 版 getHtml 返回的结果）里面是没有这些数据的。但是网页里面有 JavaScript 程序，查看源代码的时候，查找“<script”就能发现 JavaScript 程序。浏览器执行网页中的 JavaScript 程序以后，就会生成这些数据展示出来。鼠标右键单击“12.17”，在弹出的菜单上选择“检

查”选项，可以看到“12.17”所属的 tag，其 text 就是 12.17，但这是运行了 JavaScript 程序之后的结果。因此 Python 爬虫程序需要在取到网页后，还要执行里面的 JavaScript 程序，才能得到股票数据。

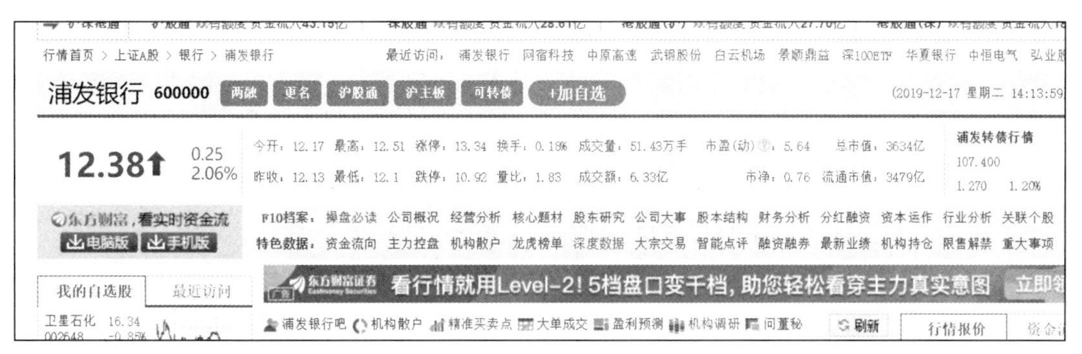

图 13.4.1 东方财富网股票交易数据

用 pyppeteer 版本的 getHtml 函数，可以获取 JavaScript 程序被执行后的网页，因为 Chromium 浏览器装入网页后会执行 JavaScript 程序。执行下面语句：

```
print(getHtml("https://quote.eastmoney.com/sh600000.html")
```

即可输出浦发银行当日股票交易信息网页的源代码，在输出的结果中，可以找到以下内容：

```
<div class="data-middle" id="quote-digest">
    <table cellpadding="0" cellspacing="0" class="yfw">
     <tbody>
      <tr>
       <td>今开：</td>
       <td class="red txtl" data-bind="46" id="gt1">12.17 </td>
       <td>最高：</td>
       <td class="red txtl" data-bind="44" id="gt2">12.51</td>
```

发现了“今开”“最高”“12.17”“12.51”等信息。使用下面的正则表达式，或 BeautifulSoup，可以抽取出这些信息：

```
'<td>([^<]*)</td>.*?<td[^>]*id="gt\d*?"[^>]*>([^<]*)</td>'
```

国内股市每支股票，都有 6 位数的交易代码。东方财富网上一支股票的每日交易信息的网址形式是:

```
"https://quote.eastmoney.com/"+交易所代码+股票代码+".html"
```

上交所股票的交易所代码是“sh”，深交所股票的交易所代码是“sz”。

很容易在网上查到所有股票的交易代码，这样就可以编写获取所有股票每日交易信息的爬虫。注意，只需要启动一次 Chromium，新建一个页面，就可以重复调用该页面的 goto 函数去载入不同股票的当日交易信息网页。

★★13.5 用 pyppeteer 爬取需要登录的网站

有时，爬取网站数据必须在登录以后才能进行。比如，要爬取我在京东上的订单，必然要先用我的账号登录；要爬取我在 OpenJudge 上提交过的所有程序，也要先登录。有些网站甚至不登录就无法使用，比如有的小说网站不登录就不能看小说。登录这个操作，是没法用一个简单的 URL 表示的，因此无法用前面 getHtml 的方式进行登录。通过 pyppeteer/selenium，可以模拟用户在浏览器上的任何操作，包括登录操作。

爬取需要登录的网站

下面这个爬虫，用我的账号登录 OpenJudge 以后，打印出我最后提交且通过的那 2 个程序。

OpenJudge 登录页面的 URL 是 http://openjudge.cn/auth/login/，界面如图 13.5.1 左边所示。登入后，进入图 13.5.1 右边所示界面。

图 13.5.1　OpenJudge 登录界面

鼠标右键单击右上角的“个人首页”，在弹出的菜单上选择“检查”选项，则 Chrome 浏览器会在右边弹出窗口显示一些网页的源代码，并且将“个人首页”这个元素高亮，可以看出，它是一个链接 tag(有 href 属性的 tag 称为链接 tag)，如图 13.5.2 所示。

```
<a href="http://openjudge.cn/user/2312/">个人首页</a>
```

图 13.5.2　OpenJudge“个人首页”tag

⚠ **注意**：用“检查”方式看到的东西，有可能是 JavaScript 程序执行后的结果，用“查看网页源代码”的方式不一定能看到。不过本例不是这个情况。

关掉源码窗口，单击“个人首页”选项，进入如图 13.5.3 所示网页。

OpenJudge 开放的在线程序评测平台　　首页　个人首页　小组　设置　信箱(67)　登出

我加入的小组

最近的提交

比赛	题目	结果	内存	时间	代码长度	语言	提交时间
程序设计与算法（一）测验题汇总(2020秋季)	018：整数序列的元素最大跨度值	Accepted	200kB	14ms	281 B	G++	5天前
程序设计与算法（一）测验题汇总(2020秋季)	018：整数序列的元素最大跨度值	Accepted	200kB	15ms	281 B	G++	5天前
实用Python程序设	014：三角形判断	Accepted	200kB	9ms	190 B	G++	5天前

百练　北京大学ACM-ICPC竞　程序设计实习　PKU Online Judge　程序设计实习实验班　程序设计实习MOOC

图 13.5.3　OpenJudge 个人提交记录

用同样的方法，查得第一个“Accepted”链接的 tag 如下：

```
<a href=http://cxsjsxmooc.openjudge.cn/2020t1fall12/solution/25212869/
class="result-right">Accepted</a>
```

这个 tag 的 href 属性值:

```
http://cxsjsxmooc.openjudge.cn/2020t1fall12/solution/25212869/
```

就是提交的程序所在的网页的网址。单击这个“Accepted”链接，就能看到显示提交的程序的网页（以后称为“源程序网页”），如图 13.5.4 所示。

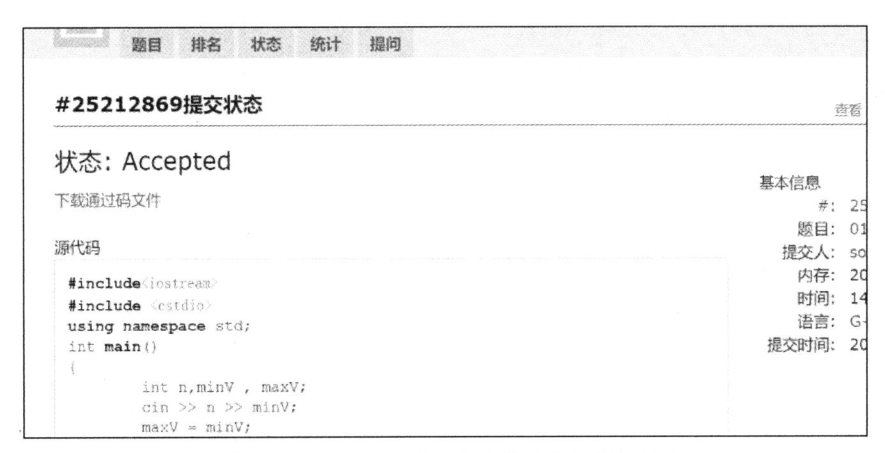

图 13.5.4　OpenJudge 个人提交的程序代码

查看该网页的源代码，会发现交上去的程序是一个形式为“<pre>......</pre>”的 tag 的正文。

搞清楚上述事实后，就可以写出程序：

```
#prg1450.py
1.  import asyncio
2.  import pyppeteer as pyp
```

```
3.  async def antiAntiCrawler(page): #为page添加反反爬虫手段
4.      await page.setUserAgent('Mozilla/5.0 (Windows NT 6.1; \
5.              Win64; x64) AppleWebKit/537.36 (KHTML, like Gecko) \
6.              Chrome/78.0.3904.70 Safari/537.36')
7.      await page.evaluateOnNewDocument(
8.              '() =>{ Object.defineProperties(navigator, \
9.              { webdriver:{ get: () => false } }) }')
```

第3行：这个函数用于为pyppeteer的页面对象page添加反反爬虫的手段。不必深究，用时照抄即可。

```
10. async def getOjSourceCode(loginUrl):
11.     width, height = 1400, 800  #网页宽高
12.     browser = await pyp.launch(headless=False,
13.                         userdataDir = "c:/tmp",
14.                         args=[f'--window-size={width},{height}'])
15.     page = await browser.newPage()
16.     await antiAntiCrawler(page)
17.     await page.setViewport({'width': width, 'height': height})
18.     await page.goto(loginUrl) #装入登录页面
```

第12行到第14行：启动Chromium浏览器。args参数可以设定很多选项，这里指定了浏览器窗口的宽高。

第16行：只要生成新的Page对象，就应调用antiAntiCrawler函数为其添加反反爬虫手段。

第17行：指定网页宽高。

```
19.     element = await page.querySelector("#email")      #寻找账号输入框
20.     await element.type("XXXXXX@pku.edu.cn")           #输入账号（邮箱）
21.     element = await page.querySelector("#password")   #寻找密码输入框
22.     await element.type("XXXXXX")                      #输入密码
23.     element = await page.querySelector(
24.             "#main > form > div.user-login > p:nth-child(2) > button")
25.     await element.click()                             #单击登录按钮
```

第19行：在登录页面寻找账号输入框。querySelector函数用于寻找tag，参数是一个selector字符串。每个tag都会对应于一个selector字符串。在浏览器中，账号输入框上单击鼠标右键，然后在弹出的菜单上选择“检查”选项，就可以在右边源代码窗口定位到该输入框的tag。然后在源代码窗口再右击这个tag，在弹出的菜单上选择Copy|Copy selector选项，就可以得到其selector字符串，即"#email"，如图13.5.5所示。

⚠ **注意：** 在浏览器里面复制出来的selector，粘贴到PyCharm里面可能由于PyCharm自动格式调整的原因，中间各处会被加上空格，比如变成"# main"，这可能就不正确了。直接粘贴在字符串的一对引号里面，就不会被格式自动调整。

selector的写法规则比较复杂，请读者网上搜索“CSS selectors”自行查阅资料。"#email"的含义是：一个"id"属性为"email"的tag。

第20行：element就是账号输入框。type函数可以往输入框里面输入文字。

第23行：用类似方法取得“登录”按钮的selector，然后就可以在程序中找到登录按钮。

第25行：element就是登录按钮。click()函数就模拟用户单击该按钮。

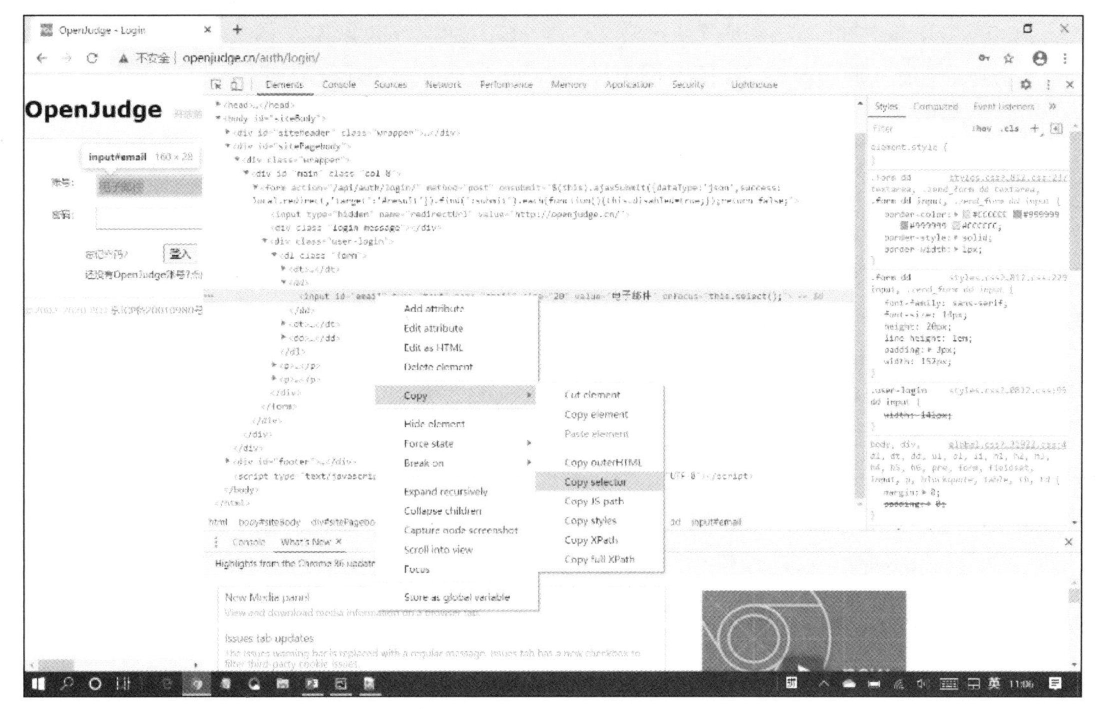

图 13.5.5　获取 tag 的 selector

第 19 行到第 25 行:用 pyppeteer 指挥浏览器自动登录。如果将这几行全部去掉，浏览器和本程序都会停下来，待人工输入账号密码并单击“登录”按钮后，本程序才会继续执行。如果 OpenJudge 不友好，要求用户登录时做输入手机验证码、图形验证码，或拖曳验证图形等不太容易用程序模拟的操作，则只能去掉这几行，用人工登录。

```
26.     await page.waitForSelector("#main>h2",
27.             timeout=30000)    #等待"正在进行的比赛……"标题出现
28.     element = await page.querySelector("#userMenu>li:nth-child(2)>a")
29.     #找"个人首页"链接
30.     await element.click()                  #单击个人首页链接
31.     await page.waitForNavigation()         #等新网页装入完毕
```

第 26 行：第 25 行的 click()函数模拟“登录”按钮被单击，这导致浏览器开始进行登录操作。但是，click()函数不会等待登录操作完成后才返回，它会立即返回，导致浏览器在进行登录操作的同时，本程序继续往下运行。然而本程序后续的部分，必须在登录已经完成的情况下进行才有意义，登录尚未完成就执行，显然会导致各种错误。因此，必须有手段让本程序在执行第 25 行后等待，直到登录操作完成才继续执行。登录操作完成的标志，是浏览器载入了登录后的页面，即图 13.5.6 所示的页面。

在该页面中，有“正在进行的比赛……”这样的文字，因此如果在 page 对象中发现了这串文字，就可以认为登录已经成功。经手工查看，发现这串文字的 selector 是"#main>h2"（代表一个"id"属性为"main"的 tag 里面的名字是"h2"的 tag）。waitForSelector 会导致程序进入等待，它不会返回，直到 page 中出现指定 selector 的 tag，或者等待时间已经超过 timeout 参数指明的值（单位：毫秒）。如果 waitForSelector 等来了想要的 tag，则程序正常继续，如果等待时间超过 timeout，则引发 Runtime Error。本行在等待 page 中出现 selector 为

"#main>h2"的 tag，即“正在进行的比赛……”这串文字。如果将第 19 行到第 25 行去掉，用人工方式登录，则应该在 30 秒内输入账号密码并单击“登录”按钮。

图 13.5.6　OpenJudge 登录完成的页面

第 28 行："#userMenu > li:nth-child(2)>a"对应的 tag 名字为"a"，它在一个名字为"li"的 tag 里面，而且该 tag 是一个 id 属性值为"userMenu"的 tag 的第二个子 tag。可见，在 selector 里面，">"表示 tag 间的父子关系，即包含关系。本行这个要找的 tag 就是“个人首页”链接。

第 31 行：第 30 行单击了“个人首页”链接，浏览器就会跳转到新的网页。waitForNavigation()会等待新的网页装载完毕后才返回。其实本程序的第 26 行使用这个函数，而不用 waitForSelector 也可以，使用 waitForSelector 是为了演示其用法。有时，在浏览器中做某个操作，会导致浏览器自动连续装入多个新页面，这种情况下要等待最后一个新页面的出现，就只能用 waitForSelector 去等待只有在最后一个页面里才有的 tag 出现。

⚠ 注意：和用 click()装入新网页的情况不同，**程序中的 page.goto(url)会等到 URL 对应网页装载完毕才返回，requests 库的 requests.get(url)也会等网页装载完毕才返回。**

程序继续：

```
32.     elements = await page.querySelectorAll(".result-right")
33.     #找所有"Accepted"链接，其有属性 class="result-right"
34.     page2 = await browser.newPage()                    #新开一个页面（标签）
35.     await antiAntiCrawler(page2)
36.     for element in elements[:2]:                       #只打印前两个程序
37.         obj = await element.getProperty("href")        #获取 href 属性
38.         url = await obj.jsonValue()
39.         await page2.goto(url)                          #在新页面(标签)中装入新网页
40.         element = await page2.querySelector("pre")     #查找 pre tag
41.         obj = await element.getProperty("innerText")
42.         text = await obj.jsonValue()
43.         print(text)
44.         print("-------------------------")
45.     await browser.close()
46. def main():
47.     url = "http://openjudge.cn/auth/login/"
48.     asyncio.get_event_loop().run_until_complete(getOjSourceCode(url))
49. main()
```

第 32 行：".result-right"表示有"class"属性为"result-right"的 tag。本行找所有符合这个 selector 的 tag。返回值是个元素为这些 tag 的列表。实际上就是找所有的"Accepted"链接。

第 34 行：新建一个页面对象 page2，用来装入图 13.5.4 那个显示提交的程序的网页。不能用 page 来做这件事，因为 elements 是和 page 的内容相关的，如果 page 装入新的网页，那么 elements 里的元素就会全部失效。

第 37、38 行：不必深究 obj 是什么，以及 jsonValue()是什么意思。element 是一个"Accepted"链接 tag，形如：

```
<a href="http://cxsjsxmooc.openjudge.cn/2020pyfall5/solution/25400756/"
class="result-right">Accepted</a>
```

这两行程序取得了这个链接里面的 href 部分，即提交的程序的 URL。

第 39 行：载入图 13.5.4 所示的显示提交的程序的网页。

第 40、41 行：提交到 OpenJudge 的程序在网页中是形式为“<pre>......</pre>”的 tag 的 text。但是这里不能写 element.getProperty("text")，必须写 element.getProperty("innerText")。因为 pyppeteer 和 BeautifulSoup 在一些关于 tag 的称呼上有所不同。

如果使用 BeautifulSoup，则第 40 行到第 42 行也可以用下面两行替代：

```
soup = BeautifulSoup(await page2.content(),"html.parser")
text = soup.find("pre").text
```

本程序只爬取个人首页中第一页里面的前两个 Accepted 程序。读者可以尝试改写一下，使其能爬取包括后面多页的所有提交过的 Accepted 程序。

特别提示：并不是一定要模拟用户在浏览器中的每一步操作。比如，用户登录成功以后，要单击某链接到达网页 A1，再单击 A1 中的某按钮到达网页 A2，再单击 A2 中的某图标到达网页 A3，那么在爬虫程序中，如果只想访问 A3，那并不一定需要完整模拟上述步骤。只要知道 A3 的 URL，登录成功之后，立即用 A3 的 URL 装入 A3，也是可能成功的。

★★★13.6 用 pyppeteer+requests 编写快速爬虫

pyppeteer 非常方便，但它的缺点也很明显，用它编写的爬虫，运行速度比用 requests 库的要慢很多。归根到底是因为后者只是单纯进行数据传输，而前者还要渲染网页，即解析出图文并茂的网页。如果用 pyppeteer 爬取了 JavaScript 生成的网页 A，而且 A 里面链接到的网页 B、C 等都是普通的不是由 JavaScript 生成的网页，那么进一步爬取 B、C 等的内容时，可以考虑换成用 requests 库的方式进行爬取。对于需要登录的网站，可以考虑先用 pyppeteer 登录，然后接着用 requests 库爬取后续内容。

对于需要登录的网站，同一个 URL，登录前和登录后访问，显然结果可能不同。比如，https://order.jd.com/center/list.action 是京东的“我的订单”页面的 URL，登录后访问它，就可以看到我的订单；如果还没有登录就直接在浏览器访问这个 URL，只会得到提醒你登录的网页。可见，网站的服务器有某种机制，能够记住某个浏览器是不是已经登录过。有两种这样的机制，分别叫作 cookie 和 session。

cookie 是指浏览器登录成功的时候，服务器给浏览器发送的一串数据，作为登录标识，里面包含用户名、密码的加密形式及其他一些关于浏览器访问记录的信息。浏览器将 cookie 保存起来，以后每次请求同一网站的其他网页，都同时将 cookie 发送过去。服务器看到 cookie，就能知道这个请求来自于前面登录过的某个浏览器，因此就按登录过进行处理。

session也叫"会话"，是指服务器在内存中为每个来访问的浏览器保存一些信息，包括代表浏览器身份的session ID。浏览器登录时，服务器为它创建session，并将session ID发送给浏览器。以后浏览器向服务器发送请求时要给出session ID。服务器看到session ID就知道请求来自哪个浏览器，它前面是否登录过，做过哪些操作等。session在服务器中不是永久保存的，如果浏览器登录网站后一段时间没有做任何操作，服务器就会删除其session，那么再做操作，就会提示登录失效，需要再次登录。

通过cookie或session，浏览器和服务器之间的数据传输就可以是前后相关联的了。

下面的程序，先用pyppeteer登录OpenJudge，登录成功后转而用requests去爬取我最新提交过的两个程序。程序中的antiAntiCrawler函数以及main函数和上一个程序一样，fakeHeaders和本章第二节prg1400.py中的一样，不再写出。注意要用到asyncio、pyppeteer、bs4和requests库。程序中斜体的部分，是和上一节程序相比新增或修改的部分。另外，本程序要求人工登录。

```
#prg1460.py
1.  def sessionGetHtml(session,url):#用session获取网页
2.      try:
3.              result = session.get(url,headers = fakeHeaders)
4.              result.encoding = result.apparent_encoding
5.              return result.text
6.      except Exception as e:
7.              print(e)
8.              return ""
9.  async def makeSession(page):
10. # 返回一个session，将其内部cookies修改成pypeteer浏览器对象中的cookies
11.     cookies = await page.cookies() #cookies是一个列表，每个元素是个字典
12.     cookies1 = {}
13.     for cookie in cookies:  # requests中的cookies只要 "name"属性
14.             cookies1[cookie['name']] = cookie['value']
15.     session = requests.Session()
16.     session.cookies.update(cookies1)
17.     return session
18. async def getOjSourceCode(loginUrl):
19.     width, height = 800, 600  #网页宽高
20.     browser = await pyp.launch(headless=False,
21.                 userdataDir = "c:/tmp",
22.                 args=[f'--window-size={width},{height}'])
23.     page = await browser.newPage()
24.     await antiAntiCrawler(page)
25.     await page.setViewport({'width': width, 'height': height})
26.     await page.goto(loginUrl)  #接下来要人工登录
27.     await page.waitForSelector("#main>h2",
28.                     timeout=30000) #等待"正在进行的比赛……"标题出现
29.     element = await page.querySelector("#userMenu>li:nth-child(2)>a")
30.     #找"个人首页"链接
31.     await element.click()            #单击个人首页链接
32.     await page.waitForNavigation() #等新网页装入完毕
33.     elements = await page.querySelectorAll(".result-right")
34.     #找所有"Accepted"链接，其有属性class="result-right"
```

```
35.     session = await makeSession(page)
36.     for element in elements[:2]:
37.             obj = await element.getProperty("href")
38.             url = await obj.jsonValue()
39.             html = sessionGetHtml(session, url)
40.             soup = bs4.BeautifulSoup(html, "html.parser")
41.             element = soup.find("pre")
42.             print(element.text)
43.             print("------------------------")
44.     await browser.close()
```

不必细究 makeSession 函数，要用时照抄即可。请注意，makeSession 是一个协程，调用时要用 await。

13.7 如何对付反爬虫措施

有些网站有一些反爬虫设计，发现短时间内的多次连续请求，就会觉得不是人手工操作，而是爬虫在工作，从而拒绝请求。所以为了装得像人，可以在相邻两次请求之间加一两秒延时。获取新网页、单击按钮等操作，都算是请求。加延时的方法是 time.sleep(n)，即可让程序停下来等待 n 秒（n 可以是小数）。要用这个函数，需要 import time。

13.8 习题

1. 改进本书中的 OpenJudge 爬虫，使其能够爬取所有提交过并且 Accepted 的程序。

2. 编写爬虫，爬取你自己的京东订单。要求程序自动输入用户名和密码进行登录。

★★★3. 给定一些单词，编写两个程序。

（1）爬虫程序：到必应词典爬取这些单词的同义词和图片存入数据库。

（2）查询程序：根据输入的单词，在数据中查到单词对应的同义词输出，并查到单词对应的图片，生成图片文件。

本题在配书资源中有详细信息和提示，如果要完成，请务必阅读。

★★第14章 面向对象程序设计入门

14.1 结构化程序设计和面向对象程序设计

结构化程序设计也称为面向过程的程序设计。这里的“过程”就是函数的意思。按结构化的方式，在编写大型程序的时候，会将复杂的大问题层层分解为许多简单小问题的组合。整个程序被划分成多个功能模块，不同的模块可以由不同的人员进行开发。一个模块可以对外提供若干个函数，使用这个模块的时候，只要知道这些函数的名称、作用、用法即可。

结构化程序设计归根到底要考虑的就是如何将整个程序分成一个个的函数，哪些函数之间要互相调用，以及每个函数内部将如何实现。结构化程序在规模变大时会难以理解和维护。在结构化的程序中，函数和其所操作的数据(全局变量)，其关系没有清晰和直观的体现。随着程序规模增加到成千上万个函数、数百上千个全局变量，程序会变得难以理解：函数之间存在怎样的调用关系？到底有哪些函数可以对某项数据进行操作？某个函数到底是用来操作哪些数据的？这种情况下，当某项数据的值不正确时，很难找出到底是哪个函数导致其值不正确的，因而程序的查错也变得困难。

结构化程序不利于代码的重用。在编写某个程序时，常常会发现其需要的某项功能在现有的某个程序里已经有了相同或类似的实现，那么自然希望能够将那部分源代码抽取出来，在新程序中使用——这就叫代码的重用。但是在结构化程序设计中，随着程序规模的增大，大量函数、变量之间的关系错综复杂，要抽取可重用的代码，往往会变得十分困难。比如想要重用一个函数，可是这个函数又调用一些新程序用不到的其他函数，那么就不得不将其他函数也一并抽取出来；更糟糕的是，也许你想重用的函数，访问了某些全局变量，这样还要将不相干的全局变量也要抽取出来，或者修改被重用的函数以去掉对全局变量的访问。

总之，**在规模庞大时，结构化的程序会变得难以理解，难以查错，难以重用。**随着软件规模的不断扩大，结构化程序设计越来越难以适应软件开发的需要。此时，面向对象的程序设计方法就应运而生。

面向对象的程序设计方法继承了结构化程序设计方法的优点，同时又比较有效地克服了结构化程序设计的弱点。面向对象的程序设计思路更接近于真实世界。真实的世界是各类不同的事物组成的，每一类事物都有共同的特点，各个事物互相作用构成了多彩的世界。比如，“人”就是一类事物，“动物”也是一类事物；人可以饲养动物、猎杀动物；动物有时也攻击人……面向对象的程序设计方法就是要分析待解决的问题中，有哪些类事物，每类事物都有哪些特点，不同的事物种类之间是什么关系，事物之间如何相互作用——这跟结构化程序设计考虑的是如何将问题分解成一个个子问题，思路有较大不同。

在面向对象的程序设计方法中，将事物个体称为“对象”。将同一类事物的共同特点概括出来，形成一个“类”，这个过程就叫作“抽象”。在面向对象的程序设计中，对象的特点包括两个方面：属性和方法。属性指的是对象的静态特征，如员工的姓名、职位、薪水等，可以用变量来表示，也称为成员变量；方法指的是对象的行为，以及能对对象进行的操作，如员工可以请假、加班，员工可以被提拔、被加薪等，可以用函数来表示，也称为成员函数。属性和方法统称为类的成员。方法可以对属性进行操作，比如加薪这个“方法”会修改“薪水”这个属性，“提拔”这个方法，会修改“职位”这个属性。

通过某种语法形式，将数据（即属性）和用以操作数据的那些算法（即方法）捆绑在一起，在形式上写成一个整体——即设计了一个“类”。比如可以设计一个“员工类”，将员工的数据和操作员工数据的函数捆绑在一起，一眼就能从形式上看出两者的紧密联系。

对于面向对象的程序设计方法来说，设计程序的过程就是设计类的过程。

需要指出的是，面向对象的程序设计方法也离不开结构化的程序设计思想。编写一个类内部的代码时，还是要用结构化的设计方式。而且面向对象程序设计方法的先进性，主要体现在编写比较复杂程序的时候。

Python 语言具有面向对象的特性，可以较好地支持面向对象的程序设计。

14.2 Python 中的类

类和对象的基本概念

继续下面的学习之前，请务必复习 7.7 节。在那里给出了类的最简单写法，以及一些类的重要概念。类的更具代表性的写法如下：

```
class 类名:
    def __init__(self,参数1,参数2,......):
        ......
    def 成员函数1(self,参数1,参数2,......):
        ......
    def 成员函数2(self,参数1,参数2,......):
        ......
        ........
    def 成员函数n(self,参数1,参数2,......):
        .....
```

类是用来代表事物的。设计一个类，就要概括出该类所代表的事物的属性，用成员变量表示之；还要概括出这类事物能进行的操作，用成员函数表示之。**成员变量也称为类的“属性”，成员函数也称为类的“方法”。**

下面来看一个用面向对象的方法进行程序设计的例题。

例题 14.2.1：输入矩形的宽和高，输出面积和周长。

这个程序太简单，实际上根本不需要用面向对象的方法进行设计。但是为了让读者容易理解类和对象的概念，不得不以如此简单的程序作为例子。

首先要做的事情是分析问题中有哪些“对象”。这个比较明显，只有“矩形”这种对象。然后就要进行“抽象”，即概括“矩形”这种对象的共同特点。矩形的属性就是宽和高。因此需要两个成员变量，分别代表宽和高。一个矩形，可以有哪些方法，即可以对矩形进行哪些操作呢？在本程序中，矩形可以有设置宽和高、算面积和算周长这三种行为，这三种行为，可以各用一个成员函数来实现，它们都会用到宽和高这两个成员变量。

“抽象”完成后，就可以用 Python 提供的语法特性，写出一个“矩形类”，将矩形的属性和方法绑定在一起，这就是“封装”。通过“矩形类”，就能创建拥有不同属性（长宽不同）的多个矩形对象。

程序如下：

```
#prg1470.py
1.  class rectangle:
2.      def __init__(self,w,h):
3.          self.w,self.h = w,h
4.      def area(self):
5.          return self.w * self.h
6.      def perimeter(self):
7.          return 2 * (self.w + self.h)
8.  def main():
9.      w,h = map(int,input().split())          #假设输入 2 3
10.     rect = rectangle(w,h)
11.     print(rect.area(),rect.perimeter())      #>>6 10
12.     rect.w,rect.h = 10,20
13.     print(rect.area(),rect.perimeter())      #>>200 60
14.     rect2 = rectangle(2,3)
15.     print(rect2.area(), rect2.perimeter())   #>>6 10
16. main()
```

第 1 行到第 7 行定义了一个类，名字叫 rectangle，代表矩形。我们看到，rectangle 类中定义了一些函数，这些函数就是成员函数。成员函数的第一个参数，一般都是 self，代表对象自身。

第 2 行：一般每个类都应该有一个名为“__init__”的构造函数。在这个函数里，指明每个 rectangle 类的对象都有 w 和 h 属性。

第 4 行：成员函数 area 用于求对象 rect 的面积。可以看到，如第 5 行所示，在成员函数中如果要访问成员变量 X，就要写 self.X。

第 11 行：成员函数是用来对一个具体的对象进行操作的，因此只能通过具体的对象才能调用。如果本行直接写 area()是没有意义的，因为不知道 area()到底作用在哪个对象上。调用一个对象 X 的成员函数，写法就是“X.成员函数名”，如本行的 rect.area()，表示 area 作用在 rect 这个对象上，即 area()函数中的 self 就是 rect，self.w 自然就是对象 rect 的成员变量 w。由第 10 行和第 11 行可见，**调用对象的成员函数时，第一个参数 self 是不需要也不应该给出对应实参的。**

第 12 行：可以用“对象名.成员变量名”的写法来访问一个对象的成员变量。本行修改了 rect 对象中的成员变量 w 和 h，变化在第 13 行会体现出来。

同一个类的不同实例，即不同对象，各自拥有一份属性，互相不干扰。第 10 行的 rect 和第 14 行的 rect2，就是 rectangle 类的两个不同对象，它们有各自的 w 和 h 属性。因此第 13 行和第 15 行的结果自然也就不同。

设计类的最大好处是将数据和操作数据的函数捆绑在一起，便于当作一个整体使用。前面用过的各种库，如 turtle、Matplotlib、jieba、SQLite3 里面，都有大量的类。使用这些库，就是在使用那些类。

实际上，**Python 中所有的变量和常量都是对象，函数也是对象。**小数所属的类就是 float，字符串所属的类就是 str，列表所属的类就是 list，以此类推。函数所属的类是 function。程序员自己编写的类，如上面程序中的 rectangle，称为自定义的类。

14.3 对象的比较

Python 中所有的类，包括自定义的类，都有__eq__方法。

Python 规定，x==y 的值，就是 x.__eq__(y)的值；如果 x.__eq__(y)没定义，那么就是 y.__eq__(x)的值。如果 x.__eq__(y)和 y.__eq__(x)都没定义，则 x==y 也没定义，会导致 Runtime Error。例如：

```
print(24.5.__eq__(24.5))     #>>True
```

上述说法不适用于 x、y 都是整数型常量的情况。

在默认的情况下，一个自定义类的__eq__方法，功能是判断两个对象的 id 是否相同。因此，默认情况下，一个自定义类的两个对象 a 和 b，a==b 和 a is b 的含义一样，都是“a 和 b 指向相同的地方”。同理，a!=b 和 not a is b 含义相同。

除了__eq__，所有的类还都有__ne__(not equal 的缩写)、__lt__(less than 的缩写)、__gt__(greater than 的缩写)、__le__(less or equal 的缩写)、__ge__(greater or equal 的缩写)这几个方法，这些方法统称比较方法。对于任何类型的对象 a，以及任何表达式 b：

```
a!=b      等价于    a.__ne__(b)或b.__ne__(a)（若a.__ne__(b)没定义）
a<b       等价于    a.__lt__(b)
a>b       等价于    a.__gt__(b)
a<=b      等价于    a.__le__(b)
a>=b      等价于    a.__ge__(b)
```

有些类的有些比较方法被特意设置成了 None，就变成没有定义。如果 a.__lt__(b)没有定义，则 a<b 也没定义，会导致 Runtime Error。比如 dict 的__lt__、__gt__、__le__、__ge__方法都被设置成了 None,因此两个字典就不能用“<” “>” “<=” “>=”比大小。**默认情况下，自定义类的__lt__、__gt__、__le__、__ge__方法都被设置成了 None**，因此自定义类对象不可以用“>” “<” “>=” “<=”进行比较。通过为对象 a 所属的自定义类重写比较方法，可以改变 a==b，a!=b 的含义，也可以让 a 和 b 用“>” “<” “>=” “<=”进行比较。例如：

```
#prg1480.py
1.  class point:
2.      def __init__(self, x, y = 0):
3.          self.x , self.y = x,y
4.      def __eq__(self,other):
5.          return self.x == other.x and self.y == other.y
6.      def __lt__(self,other):      #使得两个 point 对象可以用“<”进行比较
7.          if self.x == other.x:
```

```
8.            return self.y < other.y
9.        else:
10.           return self.x < other.x
11. a,b = point(1,2),point(1,2)
12. print(a == b)              #>>True
13. print(a != b)              #>>False
14. print(a < point(0,1))      #>>False
15. print(a < point(1,3))      #>>True
16. lst = [a,point(-2,3),point(7,8),point(5,9),point(5,0)]
17. lst.sort()
18. for p in lst:              #>>-2 3,1 2,5 0,5 9,7 8,
19.     print(p.x,p.y ,end = ",")
```

第 4 行：point 类本来就有默认的__eq__方法，此处将其重写了。a==b 等价于 a.__eq__(b)，进入__eq__函数，self 是 a,other 就是 b。按照此处__eq__函数的写法，a==b 当且仅当 a.x 和 b.x 相等且 a.y 和 b.y 相等。因此，第 12 行输出结果为 True。如果没有重写__eq__方法，则第 12 行输出结果为 False，因为默认的__eq__方法会判断 a 和 b 的 id 是否相同。a!=b 和 a.__ne__(b)等价，而默认的 a.__ne__(b)和 not a.__eq__(b) 等价，因此第 13 行输出 False。

第 6 行：按照此处__lt__函数的写法，a 和 b 哪个 x 小哪个就算小，如果二者的 x 相等，则哪个的 y 小，哪个就算小。

第 17 行：不指定 key 的 sort 函数，比较两个元素 a、b 时，是看表达式 a<b 或 b<a 的值。如果元素 a、b 是对象，则做比较时，本质上看的就是 a.__lt__(b)或 b.__lt__(a)。因此，为 point 类重写了__lt__方法，本行的 sort 才能执行。如果 point 类的__lt__函数是 None，则 sort 无法执行，本行会导致 Runtime Error。

下面例子将自定义的类的__eq__方法设置成 None，则该类的两个对象不能用“==”进行比较：

```
#prg1490.py
class A:
    def __init__(self,x):
        self.x = x
        A.__eq__ = None
a,b = A(3),A(4)
print( a == b )   #runtime error
```

14.4 输出对象

定义一个类的时候，如果写了__str__(self)方法，则可以用 print 将该类的对象输出。对于对象 x，print(x)的结果，就是 print(x.__str__ ())。有了__str__(self)方法，还可以将对象转换成字符串。str(x)就等价于 x. __str__()：

```
class point:
    def __init__(self,x,y):
        self.x ,self.y = x ,y
    def __str__(self):
        return ("(%d,%d)" % (self.x, self.y))
print(point(3,5))           #>>(3,5)
print(str(point(2,4)))      #>>(2,4)
```

14.5 继承和派生

假设教育部门要开发一个学生管理程序，推广到全国的大中小学中使用。如果用面向对象的方法开发，必然要设计一个“学生”类。“学生”类会包含所有学生的共同属性和方法，比如姓名、学号、性别、成绩等属性；判断是否该退学，判断是否该奖励和处罚之类的方法。而中学生、大学生、研究生又有各自不同的属性和方法，比如本科生和研究生有专业的属性，而中学生没有；研究生还有导师的属性；中学生有的竞赛、特长加分之类的属性，又是本科生和研究生没有的。如果为每种学生都编写一个类，显然会有不少重复的代码，造成效率上的浪费。使用类的“继承”机制就能避免上述浪费，做到代码重用。

定义一个新的类 B 时，如果发现类 B 拥有某个已写好的类 A 的全部特点，此外还有类 A 没有的特点，那么就不必从头重写类 B，而是可以把 A 作为一个“基类”（也称“父类”），把 B 作为基类 A 的一个“派生类”（也称“子类”）来写。这样，就可以说从 A 类“派生”出了 B 类，也可以说 B 类“继承”了 A 类。

派生类是通过对基类进行扩充和修改得到的。基类的所有成员自动成为派生类的成员。所谓扩充，指的是在派生类中，可以添加新的成员变量和成员函数；所谓修改，指的是在派生类中可以重写从基类继承得到的成员。

有了“继承”的机制，对上述学生管理程序，就可以编写一个“学生”类，概括了各种学生的共同特点，然后从“学生”类派生出“大学生”类、“中学生”类、“研究生”类。

在 Python 中，从一个类派生出另一个类的写法是：

```
class 类名(基类名):
    ......
```

例如下面这个学生信息管理程序：

```
#prg1500.py
1.  import datetime
2.  class student:
3.      def __init__(self,id,name,gender,birthYear):
4.          self.id,self.name,self.gender,self.birthYear = \
5.              id,name,gender,birthYear
6.      def printInfo(self):
7.          print("Name:",self.name)
8.          print("ID:", self.id)
9.          print("Birth Year:",self.birthYear)
10.         print("Gender:",self.gender)
11.         print("Age:",self.countAge())
12.     def countAge(self):
13.         return datetime.datetime.now().year - self.birthYear
14. class undergraduateStudent(student): #本科生类，继承了student类
15.     def __init__(self,id,name,gender,birthYear,department):
16.         student.__init__(self,id,name,gender,birthYear)
17.         self.department = department
18.     def qualifiedForBaoyan(self):   #给予保研资格
19.         print("Qualified for baoyan")
20.     def printInfo(self):            #基类中有同名方法
```

```
21.         student.printInfo(self)       #调用基类的 PrintInfo
22.         print("Department:" ,self.department)
23. def main():
24.     s2 = undergraduateStudent("118829212","Harry Potter","M",2000,
25.                               "Computer Science")
26.     s2.printInfo()
27.     s2.qualifiedForBaoyan()
28.     if s2.countAge() > 18:
29.         print(s2.name , "is older than 18")
30. main()
```

第 11 行：类的方法之间可以互相调用。本行调用 countAge 方法。

第 14 行：undergraduateStudent 类继承了 student 类，称为 student 类的派生类（子类）。student 类就是 undergraduateStudent 的基类（父类）。所有基类的属性和方法都自动成为派生类的属性和方法。因此，undergraduateStudent 类的对象，也会有 id、name 等属性，有 countAge 方法。在第 28 行调用 countAge 方法，第 29 行访问 name 属性。

第 16 行：派生类的构造函数可以调用基类的构造函数，写法如下。

```
基类名.__init__(self, ...)
```

本行调用基类的构造函数对 id、name 等属性进行初始化。请注意，调用基类的方法时，是通过“基类名.”的方式调用的，为了指出该方法作用的对象，就必须将 self 作为实参传递进去。同理，第 26 行调用基类的 printInfo 方法时也给了 self 参数。

第 17 行：初始化了一个基类没有的属性 department。

第 18 行：派生类可以添加基类没有的方法。

第 20 行：派生类中可以有和基类同名的方法。当通过派生类对象调用基类和派生类中的同名方法时，起作用的是派生类中的方法。如第 26 行所示，此句调用派生类的 printInfo 方法。

第 21 行：在派生类的方法中，如果要调用基类的同名方法，写法如下。

```
基类名.方法名(......)
```

程序输出：

```
Name: Harry Potter
ID: 118829212
Birth Year: 2000
Gender: M
Age: 20
Department: Computer Science
Qualified for baoyan
Harry Potter is older than 18
```

Python 自带一个 object 类，并且所有其他的类，不论是 Python 固有的，如 str、tuple 等，还是自定义的类，都是从 object 类派生而来的。

object 类有__eq__、__ne__、__lt__、__gt__、__le__、__ge__、__str__等许多方法。由于派生类自动获得基类所有的属性和方法，所以所有类都有上述方法，只不过有的类的上述方法被特意重置成了 None。

Python 有库函数 dir，参数是一个类的名字，功能是返回这个类中所有方法的名字构成的列表。例如：

```
class A:
    def func(x):
        pass
print(dir(A))
```

程序输出：

```
['__class__', '__delattr__', '__dict__', '__dir__', '__doc__', '__eq__', '__format__',
'__ge__', '__getattribute__', '__gt__', '__hash__', '__init__', '__le__', '__lt__',
'__module__', '__ne__', '__new__', '__reduce__', '__reduce_ex__', '__repr__', '__setattr__',
'__sizeof__', '__str__', '__subclasshook__', '__weakref__', 'func']
```

读者还可以自行尝试一下，看看 dir(int)，dir(str)，dir(tuple)......能返回什么。类似 dir 的函数还有 help，此外 Python 的“内省”机制也有类似 dir 的功能，非常好用，请参看 11.1 节末尾。

14.6 静态属性和静态方法

前面提到的属性，同类的不同对象各自有一份，不会互相影响。要调用一个类中的方法，就需要通过一个对象来调用，即方法需要作用在一个具体的对象上面。实际上，定义类的时候，可以定义一种称为“静态属性”的特殊属性，该属性被所有该类对象共享；还可以定义一种称为“静态方法”的特殊方法，该方法不需要作用在一个具体的对象上面，调用时也不需要通过具体的对象来进行：

静态属性和静态方法

```
#prg1510.py
1.  class employee:
2.      totalSalary = 0              #静态属性，记录发给员工的工资总数
3.      def __init__(self,name,income):
4.          self.name,self.income = name, income
5.      def pay(self,salary):
6.          self.income += salary
7.          employee.totalSalary += salary
8.
9.      @staticmethod
10.     def printTotalSalary():      # 静态方法
11.         print(employee.totalSalary)
12.
13. e1 = employee("Jack",0)
14. e2 = employee("Tom",0)
15. e1.pay(100)
16. e2.pay(200)
17. employee.printTotalSalary()      #>>300
18. e1.printTotalSalary()            #>>300
19. e2.printTotalSalary()            #>>300
20. print(employee.totalSalary)      #>>300
```

第 2 行：初始化了一个属性 totalSalary。该属性前面没有“self.”，且初始化语句不是出现在任何一个方法中，则该属性就是类 employee 的静态属性。

第 7 行：静态属性被所有 empolyee 类的对象共享，并非每个对象都有自己的一份 totalSalary，而是一共只有一份，因此，在类的方法中访问它时，前面不写“self.”，而是要写类名。

第 9 行：@staticmethod 表明下一行定义的方法 printTotalSalary 是静态方法。静态方法没有 self 参数，因此内部不能访问类的非静态属性，如 self.income。如果在该方法中写 income=1000 这样的语句，那么访问的也只是该方法的局部变量 income，不是属于某个对象的 income。静态方法内可以访问静态属性，同样要在静态属性前面加类名。

第 15、16 行：执行这两行，进入 pay 函数时都会增加 employee 类的静态属性 totalSalary 的值。所以这两行执行完后，employee.totalSalary 变成 300。

第 17 行：静态方法并不是具体作用于某个对象，因此可以通过“类名.方法名(...)”的形式进行调用。

第 18、19 行：虽然静态方法并不是具体作用于某个对象，但也可以通过“对象名.方法名(...)”的形式调用，效果等价于“类名.方法名(...)”

在上面的例子中，如果没有静态属性和静态方法，那么只能将 totalSalary 实现为全局变量，将 printTotalSalary 实现为全局函数。这就没法一眼看出来它们和 employee 类的关系了。有了静态属性和静态方法，就可以将它们捆绑到 employee 类中去。所以，静态属性和静态方法这种机制存在的目的，就是为了少写全局变量和全局函数。

14.7 对象作为集合元素或字典的键

学习 Python 到一定程度，就会听到“可哈希”这个词，比如元组是可哈希的，列表是不可哈希的，可哈希的数据类型才可以作为字典的键等。到底什么是“可哈希”，似乎没有什么教材或者网络文章说得特别清楚，就让作者在这里给这个神秘的词一个了断。

Python 中 object 类，是所有类的基类。object 类有__hash__(self)方法，因此所有的类都应该有__has__(self)方法。然而有些类却没有，那是因为这些类的__hash__方法被设置成了 None。__hash__方法返回一个整数。有__hash__方法的类的对象，就是可哈希的，没有的就是不可哈希的。可哈希的对象，才可以作为集合的元素，以及字典的键。

__hash__成员函数的作用，是根据对象生成一个哈希值，即一个整数。对象 a 的哈希值，就是 a.__hash__()的返回值。

整数、小数、字符串和元组，都有__hash__成员函数，因此它们都是可哈希的，可以作为字典的键或集合的元素。

```
#prg1520.py
1.  x = 23.1
2.  print(x.__hash__(),23.1.__hash__())
3.  #>>230584300921372695 230584300921372695
4.  x = 23
5.  print(x.__hash__(),hash(23))    #>>23 23
6.  x = (1,2)
7.  print(x.__hash__(),(1,2).__hash__(),hash(x))
8.  #>>3713081631934410656 3713081631934410656 3713081631934410656
9.  x = "ok"
10. print(x.__hash__(), "ok".__hash__())
11. #>>-423760875654480603 -423760875654480603
```

__hash__函数的返回值，即哈希值，不必深究是如何计算出来的。上面的程序每次运行结果可能都不一样。要记住的是，整数类型变量、小数、字符串、元组的哈希值，是根据它们的值算出来的，只要值相同，哈希值就相同。

字典和集合，都会将元素放入称为“哈希表”的数据结构。哈希表由多个“槽”构成，每个槽可以存放多个元素。

对集合来说，根据元素的哈希值为元素分配槽。两个元素 a、b，如果哈希值不等，则它们会被放到不同的槽里。在哈希值相等的情况下，若 a==b 成立，则哈希表中 a 和 b 只能保留一个；若 a==b 不成立，则 a 和 b 都可以被加进集合，且放在同一个槽里。

对字典来说，根据元素的键的哈希值为元素分配槽。两个元素，假设其键分别为 a、b，如果 a、b 的哈希值不等，则元素会被放到不同的槽里。在 a、b 的哈希值相等的情况下，若 a==b 成立，则哈希表中两个元素只能保留一个；若 a==b 不成立，则两个元素都可以被加进字典，且放在同一个槽里。

假设 dt 是一个字典，则 dt[x]的计算过程如下：算出 x 的哈希值 y，看字典的哈希表里放哈希值 y 的槽是否为空。如果为空，则意味着找不到键为 x 的元素。如果不为空，则用 x 和槽里每个元素的键作比较。如果发现某个元素的键 k==x，则认为找到了键为 x 的元素，dt[x]就是该元素的值部分；如果没有元素的键 k==x，则认为 dt 里面不存在键为 x 的元素。

列表、集合、字典的__hash__成员函数都被设置成 None，因此它们都不能成为字典的元素或者字典的键，因为无法计算哈希值。

自定义的类包含一个默认的__hash__成员函数，因此自定义类的对象是可哈希的，可以作为字典的元素或集合的键。默认__hash__函数的返回值是根据对象的 id(本质上是地址)算出来的，不同的对象 id 不一样，因而__hash__函数的返回值也不一样：

```
#prg1530.py
1.  class A:
2.      def __init__(self,x):
3.          self.x = x
4.  a,b = A(5),A(5)                    #两个 A(5)不是同一个，因此 a 和 b 的 id 不同
5.  dt = {a:20,A(5):30,b:40}           #3 个元素的键 id 不同，因此在不同槽里
6.  print(len(dt),dt[a],dt[b])         #>>3 20 40
7.  print(dt[A(5)])                    #Runtime Error
```

第 5 行：dt 是依据 a、b 和 A(5)的 id 地址计算哈希值的，因此尽管 a、b 和 A(5)内容相同，却不会导致键重复，这和一般字典的键的概念有很大区别。因此，**除非所属的类重写了__hash__函数，否则用对象做字典的键意义不大，还容易产生混乱。**

第 7 行：本行的 A(5)和第 5 行的 A(5)以及 a、b 都不是一个对象，它们 id 不同，因此 dt 中找不到键值是本行的 A(5)的元素，本行导致运行时错误。

如果为自定义的类重写了__eq__(self,other)成员函数，则其__hash__成员函数会被自动设置为 None。这种情况下，该类就变成不可哈希的，其对象不可作为集合元素或字典的键。

不论有无重写__eq__成员函数，都可以为自定义类重写__hash__成员函数，并使其返回一个整数。**一个自定义类只有在重写了__eq__方法却没有重写__hash__方法的情况下才是不可哈希的。**

再强调一下，**a==b 等价于 a.__eq__(b)。自定义类的默认__eq__函数是判断两个对象的 id 是否相同。自定义类的默认__hash__函数是根据对象 id 算哈希值的。**下面是一个重写了__hash__函数却没有重写__eq__函数的例子：

```
#prg1540.py
1.  class A:
2.      def __init__(self,x):
3.          self.x = x
4.      def __hash__(self):
5.          return hash(self.x)
6.  c = A(1)
7.  dt = {A(1):2,A(1):3,c:4}   #3个元素的键哈希值相同，但id不同，它们在同一个槽里
8.  print(len(dt ))            #>>3
9.  for a in dt.items():
10.     print(a[0].x,a[1],end = ",")     #>>1 2,1 3,1 4,
11. print(dt[c])                         #>>4
12. print(dt[A(1)])                      #runtime error
```

第 12 行：本行的 A(1)和 c 哈希值相同，因此会查找存放 c 的槽。但是在这个槽里，找不到元素和本行的 A(1)的 id 相同，因此本行的 A(1)不是 dt 元素的键，故产生 RE。

下面是一个同时重写了__eq__函数和__hash__函数的例子：

```
#prg1550.py
1.  class  A:
2.      def __init__(self,x):
3.          self.x = x
4.      def __eq__(self,other):
5.          if isinstance(other,A):              #判断 other 是不是类 A 的对象
6.              return self.x == other.x
7.          elif isinstance(other,int):          #如果 other 是整数
8.              return self.x == other
9.          else:
10.             return False
11.     def __hash__(self):
12.         return self.x
13. a = A(3)
14. print(3 == a)                                #>>True
15. b = A(3)
16. d = {A(5):10,A(3):20,a:30}
17. print(len(d),d[a],d[b],d[3])                 #>>2  30  30  30
```

第 14 行：3.__eq__(a)无定义，但 a.__eq__(3)可以执行，因此结果就是 True。

第 15 行：__hash__函数决定了 A(3)和 a，哈希值相同，__eq__函数决定了 A(3)==a 也成立，因此字典 d 里只保留元素 a:30，去掉了元素 A(3):20。

第 17 行：b 的哈希值和 a 一样，a==b 也成立，因此 d[a]和 d[b]一样。3 的哈希值是 hash(3)，即 3，和 a 的哈希值一样，而且，用 3 和字典中元素的键 a 作比较时，要计算表达式 a==3 或 3==a。按照类 A 的__eq__函数，a.__eq__(3)可以执行，且值为 True，因此 d[3]就等价于 d[a]。

最后顺便说一下，元组可哈希，可以作为字典的键或集合的元素，这个说法其实也不那么准确，例如：

```
x = ([1,2],5)
print(x.__hash__())     #Runtime Error
dt = {x:2}              #Runtime Error
```

元组 x 的元素包含列表，这导致 x 变成不可哈希，自然也就不能作为集合的元素或者字典的键。

★第 15 章 tkinter 图形界面程序设计

让用户在命令行窗口以字符输入的形式进行复杂的交互是非常不友好的。因此，对于稍微复杂一点的程序，往往就需要提供图形界面。

tkinter 是 Python 自带的图形界面库。用 tkinter 实现的图形界面，不够美观，对商业软件来说有些寒酸。但是对于小范围内使用的工具软件已经足够。tkinter 的优点是简捷好学易上手。如果想要设计精美的界面，可以使用学习成本更高的 PyQt 等其他工具。

用 tkinter 进行图形界面程序设计，需要掌握以下几个方面内容：控件、布局、控件值的绑定、事件响应、对话框。设计图形界面程序的基本操作就是创建一个窗口，往上面摆放按钮、编辑框、图文标签等各种控件，然后为各种控件编写事件响应函数，这样用户做单击按钮等交互操作的时候，程序才能做出正确的反应。当然还需要有手段获取控件相关的值，比如编辑框里面的文字，列表框当前被选中的是哪一项等。

使用 tkinter 需要执行 import tkinter。本书程序中写成：

```
import tkinter as tk
```

因此在本书中，不论程序中还是程序讲解中，“tk”都代表 tkinter 的简写。

15.1 控件概述

图形界面上用于显示信息或和用户交互的元素，统称为“控件”（Widgets）。tkinter 中的常用控件见表 15.1.1，字体加粗的尤为常用。

表 15.1.1　常用 tkinter 控件

控件名称	描述
Button	按钮
Canvas	画布，显示图形如线条或文本
Checkbutton	多选框（方形）
Entry	单行编辑框（输入框）
Frame	框架，上面可以摆放多个控件
Label	图文标签，可以显示文本和图像
LabelFrame	带文字标签的框架，上面可以摆放多个控件
Listbox	列表框
Menubutton	带菜单的按钮
Menu	菜单

控件名称	描述
Message	消息，显示多行文本
OptionMenu	带下拉菜单的按钮
Radiobutton	单选框（圆形）
Scale	滑块标尺，可以做一定范围内的数值选择
Scrollbar	卷滚条，使内容在显示区域内上下滚动
Text	多行编辑框（输入框）
Toplevel	顶层窗口，可以用于弹出自定义对话框

表 15.1.1 中的控件称为标准 tkinter 控件。

通过表达式"tk.控件名（参数表）"即可创建一个控件。创建控件时要用第一个参数指明控件的归属——不妨称为"母体"。生成控件的代码如下面几行所示:

```
1.  import tkinter as tk
2.  win = tk.Tk()                               #生成一个窗口
3.  tk.Label(win,text="提示: ")                  #在窗口 win 上生成一个 Label
4.  rb = tk.Radiobutton(win,text="九折")          #在窗口 win 上生成一个 Radiobutton
5.  frm = tk.Frame(win)                         #在窗口上生成一个 Frame
6.  bt = tk.Button(frm,text="登录")               #在 frm 上生成一个 Button
```

第 3 行：在窗口 win 上生成一个 Label 控件，该控件上的文字是"提示："。该控件以 win 为母体，将来只能摆放在 win 上面。

第 6 行：Frame 控件可以作为摆放其他控件的母体。本行生成的 Button 控件以 frm 为母体。

tkinter 库中有一个名为 ttk 的包，表 15.1.1 里列出的控件 ttk 包中都有，名称和功能相同，但是样子更为美观，用法则和标准 tkinter 控件略有不同。此外，ttk 包还包含一些标准 tkinter 控件中没有的控件，部分如表 15.1.2 所列。

表 15.1.2　ttk 常用控件

控件名称	功能
Combobox	组合框，既有编辑框，又有下拉列表
LabeledScale	带文字的滑块标尺
Notebook	多页标签
PanedWindow	推拉窗控件，一个窗口分两半，可以中间推拉改变两半大小
Progressbar	进度条
Treeview	树形列表

生成 ttk 包中控件的代码如下面几行所示，注意控件名称前面是"ttk"：

```
import tkinter as tk
from tkinter import ttk
win = tk.Tk()
ttk.Label(win,text="提示: ")
tree = ttk.Treeview(win)
```

程序中可以同时使用标准 tkinter 控件和 ttk 控件。图 15.1.1 和图 15.1.2 所示的窗口显示了一些常用控件。

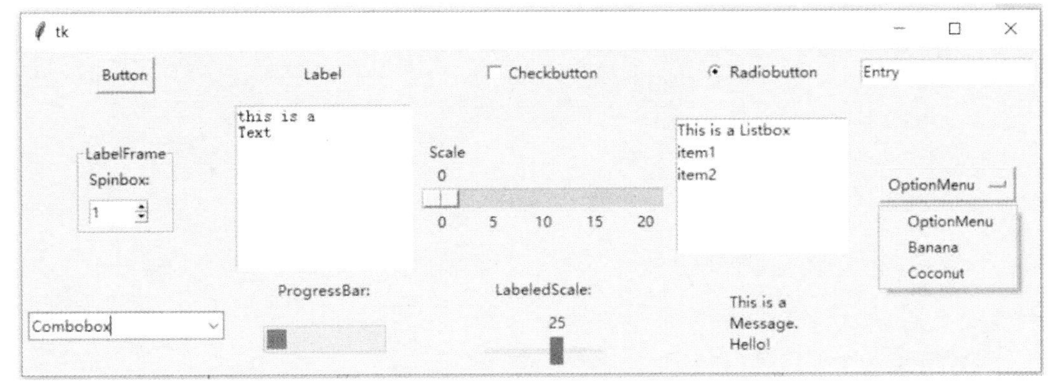

图 15.1.1　一些常用控件

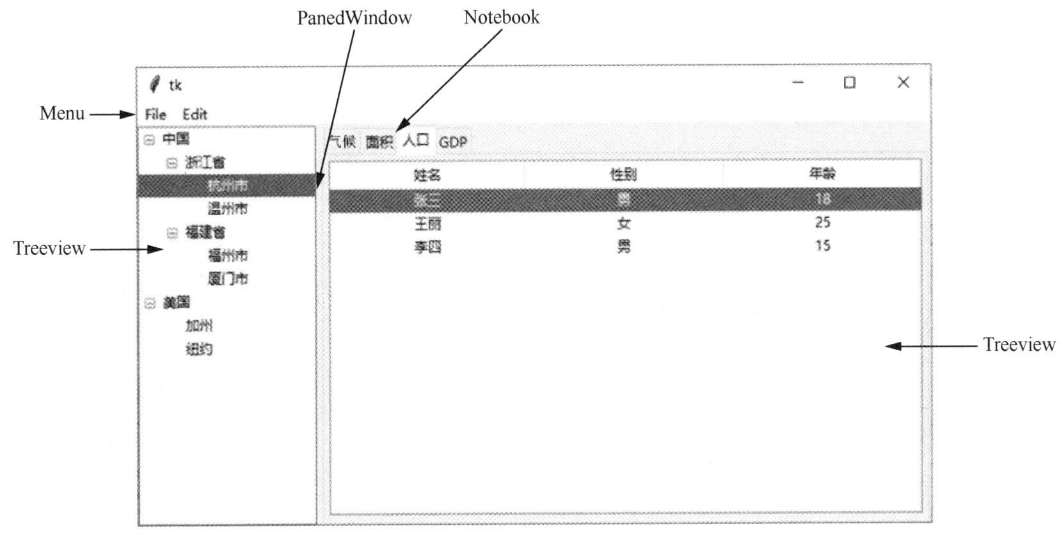

图 15.1.2　Menu、PanedWindow、Notebook 和 Treeview 控件

Treeview 控件有两种形态，左边的树形和右边的列表型。

篇幅所限，不能总结各控件都有哪些属性和函数，只能在示例程序中讲述，请读者仔细阅读示例程序及其注释。

15.2 图形界面的布局

将控件摆放在母体上合适的位置，称为布局。下面的程序弹出如图 15.2.1 所示窗口，窗口上有 Label、Entry、Button 三种控件。请注意，图上虚线表示网格（Grid），虽然存在，但程序运行时不会显示出来。

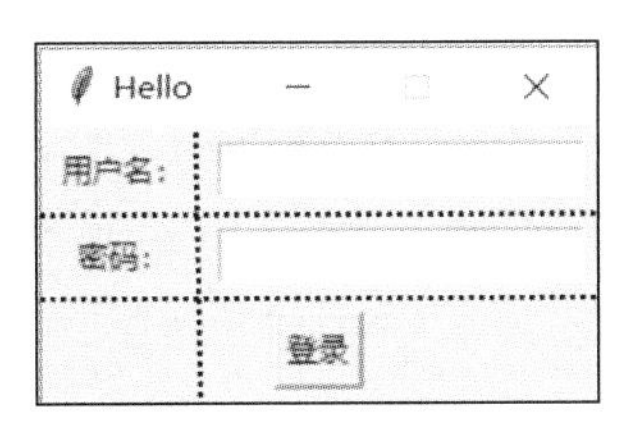

图 15.2.1　基本 Grid 布局

Grid 布局基础

```
#prg1560.py
1.  import tkinter as tk
2.  win = tk.Tk()           #创建窗口
3.  win.title("Hello")      #指定窗口标题
4.  label1 = tk.Label(win,text="用户名：")  #创建属于 win 上的图文标签控件
5.  label2 = tk.Label(win,text="密码：")
6.  etUsername = tk.Entry(win)      #创建属于 win 的单行编辑框控件，用于输入用户名
7.  etPassword = tk.Entry(win)      #创建密码编辑框
8.  label1.grid(row=0,column=0,padx=5,pady=5)
9.  #label1 放在第 0 行第 0 列，上下左右都留白 5 像素
10. label2.grid(row=1,column=0,padx=5,pady=5)
11. etUsername.grid(row=0,column = 1,padx=5,pady=5)#用户名输入框在第 0 行第 1 列
12. etPassword.grid(row=1,column = 1,padx=5,pady=5)#密码输入框在第 1 行第 1 列
13. btLogin = tk.Button(win,text="登录")      #创建属于 win 的按钮控件
14. btLogin.grid(row=2,column=0,columnspan=2,padx=5,pady=5)
15. #btLogin 放在第 2 行第 0 列，跨 2 列
16. win.mainloop()                          #显示窗口
```

第 8 行：所有控件都有 pack、place、和 grid 三个函数用于布局。用 grid 函数进行布局称为网格布局。网格布局功能最强。使用网格布局时，窗口上会生成一个若干行、若干列的网格。此处将 label1 放置在窗口 win 上的网格中的第 0 行、第 0 列。窗口中的网格有多少行多少列，取决于各控件用 grid 函数进行布局时用到的最大行列号。在本例中，最大行号出现在程序第 14 行（row=2），最大列号出现在第 11 行和第 12 行(column=1)，因此网格一共有 3 行 2 列，共 6 个单元格，如图 15.2.1 上虚线所示，但实际上网格线并不可见。在默认情况下：

（1）一个单元格只能放一个控件，控件在单元格中居中摆放；

（2）不同控件高宽可以不同，因此网格不同行可以不一样高，不同列也可以不一样宽。但同一行的单元格是一样高的，同一列的单元格也是一样宽的；

（3）一行的高度，以该行中包含最高控件的那个单元格为准。单元格的高度，等于该单元格中摆放的控件的高度，再加上控件的上下留白高度，列宽度也是类似的处理方式；

（4）若不指定窗口的大小和显示位置，则窗口大小和网格的大小一样，即恰好能包裹所有控件，显示位置则由 Python 自行决定。

程序第 8 行中 padx=5 表示控件外部左右各留白 5 像素，pady=5 表示上下各留白 5 像素。有了留白，一个控件就不会和其他控件或窗口边缘靠得太近影响美观。

第 14 行：将 btLogin 摆放在第 2 行第 0 列。columnspan=2 指明它要跨 2 列。因此它实际上会占据第 2 行第 0 列和第 2 行第 1 列，并且居中摆放。如果需要，还可以用 rowspan 参数指定控件占多少行。

第 16 行：只有调用 win.mainloop()，窗口才会显示出来并等待用户交互。如果没有这一句，程序创建窗口、完成控件布局后就立即结束。

若指定了窗口大小，窗口太小则控件显示不全；窗口太大则右边或下边会多出来空白，这些空白不属于网格，即不属于任何行列。如果允许用户拖曳窗口边框改变窗口大小，那么当窗口变大时，上面的控件并不会改变位置或大小。如果不希望用户改变窗口大小，可以加上：

```
win.resizable(False, False)     #禁止拖曳窗口边框改变窗口高、宽
```

如果想让窗口在屏幕居中显示，可以编写下面的 centerWin 函数，调用 centerWin(win)

就能让窗口 win 居中显示：

```
#prg1570.py
1.  def centerWin(win):  #win 是一个窗口对象
2.      win.update() #刷新窗口数据。不调用则后面获取的窗口宽高等数据可能不是最新的
3.      sw,sh=win.winfo_screenwidth(),win.winfo_screenheight() #取屏幕宽高
4.      rw, rh = win.winfo_width(), win.winfo_height()
5.      #取窗口宽、高，使用前应调用 update
6.      win.geometry("+%d+%d"%((sw-rw)/2,(sh-rh)/2)) #指定窗口显示位置
```

第 6 行：geometry 函数用于指定窗口的大小和显示位置。其参数是个字符串，下面是其三种形式样例及含义：

```
"800x500"           (中间是字母 'x')    窗口宽 800 像素高 500 像素
"+200+100"          窗口左上角屏幕坐标(200,100)，即水平方向距离屏幕左边界 200
                    像素，垂直方向距离屏幕上边界 100 像素
"800x500+200+100"窗口宽 800 像素高 500 像素，左上角在屏幕坐标(200,100)处
```

prg1560.py 中如果加上 win.geometry("500x200")指定窗口宽度和高度，则窗口显示如图 15.2.2 所示。

此时网格只覆盖了一小部分窗口，窗口右边和下边有大量空白不属于网格。可以做到不让控件都堆积在左上角，而将它们均匀地分部在窗口中，使得显示效果如图 15.2.3 所示。

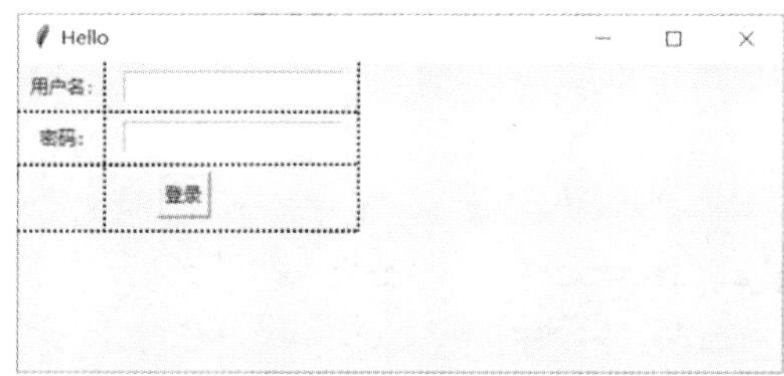

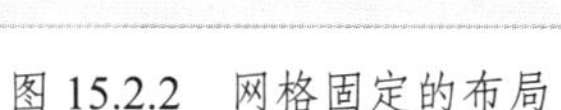
图 15.2.2　网格固定的布局

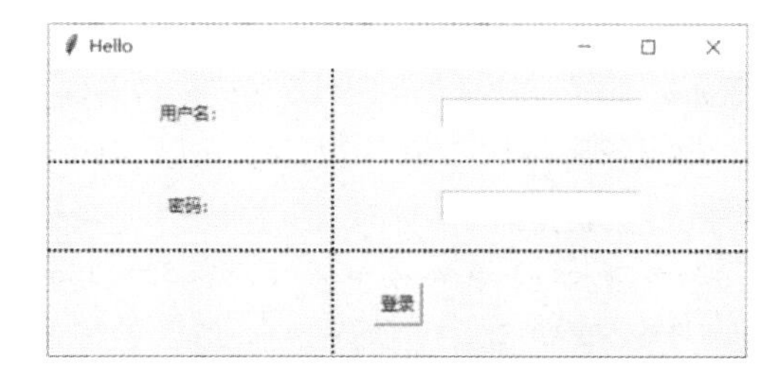

图 15.2.3　网格自动伸缩的布局

图 15.2.3 网格覆盖整个窗口，各控件在其所属于的单元格中居中显示。请注意，“登录”按钮是跨 2 个单元格的，它在 2 个单元格中居中显示。

而且，还能做到即便用户拖曳窗口边框改变窗口大小，这些控件也能自动调整位置，保持均匀分布。

行列增量分配权重

在 prg1560.py 中最后的 win.mainloop()前加入下面几行，就可以得到上述的效果：

```
#prg1580.py
win.geometry("500x200")
win.columnconfigure(0,weight = 1)  #指定第 0 列增量分配权重为 1
win.columnconfigure(1,weight = 1)
win.rowconfigure(0,weight = 1)     #指定第 0 行增量分配权重为 1
win.rowconfigure(1,weight = 1)
win.rowconfigure(2,weight = 1)
```

母体（可以是窗口或 Frame 等控件）上的网格中的每行每列都有一个 weight 属性，表示“增量分配权重”，默认值是 0。一个网格中 weight 不为 0 的行（列），在母体大小发生变化时，高度（宽度）也会增减，母体高（宽）的增减总量，会按照行（列）的 weight

相对大小按比例进行分配。例如一个窗口上的网格有 4 行，从上到下 weight 值分别为 0、1、2、3，则窗口因为用户拖曳边框而使得高度增加了 H 时，网格中第 0 行高度不变，第 1 行高度增加 H/6，第 1 行高度增加 H/3，第 2 行高度增加 H/2。H 可以是负数。

如果创建窗口时指定了高度和宽度，则比网格多出来的高度（宽度），也会被根据 weight 按比例分配给各行（列），这样就不会出现所有控件缩在窗口左上角，窗口右边和下方有大片空白的情况。

如果希望控件在单元格中不居中，而是贴左、贴右、贴上或贴下，或同时贴左且贴右，即水平方向占满整个单元格，或者垂直方向占满整个单元格，需要在调用控件的 grid 函数进行布局时，使用 sticky 参数。sticky 参数非常重要，它指明控件在单元格中的“贴边方式”，即是否要贴着单元格的 4 条边。该参数可以是个字符串，包含"E"、"W"、"S"、"N"4 个字符中的一个或多个。这 4 个字符分别代表东、西、南、北，即右、左、下、上。sticky 参数若包含"N"，则表明控件要贴着单元格的上边；包含"E"则说明要贴着右边，以此类推。如果不给 sticky 参数，则控件在单元格中居中显示。

sticky 参数

通过修改 prg1560.py 中各控件调用 grid 函数时的语句，可以得到如图 15.2.4 所示显示效果。

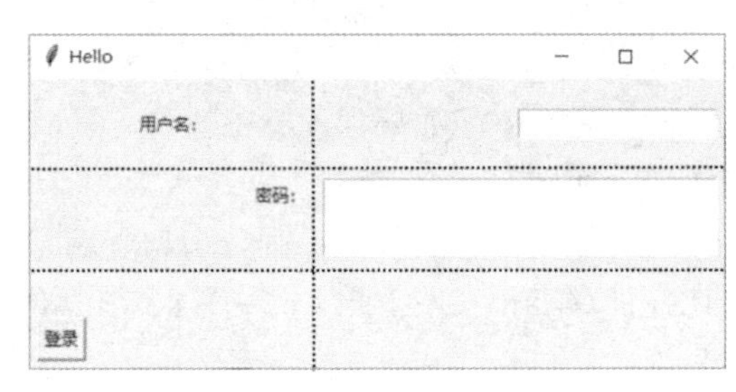

图 15.2.4 指定 sticky 参数的布局

相应各条调用 grid 函数的语句修改如下：

```
#prg1590.py
label2.grid(row=1,column=0,padx=5,pady=5,sticky="NE")     #密码标签靠右上角
etUsername.grid(row=0,column = 1,padx=5,pady=5,sticky="E")    #用户名编辑框靠右
etPassword.grid(row=1,column = 1,padx=5,pady=5,sticky="EWSN")#密码编辑框占满单元格
btLogin.grid(row=2,column=0,columnspan=2,padx=5,pady=5,sticky="SW") #登录按钮靠左下
```

有时窗口中控件比较多，控件大小差别较大且摆放无规律，那么要准确计算每个控件的行列号和跨距是比较困难的。这种情况下，可以使用 Frame 控件。一个 Frame 就是一个可以在上面摆放控件的平板。可以在窗口合适位置摆放几个 Frame，然后再在 Frame 内部摆放控件，这样每个 Frame 都可以各有一个互不影响的网格，用 grid 函数在一个 Frame 内摆放控件时，计算行列号和跨几行几列就只需要处理好和同一个 Frame 内部的其他控件的相对位置即可，会容易很多。在 15.4 节的 Python 火锅店点菜系统综合示例中会演示 Frame 的用法。

15.3 为控件绑定状态变量和事件响应函数

大部分控件在创建的时候，可以为其绑定一个 tkinter 变量，这样控件的属性发生变化，tkinter 变量的值就改变；tkinter 变量的值改变，控件的属性也会发生变化。控件的属性，指的是单选框是否被选中，编辑框里面的文字是什么，列表框当前被选中的是哪一项等。tkinter 变量是用 tk.IntVar()、tk.StringVar()、tk.BooleanVar()等函数创建的对象，要获取 tkinter 变量的值，

控件属性和事件响应概述

需要调用其 get 函数；要设置 tkinter 变量的值，需要调用其 set 函数。

一些控件在创建的时候，可以为其指定一个特定事件的响应函数。用户对控件的操作通常会导致控件上产生特定的事件，当该特定事件发生的时候，事件响应函数就会被调用。应将对用户操作做出反应的代码写在事件响应函数中。

对 Button 控件来说，这个特定的事件就是单击按钮。但是，一个控件可以响应多种事件，这就需要用控件的 bind 方法来绑定某种事件，以及响应该事件的函数。这些事件的名称是特定的字符串。表 15.3.1 列出一些常用鼠标事件。

表 15.3.1　常用鼠标事件

事件名称	发生的时刻
<Button-1>	鼠标左键单击（按下马上又松开叫单击）
<ButtonPress-1>	鼠标左键按下
<ButtonRelease-1>	鼠标左键松开
<Double-Button-1>	鼠标左键双击
<Motion>	鼠标移动
<MouseWheel>	鼠标滚轮滚动
<Enter>	鼠标进入控件的那一瞬间，可以响应此事件使得鼠标进入控件时让控件改变外观
<Leave>	鼠标离开控件的那一瞬间，可以响应此事件使得鼠标离开控件时让控件恢复原样

数字 1 表示鼠标左键，2 表示中键，3 表示右键。比如，"<Button-3>"就表示鼠标右键单击。假设 x 是某个控件，绑定事件和响应函数的写法样例如下：

```
x.bind("<Button-1>",someFunction)
```

如果鼠标左键单击 x，就会导致 someFunction 被调用。someFunction 是个单参数的函数。**bind 绑定的事件响应函数必须是单参数函数**，单参数 lambda 表达式当然也可以。事件响应函数被调用时，该参数内部会包含一些和事件相关的信息，比如事件发生在哪个控件上，以及事件发生时鼠标的位置等。

下面的程序弹出如下界面，各控件在程序中的名字如图 15.3.1 所示。

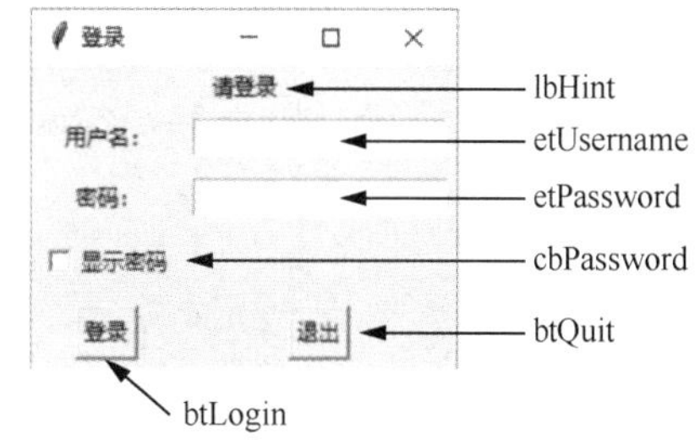

图 15.3.1　控件属性和事件响应示例

输入用户名和密码，单击“登录”按钮。如果用户名和密码正确，lbHint 的文字变为“登录成功”；如果错误，则变为红色的“用户名密码错误，请重新输入!”，并且两个输入框内容清空。如果选中“显示密码”单选框，则密码输入框中会显示密码，否则只会显示若干个“*”。单击“退出”按钮则结束程序。

控件属性和事件响应

这个程序还有几个看上去很无聊的功能：鼠标左键单击“用户名：”，“请登录”就会变成红色；单击“密码：”，“请登录”就会变成蓝色；鼠标右键单击“请登录”，它恢复成黑色。鼠标移进“登录”按钮时，按钮上的字变红色；鼠标移出去，字恢复成黑色。这些功能用来展示如何用控件的 bind 方法来进行事件响应。

程序如下：

```
#prg1600.py
1.  import tkinter as tk
2.  def btLogin_click():  #登录按钮的事件响应函数，单击该按钮时被调用
3.      if username.get()== "pku" and password.get()== "123":#用户名和密码正确
4.          lbHint["text"] = "登录成功!"  #修改 lbHint 的文字
5.          lbHint["fg"] = "black"  #文字变成黑色，"fg"表示前景色,"bg"表示背景色
6.      else:
7.          username.set("")            #将用户名输入框清空
8.          password.set("")            #将密码输入框清空
9.          lbHint["fg"] = "red"     #文字变成红色
10.         lbHint["text"] =  "用户名密码错误，请重新输入!"
11. def cbPassword_click():            #“显示密码”单选框的事件响应函数，单击该单选框时被调用
12.     if showPassword.get(): #showPassword 是和 cbPassword 绑定的 tkinter 布尔变量
13.         etPassword["show"] = "" #使得密码输入框能正常显示密码。Entry 有 show 属性
14.     else:
15.         etPassword["show"] = "*"#使得密码输入框只显示“*”字符
```

第 2 行和后面第 39 行：许多控件在创建时可以用 command 参数来指明事件响应函数，正如第 39 行指明按钮 btLogin 的事件响应函数是第 2 行的 btLogin_click，即该按钮被单击时，btLogin_click 就会被调用。请注意，这里 command 参数的写法，是“command=函数名”，而不是“command=函数名()”，后者会导致函数被调用，且用函数的返回值给 command 赋值，那么除非函数的返回值也是一个函数，结果肯定出错。一般来说，command 参数代表的事件响应函数都是无参数函数，无参 lambda 表达式也可以。比如可以写：

```
command = lambda:print("hello")
```

则 btLogin 单击时，就会输出"hello"，不过不是在图形界面上输出。本书前面所有程序的 print 函数在哪里输出，此处也在哪里输出。

第 3 行、第 18 行和第 28 行：第 3 行中的 username 是在第 18 行定义的一个 tkinter 字符串变量。username.get()即返回其值。第 28 行在创建 etUsername 时，参数 textvariable= username 使得 username 和 etUsername 绑定，etUsername 的"text"属性，即输入框中的文字，就存放在 username 中。password 的情况类似。

第 4 行：控件有类似于字典的用法。比如，lbHint["text"]就表示其"text"属性。Label 的 text 属性就是其上显示的文字。想要知道控件有哪些属性，可以调用其 kyes()函数，例如 print(lbHint.keys())就可以打出 lbHint 的属性名称列表，一部分如下：

```
[......,'background', 'bd', 'bg', 'bitmap',......,'fg', 'font'...., 'image'.....,
'text', 'textvariable',......]
```

欲使用一个控件，却不清楚它有哪些属性可用，就可以用这种办法查看。控件没有 items()函数，这一点和字典不同。

用 dir 函数可以查看控件有哪些方法，比如 dir(tk.Label)。

第 7 行：username 和 etUsername 绑定，所以 username 的值变了，etUsername 中的文字也跟着变。

第 11 行：本函数在第 35 行创建 cbPassword 时被指定为事件响应函数。cbPassword 在被单击时，先改变状态（是否选中），然后才调用事件响应函数。

第 12 行：如果单选框 cbPassword 被选中，则 showPassword 的值就是 True，否则就是 False。

程序从下面的第 16 行开始执行：

```
16. win = tk.Tk()
17. win.title("登录")
18. username,password = tk.StringVar(),tk.StringVar()
19. #两个字符串类型变量，分别用于关联用户名输入框和密码输入框
20. showPassword = tk.BooleanVar() #用于关联“显示密码”单选框
21. showPassword.set(False)  #使 cbPassowrd 开始就是未选中状态
22. lbHint = tk.Label(win,text = "请登录")
23. lbHint.grid(row=0,column=0,columnspan=2)
24. lbUsername = tk.Label(win,text="用户名：")
25. lbUsername.grid(row=1,column=0,padx=5,pady=5)
26. lbPassword = tk.Label(win,text="密码：")
27. lbPassword.grid(row=2,column=0,padx=5,pady=5)
28. etUsername = tk.Entry(win,textvariable = username)
29. #输入框 etUsername 和变量 username 关联
30. etUsername.grid(row=1,column = 1,padx=5,pady=5)
31. etPassword = tk.Entry(win,textvariable = password,show="*")
32. #Entry 的属性 show="*"表示该输入框不论内容是啥，只显示“*”字符，为""则正常显示
33. etPassword.grid(row=2,column = 1,padx=5,pady=5)
34. cbPassword = tk.Checkbutton(win,text="显示密码",
35.                  variable=showPassword,command=cbPassword_click)
36. #cbPassword 关联变量 showPassword，其事件响应函数是 cbPassword_click，
37. #即单击它时，会调用 cbPassword_click()
38. cbPassword.grid(row=3,column = 0,padx=5,pady=5)
39. btLogin = tk.Button(win,text="登录",command=btLogin_click)
40. #单击 btLogin 按钮会执行 btLogin_click()
41. btLogin.grid(row=4,column=0,pady=5)
42. btQuit = tk.Button(win,text="退出",command=win.quit)
43. #单击 btQuit 会执行 win.quit()，win.quit()导致窗口关闭，于是整个程序结束
44. btQuit.grid(row=4,column=1,pady=5)
```

第 21 行：由于 showPassword 是和 cbPassword 绑定的，因此 showPassword 初始值为 False，就导致 cbPassword 开始就是未选中状态。

```
45. def mouse_click(event): #鼠标单击 lbHint、lbUsername、lbPassword 都会执行此行
46.     if event.widget == lbUsername: #event.widget 是发生事件的控件
47.         lbHint["fg"] = "red"
48.     elif event.widget == lbPassword:
49.         lbHint["fg"] = "blue"
50.     elif event.widget == lbHint:
51.         lbHint["fg"] = "black"
52. lbHint.bind("<Button-1>",mouse_click)        #绑定鼠标左键单击事件
53. lbUsername.bind("<Button-1>",mouse_click)
54. lbPassword.bind("<Button-3>",mouse_click)    #绑定鼠标右键单击事件
55. def enterButton(event):
56.     btLogin["fg"] = "red"
57. def leaveButton(event):
58.     btLogin["fg"] = "black"
59. btLogin.bind("<Enter>",enterButton) #鼠标进入 btLogin 就执行 enterButton
60. btLogin.bind("<Leave>",leaveButton) #鼠标离开 btLogin 就执行 leaveButton
61. win.mainloop()
```

本程序两个按钮没有居中显示，不太协调。改进办法是用一个 Frame 占满网格第 4 行，然后将两个按钮摆放在该 Frame 上。

15.4 综合示例——Python 火锅店点菜系统

下面的程序实现 Python 火锅店点菜系统，4 行 3 列的网格和大部分控件名称如图 15.4.1 所示。

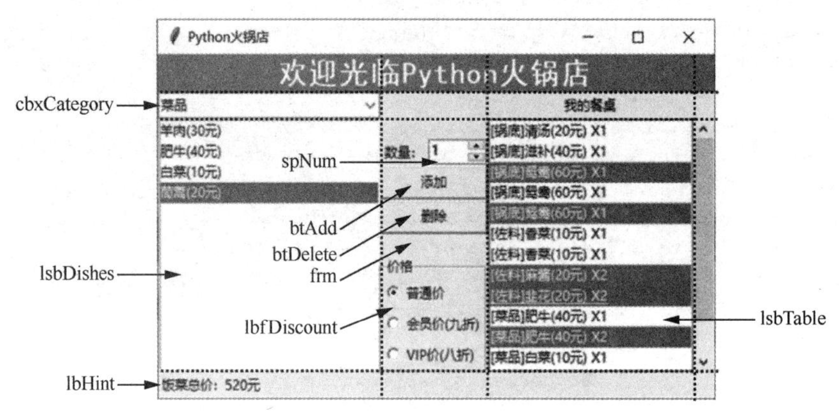

图 15.4.1　Python 火锅店点菜系统

cbxCategory 是个组合框(Combobox)，可以下拉出 “锅底” “佐料” “菜品” 3 个选项，选中不同选项，lsbDishes 这个列表框(Listbox)就会列出不同菜单。在 lsbDishes 中选中一项后，可以用 spNum 这个 Spinbox 控件指定数量，然后单击“添加”按钮 btAdd，就将选中的项目加进列表框 lsbTable。单击“删除”按钮 btDelete，可以将 lsbTable 中选中的项目删除。lbfDiscount 是个 LabelFrame 控件，性质和 Frame 一样，只是可以带文字和边框（文字是“价格”）。lbfDiscount 里有个 3 行 1 列的网格，每行各放一个单选框（Radiobutton），表示折扣。根据折扣不同，在 lbHint 显示饭菜总价格。frm 是一个 Frame，占据窗口第 2 行第 1 列整个单元格，spNum、btAdd、lbfDiscount 等控件都以它为母体。frm 内部有个 4 行 2 列的网格。

用户可以拖曳窗口边框改变窗口大小。如果窗口变大，lbsDishes 和 lsbTable 会同比例边高变宽，cbxCategory 会变宽，frm 宽度不变但高度增加，lbfDiscount 依然贴在 frm 底部，如图 15.4.2 所示。

程序如下：

```
#prg1610.py
1.  import tkinter as tk
2.  from tkinter import ttk            #ttk 中有更多控件
3.  gWin = None                        #gWin 是窗口
4.  gDishes = ( ("清汤(20 元)","滋补(40 元)","鸳鸯(60 元)"),  #锅底
5.          ("香菜(10 元)","麻酱(20 元)","韭花(20 元)"),   #佐料
6.          ("羊肉(30 元)","肥牛(40 元)","白菜(10 元)","茼蒿(20 元)"))  #菜品
7.  def addToListbox(listbox,lst):
8.      for x in lst:
9.          listbox.insert(tk.END,x)  #将 x 添加到列表框尾部
10. def doDiscount():
```

```
11.     gWin.discount = [1,0.9,0.8][gWin.custom.get()]
12.     gWin.lbHint["text"] = "饭菜总价：" + \
13.             str(int(gWin.totalCost*gWin.discount)) + "元"
14.     gWin.lbHint["fg"] = "black"
15. def categoryChanged(event):
16.     #cbxCategory 选项变化时被调用，令 lsbDishes 装入不同点菜单
17.     gWin.lsbDishes.delete(0,tk.END)  #删除全部内容,delete(x,y)删除第 x 项到第 y 项
18.     idx = gWin.cbxCategory.current() #gWin.cbxCategory 当前选中的是第 idx 项
19.     addToListbox(gWin.lsbDishes,gDishes[idx]) #装入相应点菜单
20.     gWin.lsbDishes.select_set(0, 0) #select_set（x, y）选中第 x 项到第 y 项（包括 y）
```

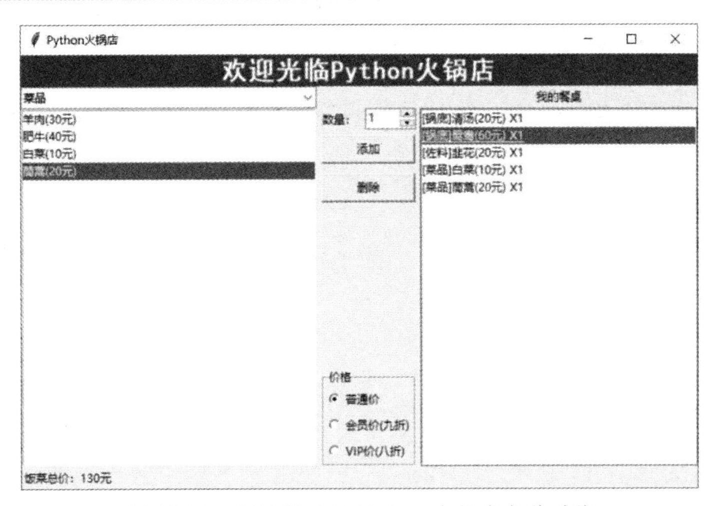

图 15.4.2　界面扩大的 Python 火锅店点菜系统

第 3、4 行：gWin 和 gDishes 都是全局变量，被各个函数所共享。gWin 是个窗口对象，Python 允许随时为对象添加属性，所以为了方便起见，本程序将几乎所有被各函数共享的变量，如表示总价格的 totalCost、表示折扣的 discount，还有各个控件，如组合框 cbxCategory、列表框 lsbDishes、图文标签 lbHint 等，都添加为 gWin 的属性。

第 10 行：用户单击"普通价""会员价""VIP 价"这几个 Radiobutton 时都会调用本函数重新计算总价格。

第 11 行：gWin.custom 是在第 102 行定义的变量，它和表示价格折扣的三个 Radiobutton 相关联，取值为 0,1 或 2，取决于到底哪个 Radiobutton 被选中。

```
21. def btAdd_click():  #“添加”按钮的事件响应函数
22.     sel = gWin.lsbDishes.curselection() #sel 是包含被选中项索引的元组，形如 (0,2,3)
23.     if sel == ():  #如果没有任何一项被选中
24.         gWin.lbHint["text"] = "您还没有选中要添加的菜"
25.         gWin.lbHint["fg"] = "red"
26.     else:
27.         dish = gWin.lsbDishes.get(sel[0])
28.         price,num = int(dish[3:5]),gWin.dishNum.get()
29.         gWin.lsbTable.insert(tk.END,   #插入到列表框尾部
30.                     "["+gWin.category.get()+"]"+dish+" X"+num)
31.         gWin.totalCost += price * int(num)
32.         gWin.lbHint["text"] = "饭菜总价：" + \
```

```
33.                          str(int(gWin.totalCost*gWin.discount)) + "元"
34.             gWin.lbHint["fg"] = "black"
35.  def btDelete_click(): #“删除”按钮的事件响应函数
36.         sel = gWin.lsbTable.curselection()
37.         if sel == ():
38.             gWin.lbHint["text"] = "您还没有选中要删除的菜"
39.             gWin.lbHint["fg"] = "red"
40.         else:
41.             for i in sel:
42.                 dish = gWin.lsbTable.get(i)
43.                         #取 lsbTable 第 i 项，结果是字符串
44.                 price = int(dish[7:9])
45.                 price *= int(dish[dish.index("X")+1:])
46.                 gWin.totalCost -= price
47.             gWin.lbHint["text"] = "饭菜总价: " + \
48.                       str(int(gWin.totalCost*gWin.discount)) + "元"
49.             gWin.lbHint["fg"] = "black"
50.             for i in sel[::-1]:
51.                 gWin.lsbTable.delete(i)
```

第 27 行：因为 lsbDishes 在后面被设置成只能选中一项，所以 sel 这个元组里面最多只会有一个元素，sel[0]就是唯一的被选中项。

```
52.  def main():
53.      global gWin
54.      gWin = tk.Tk()
55.      gWin.title("Python 火锅店")
56.      gWin.geometry("520x300")
57.      gWin.totalCost, gWin.discount = 0, 1  #总价和折扣
58.      lb = tk.Label(gWin,text="欢迎光临 Python 火锅店",bg="red",fg="white",
59.                 font=('黑体', 20,'bold')) #背景红色，文字白色，字号 20
60.      lb.grid(row=0,column=0,columnspan=4,sticky="EW")
61.      gWin.category = tk.StringVar() #对应组合框 gWin.cbxCategory 收起状态时显示的文字
62.      gWin.cbxCategory =  ttk.Combobox(gWin,textvariable=gWin.category)
63.      gWin.cbxCategory["values"] = ("锅底", "佐料", "菜品") #下拉时显示的表项
64.      gWin.cbxCategory["state"] = "readonly"  #将 cbxCategory 设置为不可输入，只能选择
65.      gWin.cbxCategory.current(0)                 #选中第 0 项
66.      gWin.cbxCategory.grid(row=1,column=0,sticky="EW")
67.      gWin.lsbDishes = tk.Listbox(gWin,selectmode=tk.SINGLE,exportselection=False)
68.      #exportselection=False 使得列表框失去输入焦点也能保持选中项目
```

第 62 行：组合框 Combobox 包含一个编辑框，还有下拉列表。编辑框里面可以输入文字，编辑框里的文字和组合框绑定的变量（在本行就是 gWin.category）是一致的。

第 64 行：本行将 cbxCategory 设置成不可输入，只能选择，于是 cbxCategory 中就没有了编辑框，其收起状态时显示的文字就是变量 gWin.category 的值。

许多控件都有 state 属性。state 属性常用于使控件失效，比如，如果 bt 是一个 Button，让其变成不可单击，可以写 bt["state"] = tk.DISABLED；让其恢复正常，则可以写 bt["state"] = tk.NORMAL。

第 67 行：selectmode=tk.SINGLE 指明 lsbDishes 同一时刻只能有一项被选中。创建列

表框时一般都要加上 exportselection=False 参数。

```
69.     gWin.lsbDishes.bind("<Double-Button-1>", lambda e:btAdd_click())
70.     gWin.lsbDishes.bind("<<ListboxSelect>>", lambda e:gWin.dishNum.set("1"))
71.     addToListbox(gWin.lsbDishes,gDishes[0]) #装入锅底菜单
72.     gWin.lsbDishes.select_set(0,0) #select_set(x,y)可以选中第 x 项到第 y 项(包括 y)
73.     gWin.lsbDishes.grid(row=2,column=0,sticky="EWNS")
74.     gWin.cbxCategory.bind("<<ComboboxSelected>>",categoryChanged)
75.     #当组合框下拉后有表项被选中时，会发生 ComboboxSelected 事件
76.     #此处指定该事件发生时，会调用 gWin.categoryChanged 函数
77.     gWin.lsbTable = tk.Listbox(gWin,selectmode=tk.EXTENDED,exportselection=False)
78.     gWin.lsbTable.grid(row=2,column=2,sticky="EWNS")
79.     tk.Label(gWin,text="我的餐桌").grid(row=1,column=2)
80.     gWin.lbHint = tk.Label(gWin,text="饭菜总价：0 元")
81.     gWin.lbHint.grid(row = 3,column=0,columnspan=3,sticky="W")
82.     scrollbar = tk.Scrollbar(gWin,width=20, orient="vertical",
83.         command=gWin.lsbTable.yview) #宽度 20 像素，方向垂直
84.     gWin.lsbTable.configure(yscrollcommand=scrollbar.set)
85.     #绑定 lsbTable 和 scrollbar
86.     scrollbar.grid(row=2,column=3,sticky="NS")
87.     frm = tk.Frame(gWin)
88.     frm.grid(row=2, column=1, sticky="NS")
89.     frm.rowconfigure(3, weight=1)
90.     tk.Label(frm,text="数量：").grid(row=0,column=0) #摆在 frm 的网格的第 0 行第 0 列
91.     gWin.dishNum = tk.StringVar(value="1")
92.     gWin.spNum = tk.Spinbox(frm,width=5,from_=1,to=1000,
93.        textvariable=gWin.dishNum) #宽 5 字符，数量调节范围 1 到 1000
94.     gWin.spNum.grid(row=0,column=1) #摆在 frm 的网格的第 0 行第 1 列
```

第 69 行：本行为 lsbDishes 绑定鼠标左键双击的事件响应函数，该函数是个 lambda 表达式，调用了 btAdd_click()。本行产生的效果就是，双击某个表项就会调用 btAdd_click()，将选中的表项添加到 lsbTable。实际上，双击过程中，第一次单击就会选中一个表项，并且触发 lsbDishes 上的"<<ListboxSelect>>"事件。

第 70 行："<<ListboxSelect>>"表示“表项被选中”事件。本行为该事件指定的响应函数，将变量 gWin.dishNum 的值设置为“1”。gWin.dishNum 是在第 93 行和 spNum 绑定的变量，代表 spNum 控件上显示的文字。因此一旦有 lsbDishes 的表项被选中，spNum 显示的份数就自动变为 1，以免食客点多了。

一般来说，鼠标键盘等通用的事件用“<>”括起来，具体控件相关的事件则用“<<>>”括起来。

第 82～84 行：卷滚条不是列表框的一部分。如果希望列表框内容太多显示不下时可以用卷滚条滚动显示，则需要创建一个卷滚条，并将其和列表框绑定在一起。记住这两行的固定写法即可，不必细究。

第 87、88 行：gWin 上网格的第 2 行第 1 列摆放了 Frame 控件 frm,btAdd、btDelete 按钮以及 spNum 等控件都是属于 frm 的。frm 上有独立的网格，btAdd、spNum 等控件就摆放在 frm 的网格上。sticky="NS"使得 frm 贴住其所在单元格的上沿和下沿，该单元格高度若变化，frm 的高度也跟着变。

第 89 行：从后面程序可以看出，frm 上的网格一共有四行，第 0 行放“数量”Label 和 spNum，第 1 行放 btAdd，第 2 行放 btDelete，第 3 行放 lbfDiscount。本行程序使得当 frm 高度变化时，高度增量全部给了第 3 行网格。后面第 100 行指定 lbfDiscount 的 sticky="S"，所以 gWin 高度发生变化时，lbfDiscount 始终贴着 gWin 第 2 行网格的底部。

```
95.     btAdd = tk.Button(frm,text="添加",command=btAdd_click)
96.     btAdd.grid(row=1,column=0,columnspan=2,sticky="EW",padx=5,pady=5)
97.     btDelete = tk.Button(frm,text="删除",command=btDelete_click)
98.     btDelete.grid(row=2,column=0,columnspan=2,sticky="EW",padx=5,pady=5)
99.     lbfDiscount = tk.LabelFrame(frm,text="价格")
100.    lbfDiscount.grid(row=3,column=0,columnspan=2,sticky="S",padx=5)
101.    #sticky="S"确保 lbfDiscount 始终贴着其所在单元格的底部
102.    gWin.custom = tk.IntVar()
103.    #如果写 gWin.custom=tk.IntVar(value=0)就可以不用写下一行
104.    gWin.custom.set(0)
105.    rb = tk.Radiobutton(lbfDiscount,text="普通价",value=0,
106.        variable=gWin.custom,command=doDiscount)
107.    rb.grid(row=0,column=0,sticky="W")
108.    rb = tk.Radiobutton(lbfDiscount,text="会员价（九折）",
109.            value=1,variable=gWin.custom,command=doDiscount)
110.    rb.grid(row=1,column=0,sticky="W")
111.    rb = tk.Radiobutton(lbfDiscount,text="VIP 价（八折）",
112.    value=2,variable=gWin.custom,command=doDiscount)
113.    rb.grid(row=2,column=0,sticky="W")
114.    gWin.columnconfigure(0,weight = 1)
115.    gWin.columnconfigure(2,weight = 1)
116.    gWin.rowconfigure(2,weight = 1) #只有第 2 行会高度自动变化
117.    gWin.mainloop()
118.
119. main()
```

如果几个 Radiobutton 绑定同一个变量，则这几个 Radiobutton 只能有一个被选中。绑定不同变量的 Radiobutton 则互相无关，可以都被选中。如第 105 行、第 108 行、111 行所示，本程序中的 3 个 Radiobutton，都绑定变量 gWin.custom，因此只能选中一个。生成一个 Radiobutton 时，指定 value 参数的值为 n，则该 Radiobutton 被选中时，其绑定的变量的值就是 n。反之，设定绑定变量的值，即选中相应的 Radiobutton。

15.5 对话框

对话框是一种弹出的小窗口，可以显示提示信息，让用户选择确定还是取消，或者输入一个整数、一个字符串等简单的信息。图 15.5.1 所示是几种常见的对话框。

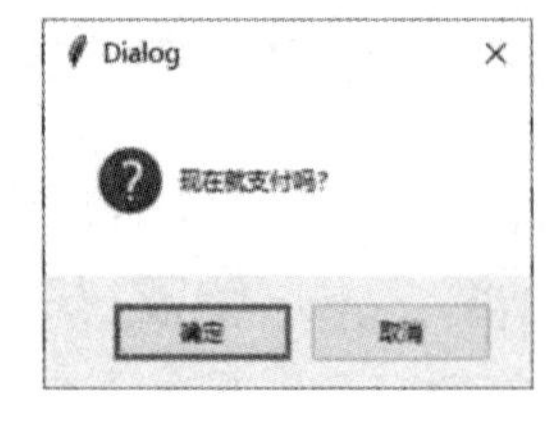

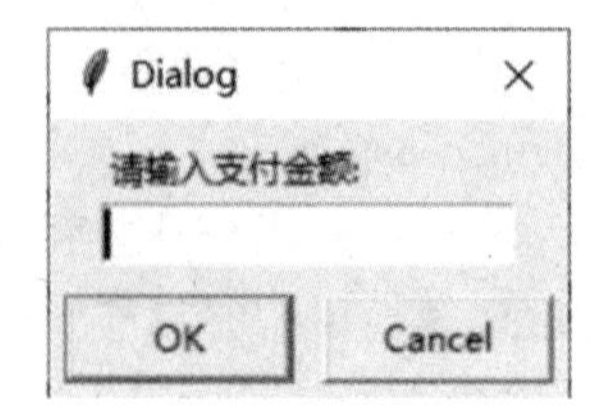

图 15.5.1 对话框样例

还有文件对话框，可以让用户挑选文件，如图 15.5.2 所示。

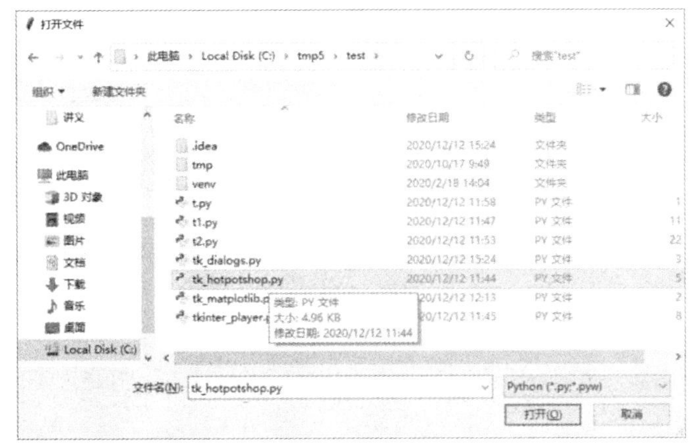

图 15.5.2　文件对话框

tkinter 中的 messagebox、simpledialog、filedialog 这三个类各有一系列对话框函数，用以生成上述对话框。程序界面如图 15.5.3 所示。

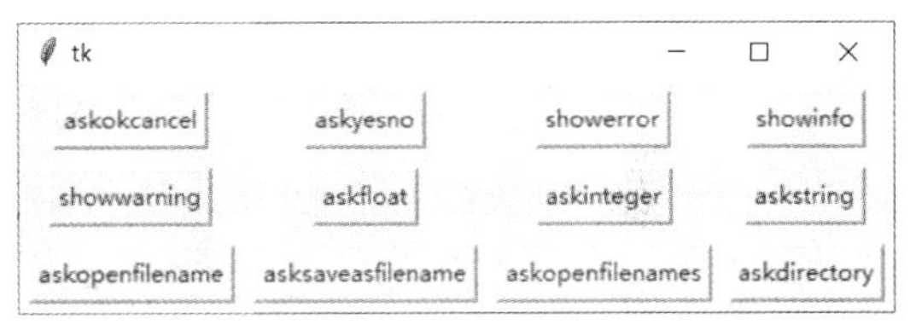

图 15.5.3　对话框示例程序

按钮的文字就是不同对话框函数的名称，单击就弹出不同的对话框。

```
#prg1620.py
1.  import tkinter as tk
2.  from tkinter import messagebox
3.  from tkinter import simpledialog
4.  from tkinter import filedialog
5.  def cmd(n):
6.      def innerCmd(): #innerCmd是个闭包
7.          if n == 0: value = messagebox.askokcancel("Dialog", titles[n])
8.          elif n == 1: value = messagebox.askyesno("Dialog", titles[n])
9.          elif n == 2: value = messagebox.showerror("Dialog",titles[n])
10.         elif n == 3: value = messagebox.showinfo("Dialog", titles[n])
11.         elif n == 4: value = messagebox.showwarning("Dialog",titles[n])
12.         elif n == 5: value = simpledialog.askfloat("Dialog",titles[n])
13.         elif n == 6: value = simpledialog.askinteger("Dialog",titles[n])
14.         elif n == 7: value = simpledialog.askstring("Dialog", titles[n])
15.         elif n == 8: value = filedialog.askopenfilename(title='打开文件',
16.                 filetypes=[('Python', '*.py *.pyw'), ('All Files', '*')])
17.         elif n == 9: value = filedialog.asksaveasfilename(title='保存文件',
18.         initialdir='c:/tmp', initialfile='hello.py') #initialdir是初始文件夹
19.         elif n == 10: value = filedialog.askopenfilenames(title='打开文件',
20.                 filetypes=[('Python', '*.py *.pyw'), ('text','*.txt'),
21.                            ('All Files', '*')])
22.         elif n == 11: value = filedialog.askdirectory(title='打开文件',
23.                 initialdir='c:/tmp2')
24.         print(n,value,type(value))
25.     return innerCmd
26.
```

```
27. win = tk.Tk()
28. titles = ["askokcancel", "askyesno", "showerror",
29.             "showinfo", "showwarning", "askfloat", "askinteger",
30.             "askstring", "askopenfilename", "asksaveasfilename",
31.             "askopenfilenames", "askdirectory"]
32. for i in range(12):
33.     button = tk.Button(win, text = titles[i], command=cmd(i))
34.     button.grid(row=i//4,column=i%4,padx=5,pady=5)
35. win.columnconfigure(0,weight=1)
36. win.mainloop()
```

第 18 行：不指定 initialdir 参数也不错，这样每次打开这个对话框，会记住上一次选择文件的那个文件夹。

第 33 行：根据第 25 行，表达式 cmd(i)的返回值是 cmd 内部定义的函数 innerCmd。innerCmd 是个闭包（参见 5.7 节），内部有一个变量 n。i 不同，cmd(i)返回的闭包也不同，因为 cmd(i)内部的变量 n 的值等于 i。由于第 i 个按钮的事件响应函数是 cmd(i)，因此单击第 i 个按钮时，执行 innerCmd，且此时 innerCmd 内部的 n 的值是 i。

图 15.5.4　askokcancel 对话框

第 7 行：本行 askokcancel 弹出如图 15.5.4 所示对话框。函数的第一个参数是显示在对话框标题栏的文字，第二个参数是对话框上的文字。如果单击“确定”按钮，函数返回值为 True，单击“取消”按钮，函数返回值为 False。第 8 行的 askyesno 和 askokcancel 类似。第 9 行到第 11 行的对话框函数都是单纯弹出一个消息框，类似于图 15.5.1 中的第二幅图。

第 12 行：askfloat 函数弹出类似图 15.5.1 中第三幅图的对话框，等待用户输入一个小数。如果输入小数且单击“确定”，则函数返回输入的小数，返回值类型是 float；如果单击“取消”，则返回值是 None。下面 2 行的 askinteger 和 askstring 行为类似。但是，如果在 askstring 对话框中用户什么也没有输入直接单击“确定”按钮，函数返回空串，而不是 None；单击“取消”按钮返回 None。

第 15 行：askopenfilename 弹出前面图 15.5.2 所示的文件对话框，让用户选择一个文件。filetypes 是预设的文件扩展名。如果用户选好文件并且单击“确定”按钮，函数返回完整路径的文件名，如果用户单击“取消”按钮，则函数返回空串。filedialog 中的 asksaveasfilename 函数让用户选择一个文件用于保存数据。askopenfilenames 允许用户一次选择多个文件，返回值为选中的文件名构成的元组。如果单击取消按钮，则返回值为空串。askdirectory 让用户选择一个文件夹。

本程序的第 7 行到第 14 行可以用下面几行的精巧写法替代：

```
#prg1630.py
            if n <= 4:
                    func = eval("messagebox." + titles[n])
                    value = func("Dialog", titles[n])
            elif n <= 7:
                    func = eval("simpledialog." + titles[n])
                    value = func("Dialog", titles[n])
```

因为 eval("messagebox.askyesno")的值就是函数 messagebox.askyesno。

有时，一个简单的对话框不能满足交互的需要。比如下面程序，单击“登录”按钮就会弹出对话框让用户输入用户名和密码，那么就需要用自定义对话框，如图 15.5.5 所示。

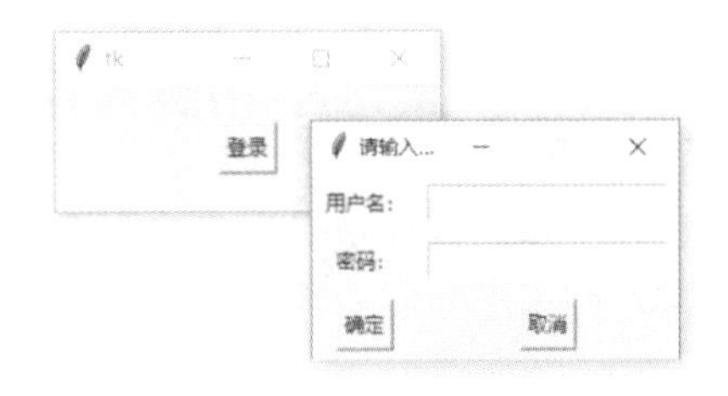

图 15.5.5　自定义对话框

自定义对话框是一个 Toplevel 窗口，控件布局方式、事件响应方式和普通窗口一样。若 gWin 是初始的窗口，则下面两条语句会生成一个对话框 dialog 并弹出，且对话框弹出期间，gWin 不能响应用户操作：

```
dialog = tk.Toplevel(gWin)
dialog.grab_set()            #显示对话框，并使其独占输入焦点
```

如果要关闭自定义对话框 dialog，只需要执行 dialog.destroy() 即可。自定义对话框示例程序如下：

```
#prg1640.py
1.  import tkinter as tk
2.  from tkinter import messagebox
3.  gDialog = gWin = None
4.  def btOk_click():
5.      username = gDialog.etUsername.get()
6.      password = gDialog.etPassword.get()
7.      gDialog.destroy() #关闭对话框
8.      messagebox.showinfo("消息","您的用户名是：" +
9.                           username + ",密码是：" + password)
10. def passwordDialog():
11.     global gDialog
12.     gDialog = tk.Toplevel(gWin)     #创建对话框窗口
13.     gDialog.grab_set()              #让对话框 gDialog 独占输入焦点
14.     gDialog.title("请输入用户名和密码")
15.     gDialog.resizable(False, False)
16.     label1 = tk.Label(gDialog, text="用户名：")
17.     label2 = tk.Label(gDialog, text="密码：")
18.     gDialog.etUsername = tk.Entry(gDialog)
19.     gDialog.etPassword = tk.Entry(gDialog)
20.     label1.grid(row=0, column=0, padx=5, pady=5)
21.     label2.grid(row=1, column=0, padx=5, pady=5)
22.     gDialog.etUsername.grid(row=0, column=1, padx=5, pady=5)
23.     gDialog.etPassword.grid(row=1, column=1, padx=5, pady=5)
24.     btOk = tk.Button(gDialog, text="确定",command = btOk_click)
25.     btOk.grid(row=2, column=0, padx=5, pady=5)
26.     btCancel = tk.Button(gDialog,text="取消",command=gDialog.destroy)
27.     btCancel.grid(row=2, column=1, padx=5, pady=5)
28.
29. gWin = tk.Tk()
30. gWin.geometry("300x300")
31. tk.Button(gWin,text="登录",command=passwordDialog).grid(row=0,column=0)
32. gWin.columnconfigure(0,weight=1)
33. gWin.rowconfigure(0,weight=1)
34. gWin.mainloop()
```

15.6 菜单和多行编辑框示例

下面的程序是一个简单的文本编辑器，演示了菜单和多行编辑框的用法。请运行它，再对照程序学习。程序运行示例如图 15.6.1 所示。

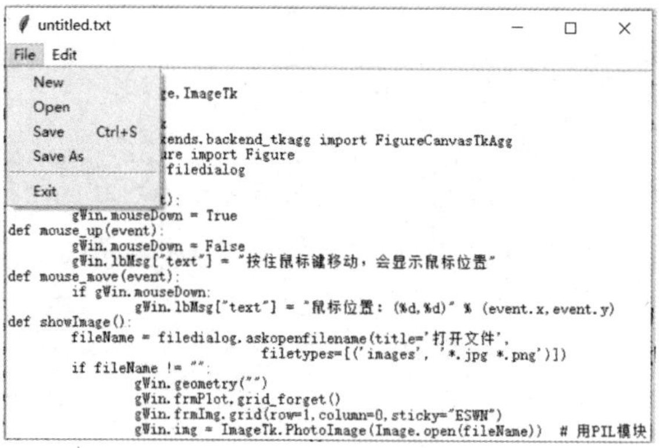

图 15.6.1 菜单和多行编辑框示例程序

```
#prg1650.py
1.  import tkinter as tk
2.  from tkinter import filedialog
3.  gWin = None              #窗口
4.  def muCut_click():       # "Cut" 菜单被单击
5.      gWin.txtFile.event_generate("<<Cut>>")   #让编辑框 txtFile 产生剪切事件
6.  def muCopy_click():      # "Copy" 菜单被单击
7.      gWin.txtFile.event_generate("<<Copy>>")  #让编辑框产生复制事件
8.  def muPaste_click():     # "Paste" 菜单被单击
9.      gWin.txtFile.event_generate('<<Paste>>') #让编辑框产生粘贴事件
10. def saveTextFile(fileName):
11.     f = open(fileName, "w", encoding="utf-8")
12.     f.write(gWin.txtFile.get(0.0, tk.END)) #写入编辑框第 0 行第 0 列开始到末尾的文字
13.     f.close()
```

在程序第 59、60 行等多处，往菜单中添加菜单项的时候，会指定菜单项被单击时的事件响应函数。muCut_click、muCopy_click 等函数都是这样的事件响应函数。

第 5 行：gWin.txtFile 就是占满整个窗口的多行编辑框，在第 79 行生成。event_generate("<<Cut>>")为这个编辑框产生一个"<<Cut>>"事件，相当于是有人在编辑框里进行了剪切操作。

```
14. def muSaveAs_click(): # "Save as" 菜单被单击
15.     fileName = filedialog.asksaveasfilename(title='Save File',
16.                 initialdir='c:/tmp', initialfile='untitled.txt',
17.                 filetypes=[('Text File', '*.txt')],defaultextension=".txt")
18.     if fileName != "":
19.         saveTextFile(fileName)
20.         gWin.title(fileName)              #改变窗口标题文字
21.         gWin.curFileName = fileName       #修改当前文件名
```

```
22. def muSave_click():    # "Save" 菜单被单击
23.     if gWin.curFileName.lower() == "untitled.txt":
24.             muSaveAs_click()
25.     else: saveTextFile(gWin.curFileName)
26. def muOpen_click():    # "Open" 菜单被单击
27.     global gWin
28.     fileName = filedialog.askopenfilename(title='Open File',
29.        filetypes=[('Text Files', '*.txt'),('All Files', '*')])
30.     if fileName != "":
31.             gWin.curFileName = fileName
32.             gWin.title(fileName)
33.             f = open(fileName,"r")
34.             text = f.read()
35.             f.close()
36.             gWin.txtFile.delete(0.0,tk.END ) #删除编辑框从第 0 行第 0 列到末尾的文字
37.             gWin.txtFile.insert("insert",text) #在编辑框当前光标位置插入文本
38.             #gWin.txtFile.insert(tk.END, text) 则添加文本到编辑框末尾
39. def muBigFont_click():
40.     if gWin.isBigFont.get() == 1: #isBigFont 是记录"Big Font"菜单项是否被选中的 tk 变量
41.         gWin.txtFile.configure(font=("SimHei", 18, "bold"))
42.     else:
43.         gWin.txtFile.configure(font=("",10))
44. def muNew_click():     #"New"菜单被单击，新建一个文件
45.     global gWin
46.     gWin.txtFile.delete(0.0,tk.END )
47.     gWin.title("untitled.txt")
48.     gWin.curFileName = "untitled.txt"
49. def muPrintSelection_click(): #打印编辑框中被选中的文字
50.     if gWin.txtFile.tag_ranges(tk.SEL): #如果有被选中的文字
51.         print(gWin.txtFile.selection_get())
52. def main():
53.     global gWin
54.     gWin = tk.Tk()
55.     gWin.title("untitled.txt")
56.     gWin.menubar = tk.Menu(gWin)   #生成顶层横向菜单
57.     gWin.fileMenu = tk.Menu(gWin.menubar, tearoff=0) #tearoff=0 去掉菜单顶端横线
58.     gWin.menubar.add_cascade(label='File', menu=gWin.fileMenu) #添加一个子菜单 File
59.     gWin.fileMenu.add_command(label='New', command=muNew_click)#添加一个菜单项
60.     gWin.fileMenu.add_command(label='Open', command=muOpen_click)
61.     gWin.fileMenu.add_command(label='Save', command=muSave_click,
62.                          accelerator="Ctrl+S") #菜单项上显示快捷键是 Ctrl+S
63.     gWin.fileMenu.add_command(label='Save As', command=muSaveAs_click)
64.     gWin.fileMenu.add_separator()  # 加分割线
65.     gWin.fileMenu.add_command(label='Exit', command=gWin.quit)
66.     editMenu = tk.Menu(gWin.menubar, tearoff=0)
67.     gWin.menubar.add_cascade(label='Edit', menu=editMenu)
68.     editMenu.add_command(label='Cut', command=muCut_click)
69.     editMenu.add_command(label='Copy', command=muCopy_click)
70.     editMenu.add_command(label='Paste', command=muPaste_click)
71.     settingsMenu = tk.Menu(editMenu,tearoff=0)
72.     editMenu.add_cascade(label='Settings', menu=settingsMenu)
```

```
73.        gWin.isBigFont = tk.IntVar()
74.        settingsMenu.add_checkbutton(label="Big Font",  #此菜单项有选中和不选中两种状态
75.                             command=muBigFont_click,variable = gWin.isBigFont)
76.        settingsMenu.add_command(label="Print Selection",
77.                             command=muPrintSelection_click)
78.        gWin.config(menu=gWin.menubar) #将顶层菜单 menubar 添加到窗口
79.        gWin.txtFile = tk.Text(gWin)   #生成多行编辑框
80.        gWin.txtFile.grid(row=0, column=0,sticky="NWSE")
81.        gWin.curFileName = "untitled.txt"
82.        gWin.rowconfigure(0,weight=1)
83.        gWin.columnconfigure(0, weight=1)
84.        gWin.bind_all("<Control-s>", lambda event:muSave_click())
85.        gWin.mainloop()
86. main()
```

第 84 行：“Save”菜单的快捷键是 Ctrl+S。为了做到按 Ctrl+S 组合键就等于单击“Save”菜单，此处为所有控件和整个窗口都绑定了 '<Control-s>' 键盘事件响应函数，这个函数会调用 muSave_click。

★★15.7 在图形界面中用 Matplotlib 绘制统计图和显示图像

下面的程序，能够用 Matplotlib 绘制图 15.7.1 左图左上角编辑框里输入的函数的曲线，输入的函数必须是合法的 Python 表达式。如果单击“显示图像文件”按钮，就可以选一个图像文件显示出来，并且在图上按下鼠标拖动的话，下方会显示鼠标位置。

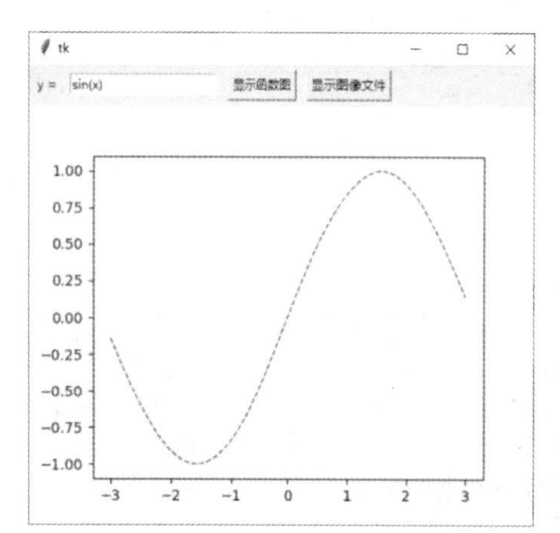

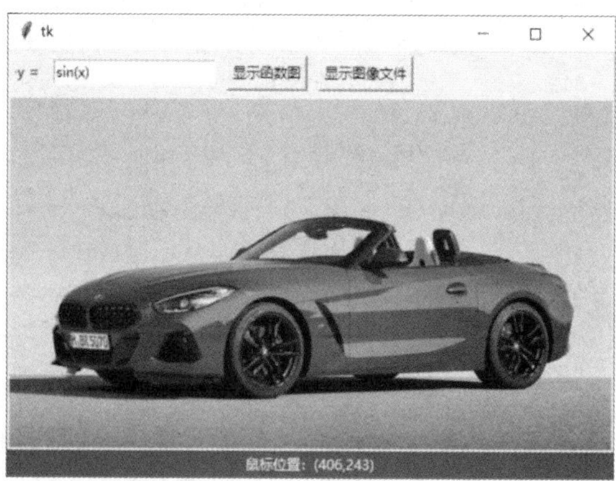

图 15.7.1 在图形界面中用 Matplotlib 绘制统计图和显示图像

在 tk 界面上用 Matplotlib 绘图有以下几个步骤。

（1）创建一个 matplotlib.pyplot.Figure 对象 fig。

（2）在 fig 对象上用 add_subplot()创建一个子图 ax。

（3）执行 canvas = FigureCanvasTkAgg(fig, master=win)将 fig 绑定在 win 上面，然后得到一个绑定了 fig 的 FigureCanvasTkAgg 对象 canvas。win 可以是窗口，也可以是 Frame 或 LabelFrame。

（4）执行 canvas.get_tk_widget().grid(...)将 canvas 布局到 win 的合适位置。

（5）在子图 ax 上画完图后，还要调用 cavans.draw()才能显示出来。

图片是用 tk.Label 控件显示的。用 tk.Label 控件显示图片，有以下要点（假设 aLabel 是一个 Label 控件）。

（1）aLabel.config(image = tkinter.PhotoImage(file='xxx.gif')) 可以显示 gif 图像文件 xxx.gif。

（2）要显示 jpg、png 文件，需要用到 PIL 库里的 Image 和 ImageTk：

```
from PIL import Image,ImageTk
img = ImageTk.PhotoImage(Image.open("XXX.jpg"))
aLabel.config(image=img)
```

⚠ **注意：** 可能是 PIL 库有 bug，此处 img 必须不是局部变量，否则可能无法显示图像。

本程序显示函数图的 Frame 和显示图片的 Label 所在的另一个 Frame 是重叠的。两个控件重叠，只显示其中一个的要点如下。

（1）两个控件放在同一个网格的单元格里面。

（2）X.grid_forget()可以让 X 控件消失。

（3）X.grid(....)又能将 X 控件恢复显示。

按下鼠标后拖动鼠标，能显示鼠标位置的关键在于为程序中的 Label 控件 lbImg 添加鼠标左键按下、松开和鼠标移动 3 个事件响应函数：

```
lbImg.bind("<Motion>", mouse_move)
lbImg.bind("<ButtonRelease-1>", mouse_up)
lbImg.bind("<ButtonPress-1>",mouse_down)
```

完整程序如下：

```
#prg1660.py
1.  import numpy as np
2.  from PIL import Image,ImageTk
3.  from math import *
4.  import tkinter as tk
5.  from matplotlib.backends.backend_tkagg import FigureCanvasTkAgg
6.  import matplotlib.pyplot as plt
7.  from tkinter import filedialog
8.  gWin = None
9.  def mouse_down(event):              #鼠标左键按下事件响应函数
10.     gWin.mouseDown = True           #标记左键鼠标是按下状态
11. def mouse_up(event):
12.     gWin.mouseDown = False
13.     gWin.lbMsg["text"] = "按住鼠标键移动，会显示鼠标位置"
14. def mouse_move(event):
15.     if gWin.mouseDown:
16.         gWin.lbMsg["text"] = "鼠标位置：(%d,%d)" % (event.x,event.y)
17. def showImage(): #显示图像
18.     fileName = filedialog.askopenfilename(title='打开文件',
19.                 filetypes=[('images', '*.jpg *.png')])
20.     if fileName != "":
21.         gWin.geometry("")                   #使得窗口忘记原来大小
```

```
22.             gWin.frmPlot.grid_forget()      #隐藏绘制函数图的 frmPlot 控件
23.             gWin.frmImg.grid(row=1,column=0,sticky="ESWN") #放置显示图片的 frmImg
24.             gWin.img = ImageTk.PhotoImage(Image.open(fileName))
25.             gWin.lbImg.config(image=gWin.img)
26.  def showPlot():                          #显示函数图
27.      gWin.geometry("")                    #使得窗口忘记原来大小
28.      gWin.frmImg.grid_forget() #隐藏显示图像的 frmImg 控件
29.      gWin.frmPlot.grid(row=1,column=0,sticky="ESWN")
30.      gWin.ax.clear()                                      #清除子图
31.      xs = np.linspace(-3, 3, 100)                         #在[-3,3]等间距取 100 个点，包括-3 和 3
32.      y = [eval(gWin.fstr.get()) for x in xs]#生成所有 y 坐标
33.      gWin.ax.plot(xs,y,color='red',linewidth=1.0,linestyle='--')
34.      gWin.canvas.draw()
```

第 32 行：gWin.fstr.get()得到的是函数编辑框里输入的字符串，比如"sin(x)"。这个字符串里面必须输入合法的 Python 表达式，比如"x**3+x*2+1"、"x+sin(x)"之类。sin 是 math 库里的函数，程序前面又有 from math import *，因此 evel("sin(x)")的结果就是 sin(x)的值。

```
35.  def main():
36.      global gWin
37.      gWin = tk.Tk()
38.      frm = tk.Frame(gWin)
39.      frm.grid(row=0,column=0,sticky="EW")
40.      tk.Label(frm,text="y =").grid(row=0,column=0,padx=5,pady=5)
41.      gWin.fstr = tk.StringVar()      #和函数编辑框关联的 tk 字符串
42.      gWin.fstr.set("sin(x)")
43.      tk.Entry(frm,textvariable = gWin.fstr).grid(row=0,column=1,padx=5,pady=5)
44.      tk.Button(frm,text="显示函数图",command=showPlot).grid(row=0,
45.                               column=2,padx=5,pady=5)
46.      tk.Button(frm, text="显示图像文件", command=showImage).grid(row=0,
47.                               column=3, padx=5, pady=5)
48.      gWin.frmImg = tk.Frame(gWin)
49.      gWin.lbImg = tk.Label(gWin.frmImg)
50.      gWin.lbImg.grid(row=0,column=0,sticky="NSWE")
51.      gWin.lbMsg = tk.Label(gWin.frmImg,fg="white",bg="red",
52.                  text= "按住鼠标键移动，会显示鼠标位置")
53.      gWin.lbMsg.grid(row=1,column=0,sticky="EW")
54.      gWin.mouseDown = False
55.      gWin.lbImg.bind("<Motion>", mouse_move)
56.      gWin.lbImg.bind("<ButtonPress-1>",mouse_down)
57.      gWin.lbImg.bind("<ButtonRelease-1>", mouse_up)
58.      gWin.frmPlot = tk.Frame(gWin)
59.      gWin.fig = plt.Figure(figsize=(5, 4), dpi=100)
60.      gWin.ax = gWin.fig.add_subplot()
61.      gWin.canvas = FigureCanvasTkAgg(gWin.fig, master=gWin.frmPlot)
62.      gWin.canvas.get_tk_widget().grid(row=0, column=0,sticky="ESNW")
63.      gWin.frmPlot.grid(row=1,column=0,sticky="ESWN")
64.      showPlot()
65.      gWin.rowconfigure(1,weight = 1)
66.      gWin.columnconfigure(0, weight=1)
67.      gWin.mainloop()
68.
69.  main()
```

★★15.8 Notebook、PanedWindow 和 TreeView 控件

这几个控件的示例程序界面如图 15.8.1 所示。

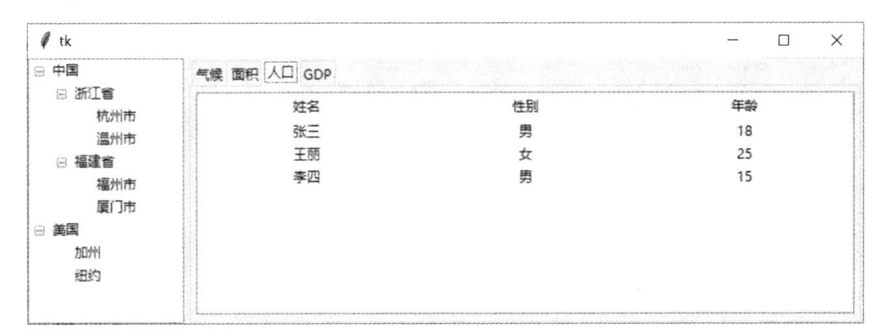

图 15.8.1　Notebook、PanedWindow 和 TreeView 控件

程序如下：

```
#prg1670.py
1.  import tkinter as tk
2.  from tkinter import ttk
3.  win = tk.Tk()
4.  win.geometry("800x600")
5.  panedWin = ttk.PanedWindow(win, orient=tk.HORIZONTAL) #水平方向的推拉
6.  panedWin.grid(row=0, column=0, sticky="NSEW")
7.  frmLeft = ttk.Frame(panedWin)
8.  frmLeft.grid(row=0, column=0, sticky="NS")
9.  frmLeft.rowconfigure(0,weight=1)
10. frmLeft.columnconfigure(0,weight=1)
11. panedWin.add(frmLeft, weight=1)          #将 frmLeft 添加到 panedWin 左侧，增量权重 1
12. frmRight = ttk.Frame(panedWin)
13. frmRight.grid(row=0, column=0, sticky="NSEW")    # 右侧 Frame 帧四个方向拉伸
14. frmRight.rowconfigure(0,weight=1)
15. frmRight.columnconfigure(0,weight=1)
16. panedWin.add(frmRight, weight=1)         #将 frmRight 添加到 panedWin 右侧，增量权重 1
17. noteBook = ttk.Notebook(frmRight)
18. tab1 = tk.Frame(noteBook,bg="green")     #添加选项卡，背景绿色
19. noteBook.add(tab1, text='气候')          #添加“气候”选项卡
20. tab2 = tk.Frame(noteBook,bg='yellow')
21. noteBook.add(tab2, text='面积')
22. tab3 = tk.Frame(noteBook)
23. noteBook.add(tab3, text='人口')
24. tab4 = tk.Frame(noteBook,bg="blue")
25. noteBook.add(tab4, text='GDP')
26. noteBook.grid(row=0,column=0,sticky="NWES")
27. noteBook.select(tab3) #选中 tab3
28. tree = ttk.Treeview(frmLeft, selectmode='browse', show='tree')
29. print(help(ttk.Treeview()))
30. tree.grid(row=0, column=0, sticky="NSEW")
31. tree.column('#0', width=150)  # 设置图标列的宽度，视图的宽度由所有列的宽决定 width 是
                                  整个 treeview 宽度（像素）
```

```
32. #一级节点parent='',index=第几个节点,iid=None则自动生成并返回,
33. #text为图标右侧显示文字, values值与columns给定的值对应
34. tr_root2 = tree.insert("", 0, None, open=True, text='美国')  #树视图添加根节点
35. node1=tree.insert(tr_root2,0,None, open=True, text='加州') #根节点下添加一级节点
36. node2 = tree.insert(tr_root2, 1, None, open=True, text='纽约')
37. tr_root = tree.insert("", 0, None, open=True, text='中国')  # 树视图添加根节点
38. node1 = tree.insert(tr_root, 0, None, open=True, text='浙江省')
39. node11 = tree.insert(node1, 0, None, text='杭州市')  # 添加二级节点
40. node12 = tree.insert(node1, 1, None, text='温州市')  # 添加二级节点
41. node2=tree.insert(tr_root,1,None,open=True, text='福建省') #根节点下添加一级节点
42. node21 = tree.insert(node2, 0, None, text='福州市')  # 添加二级节点
43. node22 = tree.insert(node2, 1, None, text='厦门市')  # 添加二级节点
44. columns = ("name", "gender", "age")
45. tree = ttk.Treeview(tab3, show="headings", columns=columns, selectmode=tk.BROWSE)
46. #下面设置表格文字居中
47. tree.column("name", anchor="center")
48. tree.column("gender", anchor="center")
49. tree.column("age", anchor="center")
50. #下面设置表格头部标题
51. tree.heading("name", text="姓名")
52. tree.heading("gender", text="性别")
53. tree.heading("age", text="年龄")
54. #下面设置表格内容
55. lists = [{"name": "张三", "gender": "男", "age": "18"},
56.          {"name": "王丽", "gender": "女", "age": "25"},
57.                  {"name": "李四", "gender": "男", "age": "15"}]
58. i = 0
59. for v in lists:
60.     tree.insert('', i, values=(v.get("name"), v.get("gender"), v.get("age")))
61.     i += 1
62. tab3.columnconfigure(0,weight=1)
63. tab3.rowconfigure(0,weight=1)
64. tree.grid(row=0,column=0,padx=5,pady=5,sticky="NWES")
65. win.rowconfigure(0,weight=1)
66. win.columnconfigure(0,weight=1)
67. win.mainloop()
```

15.9 习题

★★★1. 为第 13 章习题 3 编写图形界面查询程序，可以在界面中输入单词，查询数据库中存放的同义词和图片。如果数据库中查不到，就到必应词典爬取相应信息显示并存入数据库中。

★★2. 自由设计一个图形界面程序，可以方便地展示第 11 章习题 3 中 Excel 文档中的“原数据”工作表中的数据，要求可以在程序中画 Matplotlib 统计图。建议采用类似 15.8 节的界面布局。